浙江省德育教材研究基地资助

线性代数

主 编 范莉霞 柴惠文 邓 燕

本书资源使用说明

北京大学出版社
PEKING UNIVERSITY PRESS

内 容 简 介

本书根据教育部高等学校大学数学课程教学指导委员会制定的非数学专业线性代数课程教学基本要求及全国硕士研究生入学统一考试线性代数部分的考试大纲要求编写而成. 编者在内容编排、概念表述、定理证明、习题设置等方面做了精心安排,力求全书结构清晰、深入浅出、通俗易懂.

全书共五章,内容包括行列式、矩阵、线性方程组与向量组的线性相关性、矩阵的特征值与特征向量、二次型. 本书配备有完整的微课视频、清晰的思维导图、丰富的课后习题和广泛的拓展阅读,在夯实基础、理清脉络的同时开阔读者视野.

本书可作为普通高等学校非数学专业线性代数课程的教材,也可作为自学本课程人员的学习参考书.

图书在版编目(CIP)数据

线性代数/范莉霞,柴惠文,邓燕主编.--北京:北京大学出版社,2024.6.-- ISBN 978-7-301-35239-7

Ⅰ. O151.2

中国国家版本馆 CIP 数据核字第 2024AU3259 号

书　　名　线性代数
XIANXING DAISHU
著作责任者　范莉霞　柴惠文　邓　燕　主编
责 任 编 辑　王剑飞
标 准 书 号　ISBN 978-7-301-35239-7
出 版 发 行　北京大学出版社
地　　址　北京市海淀区成府路 205 号　100871
网　　址　http://www.pup.cn
电 子 邮 箱　zpup@pup.cn
新 浪 微 博　@北京大学出版社
电　　话　邮购部 010-62752015　发行部 010-62750672　编辑部 010-62765014
印 刷 者　长沙雅佳印刷有限公司
经 销 者　新华书店
787 毫米×1092 毫米　16 开本　12.75 印张　327 千字
2024 年 6 月第 1 版　2024 年 6 月第 1 次印刷
定　　价　42.00 元

前　　言

党的二十大报告在“实施科教兴国战略，强化现代化建设人才支撑”的专章部署中，明确提出“教育、科技、人才是全面建设社会主义现代化国家的基础性、战略性支撑”，而数学是自然科学的基础，也是重大技术创新发展的基础，数学实力影响着国家实力. 线性代数作为高等学校众多专业的重要基础课，对培养新时代高素质人才具有重要作用.

本书是依据编者多年的教学经验，参照教育部高等学校大学数学课程教学指导委员会制定的非数学专业线性代数课程教学基本要求及全国硕士研究生入学统一考试线性代数部分的考试大纲要求编写而成的，主要内容包括行列式、矩阵、线性方程组与向量组的线性相关性、矩阵的特征值与特征向量、二次型等内容，书中标“*”号的内容可供对数学要求较高的读者采用. 本书主要具有以下几个特点.

1. 把握内容难度，增强实用性

本书在保留线性代数传统知识体系的前提下，不断调整和优化内容结构，适度弱化抽象的数学理论与证明，并兼顾内容的严谨性和通俗性，力求内容深入浅出、难易适中，增强实用性.

2. 更新教材形态，提升交互性

本书以浙江省一流课程建设项目为依托，整合课程配套的慕课资源，并以二维码的形式与书中内容有机衔接，实现传统教材到新形态教材的转型，拓展学生的学习渠道，提升交互性.

3. 落实课程思政，发挥引领性

本书每章增设拓展阅读专栏，介绍课程相关的中国古代或现代数学成就及数学家的故事，以数学家的爱国情怀、学术贡献和人格魅力，实现对学生的价值引导.

4. 绘制思维导图，彰显系统性

本书通过思维导图的形式呈现每章节的知识脉络，使知识的结构体系更清晰、直观，有助于学生理解和掌握课程内容.

5. 丰富课后习题，注重层次性

本书的课后习题类型丰富，每节末的习题与该节知识点相呼应，循序渐进地帮助学生理解和巩固基础知识；每章末设置的复习题按难度系数分为三个层次，以满足不同学生的学习需求.

本书由范莉霞、柴惠文、邓燕担任主编，其中第1,2章由邓燕编写，第3章由柴惠文编写，第4,5章由范莉霞编写. 全书由范莉霞统稿，三位作者相互进行了认真仔细的校对.

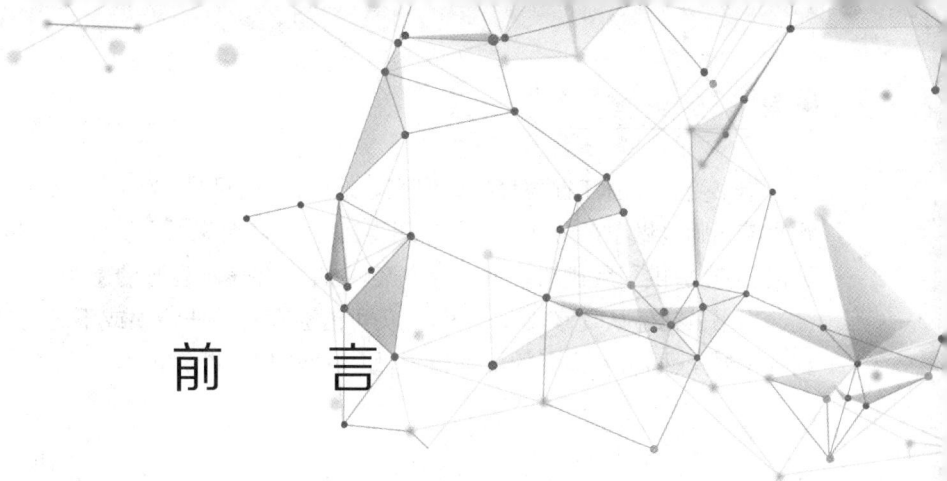

本书受到了浙江省德育教材研究基地资助(项目号:2023－DYJC－A006),在编写过程中姚永芳老师也做了部分工作,同时还得到了许多专家、同行的指导和帮助,曾政杰、龚维安、吴浪、易克提供了版式和装帧设计方案,在此一并表示衷心的感谢.

本书虽几经认真修改及校对,但仍可能会存在一些错误或不足之处,我们衷心地希望能得到各位专家、同行和读者的批评指正,使本书得以不断完善.

编　者

2023 年 9 月

目　　录

第1章 行 列 式

行列式是为了求解线性方程组而建立起来的,是一个重要的数学工具,在物理学、工程设计、经济管理等多个领域都有广泛的应用.本章主要介绍行列式的定义、行列式的基本性质和计算方法,以及如何用行列式求解线性方程组.

微课视频

行列式导言

1.1 二阶与三阶行列式

行列式是从二元和三元线性方程组的求解过程中引出来的.

1.1.1 二阶行列式

设有二元线性方程组

$$\begin{cases} a_{11}x_1+a_{12}x_2=b_1, \\ a_{21}x_1+a_{22}x_2=b_2. \end{cases} \tag{1.1}$$

用消元法解此方程组,得

$$\begin{cases} (a_{11}a_{22}-a_{12}a_{21})x_1=(b_1a_{22}-b_2a_{12}), \\ (a_{11}a_{22}-a_{12}a_{21})x_2=(a_{11}b_2-a_{21}b_1), \end{cases}$$

当 $a_{11}a_{22}-a_{12}a_{21}\neq 0$ 时,可求得此方程组的唯一解为

$$\begin{cases} x_1=\dfrac{b_1a_{22}-b_2a_{12}}{a_{11}a_{22}-a_{12}a_{21}}, \\ x_2=\dfrac{a_{11}b_2-a_{21}b_1}{a_{11}a_{22}-a_{12}a_{21}}. \end{cases} \tag{1.2}$$

微课视频

二阶行列式

式(1.2)给出了方程组(1.1)的解的一般公式,但难以记忆,因此有必要引入一个符号来更方便地表示,于是就引出了二阶行列式.

定义 1.1 称记号

$$\begin{vmatrix} a_{11} & a_{12} \\ a_{21} & a_{22} \end{vmatrix}$$

为**二阶行列式**,它表示代数和 $a_{11}a_{22}-a_{12}a_{21}$,即

$$\begin{vmatrix} a_{11} & a_{12} \\ a_{21} & a_{22} \end{vmatrix}=a_{11}a_{22}-a_{12}a_{21}. \tag{1.3}$$

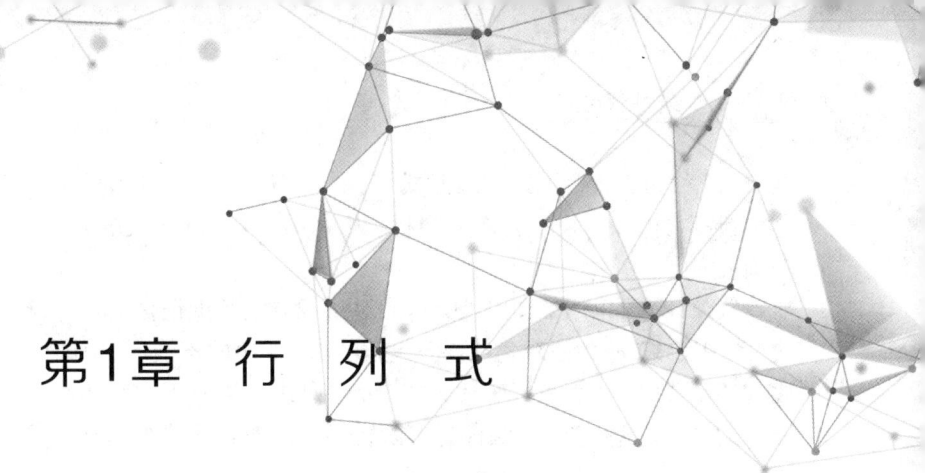

式(1.3) 称为二阶行列式的**展开式**,其中 $a_{ij}(i,j=1,2)$ 称为二阶行列式的**元素**,第一个下标 i 称为**行标**,第二个下标 j 称为**列标**,表示 a_{ij} 位于行列式的第 i 行、第 j 列(横排为行,纵排为列).

式(1.3) 可以用如图 1.1 所示的对角线方法帮助记忆.将二阶行列式左上角与右下角的连线(图中实线) 称为**主对角线**,将右上角与左下角的连线(图中虚线) 称为**副对角线**(或**次对角线**),那么式(1.3) 就可以表述为:二阶行列式的值等于主对角线上元素的乘积与副对角线上元素的乘积之差,这个方法称为二阶行列式的**对角线法则**.

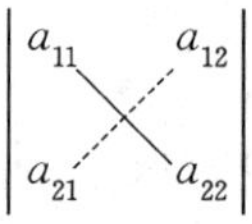

图 1.1

引入二阶行列式后,式(1.2) 中的分子和分母可以分别记为

$$D_1=b_1a_{22}-b_2a_{12}=\begin{vmatrix} b_1 & a_{12} \\ b_2 & a_{22} \end{vmatrix},$$

$$D_2=a_{11}b_2-a_{21}b_1=\begin{vmatrix} a_{11} & b_1 \\ a_{21} & b_2 \end{vmatrix},$$

$$D=a_{11}a_{22}-a_{12}a_{21}=\begin{vmatrix} a_{11} & a_{12} \\ a_{21} & a_{22} \end{vmatrix},$$

那么当 $D\neq 0$ 时,方程组(1.1) 的解就可以方便、简洁地表示为

$$x_1=\frac{D_1}{D},\quad x_2=\frac{D_2}{D}. \tag{1.4}$$

特别地,注意到 $D_j(j=1,2)$ 分别是用方程组(1.1) 的常数项 b_1,b_2 替代了 D 中第 j 列相应元素所得到的二阶行列式.

例 1.1 利用行列式求解二元线性方程组

$$\begin{cases} 3x_1+7x_2=3, \\ \ \ x_1+3x_2=2. \end{cases}$$

解 由于

$$D=\begin{vmatrix} 3 & 7 \\ 1 & 3 \end{vmatrix}=3\times 3-1\times 7=2\neq 0,$$

$$D_1=\begin{vmatrix} 3 & 7 \\ 2 & 3 \end{vmatrix}=-5,\quad D_2=\begin{vmatrix} 3 & 3 \\ 1 & 2 \end{vmatrix}=3,$$

因此原方程组的解为

$$x_1=\frac{D_1}{D}=-\frac{5}{2},\quad x_2=\frac{D_2}{D}=\frac{3}{2}.$$

1.1.2 三阶行列式

设有三元线性方程组

$$\begin{cases}a_{11}x_1+a_{12}x_2+a_{13}x_3=b_1,\\ a_{21}x_1+a_{22}x_2+a_{23}x_3=b_2,\\ a_{31}x_1+a_{32}x_2+a_{33}x_3=b_3.\end{cases}\tag{1.5}$$

当 $a_{11}a_{22}a_{33}+a_{12}a_{23}a_{31}+a_{13}a_{21}a_{32}-a_{11}a_{23}a_{32}-a_{12}a_{21}a_{33}-a_{13}a_{22}a_{31}\neq 0$ 时，仍然利用消元法，可以得到方程组(1.5) 的解的一般公式为

$$\begin{cases}x_1=\dfrac{b_1a_{22}a_{33}+a_{12}a_{23}b_3+a_{13}b_2a_{32}-b_1a_{23}a_{32}-a_{12}b_2a_{33}-a_{13}a_{22}b_3}{a_{11}a_{22}a_{33}+a_{12}a_{23}a_{31}+a_{13}a_{21}a_{32}-a_{11}a_{23}a_{32}-a_{12}a_{21}a_{33}-a_{13}a_{22}a_{31}},\\ x_2=\dfrac{a_{11}b_2a_{33}+b_1a_{23}a_{31}+a_{13}a_{21}b_3-a_{11}a_{23}b_3-b_1a_{21}a_{33}-a_{13}b_2a_{31}}{a_{11}a_{22}a_{33}+a_{12}a_{23}a_{31}+a_{13}a_{21}a_{32}-a_{11}a_{23}a_{32}-a_{12}a_{21}a_{33}-a_{13}a_{22}a_{31}},\\ x_3=\dfrac{a_{11}a_{22}b_3+a_{12}b_2a_{31}+b_1a_{21}a_{32}-a_{11}b_2a_{32}-a_{12}a_{21}b_3-b_1a_{22}a_{31}}{a_{11}a_{22}a_{33}+a_{12}a_{23}a_{31}+a_{13}a_{21}a_{32}-a_{11}a_{23}a_{32}-a_{12}a_{21}a_{33}-a_{13}a_{22}a_{31}}.\end{cases}\tag{1.6}$$

上述表达式记忆起来也比较困难，为此引入三阶行列式.

定义 1.2　称记号

微课视频

三阶行列式

$$\begin{vmatrix}a_{11}&a_{12}&a_{13}\\ a_{21}&a_{22}&a_{23}\\ a_{31}&a_{32}&a_{33}\end{vmatrix}$$

为**三阶行列式**，它表示代数和

$$a_{11}a_{22}a_{33}+a_{12}a_{23}a_{31}+a_{13}a_{21}a_{32}-a_{11}a_{23}a_{32}-a_{12}a_{21}a_{33}-a_{13}a_{22}a_{31},$$

即

$$\begin{vmatrix}a_{11}&a_{12}&a_{13}\\ a_{21}&a_{22}&a_{23}\\ a_{31}&a_{32}&a_{33}\end{vmatrix}=a_{11}a_{22}a_{33}+a_{12}a_{23}a_{31}+a_{13}a_{21}a_{32}-a_{11}a_{23}a_{32}-a_{12}a_{21}a_{33}-a_{13}a_{22}a_{31}.\tag{1.7}$$

式(1.7) 称为三阶行列式的**展开式**.

在展开式(1.7) 中可以看到，三阶行列式的值是 3! 项乘积的代数和，其中 3 项前是正号，另 3 项前是负号，且每项都是不同行、不同列的 3 个元素的乘积.

式(1.7) 可以用如图 1.2 所示的画线方法帮助记忆，即三阶行列式的值等于其中三条实线连接的三元素乘积之和与三条虚线连接的三元素乘积之和的差，这个方法也称为三阶行列式的**对角线法则**.

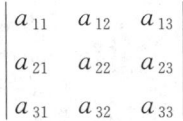

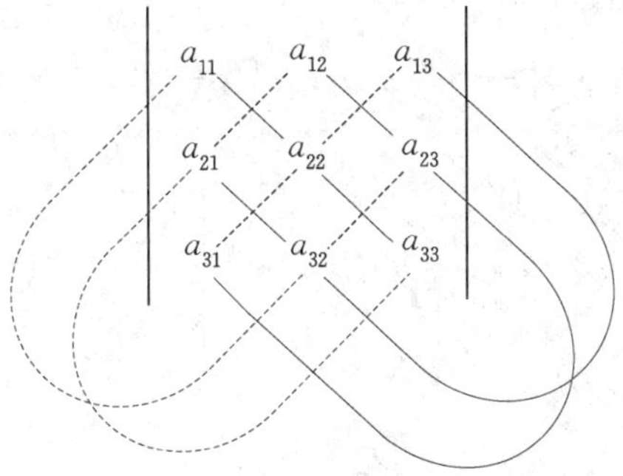

图 1.2

类似于二元线性方程组，记

$$D=\begin{vmatrix} a_{11} & a_{12} & a_{13} \\ a_{21} & a_{22} & a_{23} \\ a_{31} & a_{32} & a_{33} \end{vmatrix},\quad D_1=\begin{vmatrix} b_1 & a_{12} & a_{13} \\ b_2 & a_{22} & a_{23} \\ b_3 & a_{32} & a_{33} \end{vmatrix},$$

$$D_2=\begin{vmatrix} a_{11} & b_1 & a_{13} \\ a_{21} & b_2 & a_{23} \\ a_{31} & b_3 & a_{33} \end{vmatrix},\quad D_3=\begin{vmatrix} a_{11} & a_{12} & b_1 \\ a_{21} & a_{22} & b_2 \\ a_{31} & a_{32} & b_3 \end{vmatrix}.$$

当 $D\neq 0$ 时，方程组(1.5)的解就可以方便地表示为

$$x_1=\frac{D_1}{D},\quad x_2=\frac{D_2}{D},\quad x_3=\frac{D_3}{D},\tag{1.8}$$

其中 $D_j\,(j=1,2,3)$ 是用方程组(1.5)的常数项 b_1,b_2,b_3 替代 D 中第 j 列相应元素所得到的三阶行列式.

例 1.2 解方程

$$\begin{vmatrix} x & 2 & 0 \\ 2 & x & 0 \\ 1 & 0 & 2 \end{vmatrix}=0.$$

解 由三阶行列式的对角线法则，有

$$\begin{vmatrix} x & 2 & 0 \\ 2 & x & 0 \\ 1 & 0 & 2 \end{vmatrix}=x\times x\times 2+2\times 0\times 1+0\times 2\times 0-x\times 0\times 0-2\times 2\times 2-0\times x\times 1$$

$$=2x^2-8,$$

故得 $2x^2-8=0$. 因此，原方程的解为 $x=2$ 或 $x=-2$.

例 1.3 利用行列式求解三元线性方程组

$$\begin{cases} 2x_1+3x_2+4x_3=16, \\ x_1+4x_2+2x_3=13, \\ 3x_1+x_2+x_3=7. \end{cases}$$

解 由三阶行列式的对角线法则，得

$$D=\begin{vmatrix} 2 & 3 & 4 \\ 1 & 4 & 2 \\ 3 & 1 & 1 \end{vmatrix}=-25\neq 0,\quad D_1=\begin{vmatrix} 16 & 3 & 4 \\ 13 & 4 & 2 \\ 7 & 1 & 1 \end{vmatrix}=-25,$$

$$D_2=\begin{vmatrix} 2 & 16 & 4 \\ 1 & 13 & 2 \\ 3 & 7 & 1 \end{vmatrix}=-50,\quad D_3=\begin{vmatrix} 2 & 3 & 16 \\ 1 & 4 & 13 \\ 3 & 1 & 7 \end{vmatrix}=-50.$$

再由式(1.8)得原方程组的解为

$$x_1=\frac{D_1}{D}=\frac{-25}{-25}=1,\quad x_2=\frac{D_2}{D}=\frac{-50}{-25}=2,\quad x_3=\frac{D_3}{D}=\frac{-50}{-25}=2.$$

习 题 1.1

1. 选择题：

(1) 三阶行列式 $\begin{vmatrix} a & b & 0 \\ -b & a & 0 \\ 1000 & 1 & 8 \end{vmatrix}$ 的值为(　　)；

A. $8(a^2+b^2)$　　B. $-8(a^2+b^2)$　　C. $8(a^2-b^2)$　　D. $-8(a^2-b^2)$

(2) 若行列式 $\begin{vmatrix} 2 & -1 & 0 \\ 1 & x & -2 \\ 3 & -1 & 2 \end{vmatrix}=0$，则 $x=$(　　).

A. -2　　B. 2　　C. -1　　D. 1

2. 计算下列行列式：

(1) $\begin{vmatrix} 5 & -4 \\ 4 & -3 \end{vmatrix}$；　　(2) $\begin{vmatrix} \sin x & -\cos x \\ \cos x & \sin x \end{vmatrix}$；

(3) $\begin{vmatrix} 1 & 2 & 3 \\ 2 & 3 & 1 \\ 3 & 1 & 2 \end{vmatrix}$；　　(4) $\begin{vmatrix} 1 & 0 & -5 \\ -2 & 3 & 2 \\ 1 & -2 & 0 \end{vmatrix}$；

(5) $\begin{vmatrix} 2 & -1 & 0 \\ 3 & 2 & 1 \\ 1 & 3 & 4 \end{vmatrix}$.

3. 解下列方程：

(1) $\begin{vmatrix} k & 3 & 4 \\ -1 & k & 0 \\ 0 & k & 1 \end{vmatrix}=0$；　　(2) $\begin{vmatrix} 1 & 1 & 1 \\ 2 & 3 & x \\ 4 & 9 & x^2 \end{vmatrix}=0$.

1.2 n阶行列式

二(三)阶行列式概念的引入，为表示和记忆二(三)元线性方程组的解的公式带来了极大的便利. 但是在实际问题中遇到的线性方程组，未知量往往不止三个，为把这些结果推广到含 n 个方程、n 个未知量的线性方程组

$$\begin{cases} a_{11}x_1+a_{12}x_2+\cdots+a_{1n}x_n=b_1, \\ a_{21}x_1+a_{22}x_2+\cdots+a_{2n}x_n=b_2, \\ \cdots\cdots \\ a_{n1}x_1+a_{n2}x_2+\cdots+a_{nn}x_n=b_n, \end{cases}$$

需要引入 n 阶行列式的定义.

在引入 n 阶行列式定义的过程中，很自然地希望将二阶和三阶行列式的对角线法则推广到 n 阶行列式. 但是检验发现，只有二阶和三阶行列式才具有对角线法则，四阶及以上的行列式并不存在对角线法则. 为了解决这一问题，必须用新的规则来定义 n 阶行列式，这就需要先

介绍排列及逆序数等预备知识.

1.2.1　排列及逆序数

在排列组合中,常讨论n个不同元素排序的种数,这里我们只研究$1,2,\cdots,n$这n个不同自然数排序的相关知识.

微课视频

排列及逆序数

定义 1.3　由数$1,2,\cdots,n$组成的一个有序数组,称为一个n**级排列**,简称**排列**.

例如,1234及2341都是4级排列.n级排列的一般形式可记为$p_1p_2\cdots p_n$,其中$p_i(i=1,2,\cdots,n)$为$1,2,\cdots,n$中的某个自然数,且$p_1,p_2,\cdots,p_n$互不相同.由排列组合的知识可知,n级排列的总数为$n!$.在所有的n级排列中,排列$12\cdots n$是唯一从左向右看元素按从小到大的顺序形成的排列,称其为**标准排列**;其余的n级排列都会有较大的元素在左,而较小的元素在右的现象.

定义 1.4　在一个n级排列$p_1p_2\cdots p_n$中,如果较大的元素p_s排在较小的元素p_t的左侧,则称p_s和p_t构成一个**逆序**.一个n级排列$p_1p_2\cdots p_n$中逆序的总数,称为这个排列的**逆序数**,记为$\tau(p_1p_2\cdots p_n)$或$N(p_1p_2\cdots p_n)$.

例如,在排列23154中,有数字2和1,数字3和1,数字5和4三个逆序,因此排列23154的逆序数为3,即$\tau(23154)=3$.

对于一个n级排列$p_1p_2\cdots p_n$,可以用以下两种方法计算它的逆序数.

方法一　将$p_t(t=1,2,\cdots,n)$左侧比p_t大的元素的个数称为p_t的**逆序数**,并记作τ_t,则该排列的逆序数为

$$\tau(p_1p_2\cdots p_t\cdots p_n)=\tau_1+\tau_2+\cdots+\tau_t+\cdots+\tau_n. \tag{1.9}$$

方法二　观察排在1左侧元素的个数,设为m_1(1的逆序数),然后把1划去,再观察2左侧元素的个数(划去的元素不再计算在内),设为m_2(2的逆序数),再把2划去……如此继续下去,最后设在n左侧有m_n个元素(实为0),则该排列的逆序数为

$$\tau(p_1p_2\cdots p_n)=m_1+m_2+\cdots+m_n. \tag{1.10}$$

例 1.4　求下列排列的逆序数:

(1) 53412;　　(2) 35412;　　(3) $12\cdots n$;

(4) $n(n-1)\cdots 1$;　　(5) $13\cdots(2n-1)24\cdots(2n)$.

解　(1) 由式(1.9)得

$$\tau(53412)=0+1+1+3+3=8.$$

(2) 由式(1.10)得

$$\tau(35412)=3+3+0+1+0=7.$$

(3) 由式(1.9)得

$$\tau(12\cdots n)=0+0+\cdots+0=0.$$

(4) 由式(1.10)得

$$\tau(n(n-1)\cdots 1)=(n-1)+(n-2)+\cdots+0=\frac{n(n-1)}{2}.$$

(5) 由式(1.10)得

$$\tau(13\cdots(2n-1)24\cdots(2n))=0+(n-1)+0+(n-2)+\cdots+0+0=\frac{n(n-1)}{2}.$$

定义 1.5　逆序数为奇数的排列称为**奇排列**，逆序数为偶数的排列称为**偶排列**.

定义 1.6　在一个 n 级排列 $p_1\cdots p_s\cdots p_t\cdots p_n$ 中，如果仅将它的两个元素 p_s 与 p_t 的位置对调，其余元素保持不变，得到另一个排列 $p_1\cdots p_t\cdots p_s\cdots p_n$，则将这种得到新排列的过程叫作**对换**，记为对换(p_s,p_t). 特别地，将相邻两个元素的位置对调，叫作**相邻对换**.

在例 1.4 中可以看到，标准排列是一个偶排列，并且注意到偶排列 53412 经过对换(3,5)后，得到的排列 35412 是一个奇排列. 事实上，我们有以下结论.

定理 1.1　**任一排列经过一次对换后必改变其奇偶性.**

证　(1) 讨论相邻对换的特殊情况. 设原排列为

$$\cdots ij\cdots,$$

则经过相邻对换(i,j)后，得到新排列

$$\cdots ji\cdots.$$

由于仅改变了元素 i 和 j 的次序，其余元素的位置并没有改变，因此新排列的逆序数比原排列的逆序数增加 1(当 $i<j$ 时) 或减少 1(当 $i>j$ 时). 无论哪种情况，经过一次相邻对换之后，排列的奇偶性发生改变.

(2) 下面讨论一般情况. 设原排列为

$$\cdots ip_1p_2\cdots p_sj\cdots, \tag{1.11}$$

则先经过 s 次相邻对换，将排列变为

$$\cdots p_1p_2\cdots p_sij\cdots, \tag{1.12}$$

然后经过 $s+1$ 次相邻对换，将排列变为

$$\cdots jp_1p_2\cdots p_si\cdots. \tag{1.13}$$

由上面的对换过程可知，对原排列施以对换(i,j)得到新排列的过程，可以分解为施以 $2s+1$ 次相邻对换来实现，而每施行一次相邻对换都改变排列的奇偶性，故原排列与新排列的奇偶性不同. 于是，任一排列经过一次对换后必改变其奇偶性.

下面研究在一个 n 级排列中，奇排列和偶排列各占多少.

定理 1.2　**在 $n(n>1)$ 级排列中，奇排列和偶排列各占一半，均有 $\frac{n!}{2}$ 个.**

证　易知 n 级排列的总数共有 $n!$ 个，设其中偶排列有 p 个，奇排列有 q 个，则 $p+q=n!$. 如果对这 p 个偶排列施以同一个对换[例如对换(1,2)]，则由定理 1.1 知，这 p 个偶排列全部变为不同的奇排列，且都包含在那 q 个奇排列中，因此 $p\leqslant q$. 同理可得 $q\leqslant p$. 所以

$$p=q=\frac{n!}{2}.$$

1.2.2　n 阶行列式的定义

在引入逆序数的定义后，下面进一步观察二阶和三阶行列式的展开规律，以寻求定义 n 阶行列式的新规律.

二阶行列式的展开式为

$$\begin{vmatrix} a_{11} & a_{12} \\ a_{21} & a_{22} \end{vmatrix} = a_{11}a_{22} - a_{12}a_{21},$$

三阶行列式的展开式为

$$\begin{vmatrix} a_{11} & a_{12} & a_{13} \\ a_{21} & a_{22} & a_{23} \\ a_{31} & a_{32} & a_{33} \end{vmatrix} = a_{11}a_{22}a_{33} + a_{12}a_{23}a_{31} + a_{13}a_{21}a_{32} - a_{11}a_{23}a_{32} - a_{12}a_{21}a_{33} - a_{13}a_{22}a_{31}.$$

通过观察,可以发现以下规律:

微课视频

(1) 二阶行列式的展开式是 2!项的代数和,三阶行列式的展开式是 3!项的代数和;

(2) 二阶行列式的展开式中每项都是取自不同行、不同列的 2 个元素的乘积,三阶行列式的展开式中每项都是取自不同行、不同列的 3 个元素的乘积;

(3) 二阶和三阶行列式的展开式中每项的符号是由该项中元素的行标的排列和列标的排列共同决定的.

n 阶行列式的定义

事实上,如果记二阶行列式的一般项为 $a_{i_1j_1}a_{i_2j_2}$,那么它的符号为$(-1)^{\tau(i_1i_2)+\tau(j_1j_2)}$. 例如,对于展开式中的第二项,当写成$a_{12}a_{21}$时,它的符号为$(-1)^{\tau(12)+\tau(21)}$,是负号;当写成$a_{21}a_{12}$时,它的符号为$(-1)^{\tau(21)+\tau(12)}$,还是负号.

如果记三阶行列式的一般项为 $a_{i_1j_1}a_{i_2j_2}a_{i_3j_3}$,那么它的符号为$(-1)^{\tau(i_1i_2i_3)+\tau(j_1j_2j_3)}$. 例如,对于展开式中的第六项,当写成 $a_{13}a_{22}a_{31}$ 时,它的符号为$(-1)^{\tau(123)+\tau(321)}$,是负号;当写成 $a_{22}a_{31}a_{13}$ 时,它的符号为$(-1)^{\tau(231)+\tau(213)}$,也是负号;当写成 $a_{31}a_{22}a_{13}$ 时,它的符号为$(-1)^{\tau(321)+\tau(123)}$,还是负号. 不难验证,对于该项其他的换序方式,也有同样的结果.

根据以上规律,二阶行列式的展开式可以表示为

$$\begin{vmatrix} a_{11} & a_{12} \\ a_{21} & a_{22} \end{vmatrix} = \sum (-1)^{\tau(i_1i_2)+\tau(j_1j_2)} a_{i_1j_1}a_{i_2j_2},$$

其中 i_1i_2,j_1j_2 是两个 2 级排列,$\sum$ 表示对所有的 2 级排列所对应的项$(-1)^{\tau(i_1i_2)+\tau(j_1j_2)}a_{i_1j_1}a_{i_2j_2}$求和;三阶行列式的展开式可以表示为

$$\begin{vmatrix} a_{11} & a_{12} & a_{13} \\ a_{21} & a_{22} & a_{23} \\ a_{31} & a_{32} & a_{33} \end{vmatrix} = \sum (-1)^{\tau(i_1i_2i_3)+\tau(j_1j_2j_3)} a_{i_1j_1}a_{i_2j_2}a_{i_3j_3},$$

其中 $i_1i_2i_3$,$j_1j_2j_3$ 是两个 3 级排列,$\sum$ 表示对所有的 3 级排列所对应的项$(-1)^{\tau(i_1i_2i_3)+\tau(j_1j_2j_3)}a_{i_1j_1}a_{i_2j_2}a_{i_3j_3}$ 求和.

综合二阶和三阶行列式的最本质的特征,定义 n 阶行列式如下.

定义 1.7 称记号

$$\begin{vmatrix} a_{11} & a_{12} & \cdots & a_{1n} \\ a_{21} & a_{22} & \cdots & a_{2n} \\ \vdots & \vdots & & \vdots \\ a_{n1} & a_{n2} & \cdots & a_{nn} \end{vmatrix} \tag{1.14}$$

为 n **阶行列式**,它表示所有取自其中属于不同行、不同列的 n 个元素的乘积

$$a_{i_1j_1}a_{i_2j_2}\cdots a_{i_nj_n} \tag{1.15}$$

的代数和，其中 $i_1i_2\cdots i_n$，$j_1j_2\cdots j_n$ 是两个 n 级排列. 当 $\tau(i_1i_2\cdots i_n)+\tau(j_1j_2\cdots j_n)$ 为偶数时，乘积项前取正号；当 $\tau(i_1i_2\cdots i_n)+\tau(j_1j_2\cdots j_n)$ 为奇数时，乘积项前取负号.

由定义 1.7 可知，n 阶行列式可以表示为

$$\begin{vmatrix} a_{11} & a_{12} & \cdots & a_{1n} \\ a_{21} & a_{22} & \cdots & a_{2n} \\ \vdots & \vdots & & \vdots \\ a_{n1} & a_{n2} & \cdots & a_{nn} \end{vmatrix} = \sum (-1)^{\tau(i_1i_2\cdots i_n)+\tau(j_1j_2\cdots j_n)} a_{i_1j_1}a_{i_2j_2}\cdots a_{i_nj_n}, \tag{1.16}$$

其中 $\sum$ 表示对所有的 n 级排列所对应的项 $(-1)^{\tau(i_1i_2\cdots i_n)+\tau(j_1j_2\cdots j_n)}a_{i_1j_1}a_{i_2j_2}\cdots a_{i_nj_n}$ 求和，故此代数和共有 $n!$ 项.

为了方便，常用记号 D 或 D_n 来表示 n 阶行列式，也可简记为 $|a_{ij}|_n$ 或 $\det(a_{ij})$，其中 a_{ij} 是 n 阶行列式中第 i 行、第 j 列的元素. 当 $n=1$ 时，规定一阶行列式 $|a_{11}|=a_{11}$.

特别地，有下列结论.

(1) 若将 n 阶行列式的展开式中行标排列调整为标准排列 $12\cdots n$，则有

$$\begin{vmatrix} a_{11} & a_{12} & \cdots & a_{1n} \\ a_{21} & a_{22} & \cdots & a_{2n} \\ \vdots & \vdots & & \vdots \\ a_{n1} & a_{n2} & \cdots & a_{nn} \end{vmatrix} = \sum_{s_1s_2\cdots s_n} (-1)^{\tau(s_1s_2\cdots s_n)} a_{1s_1}a_{2s_2}\cdots a_{ns_n}; \tag{1.17}$$

(2) 若将 n 阶行列式的展开式中列标排列调整为标准排列 $12\cdots n$，则有

$$\begin{vmatrix} a_{11} & a_{12} & \cdots & a_{1n} \\ a_{21} & a_{22} & \cdots & a_{2n} \\ \vdots & \vdots & & \vdots \\ a_{n1} & a_{n2} & \cdots & a_{nn} \end{vmatrix} = \sum_{t_1t_2\cdots t_n} (-1)^{\tau(t_1t_2\cdots t_n)} a_{t_11}a_{t_22}\cdots a_{t_nn}. \tag{1.18}$$

例 1.5 确定六阶行列式的项 $a_{23}a_{31}a_{42}a_{56}a_{14}a_{65}$ 前的符号.

解 方法一 因为 $\tau(234516)=4$，$\tau(312645)=4$，$4+4=8$，所以由式(1.16) 可知，$a_{23}a_{31}a_{42}a_{56}a_{14}a_{65}$ 前的符号为正号.

方法二 先交换项 $a_{23}a_{31}a_{42}a_{56}a_{14}a_{65}$ 中元素的次序，使其行标排列成标准排列，即为 $a_{14}a_{23}a_{31}a_{42}a_{56}a_{65}$. 因为 $\tau(431265)=6$，所以由式(1.17) 可知，$a_{23}a_{31}a_{42}a_{56}a_{14}a_{65}$ 前的符号为正号.

方法三 先交换项 $a_{23}a_{31}a_{42}a_{56}a_{14}a_{65}$ 中元素的次序，使其列标排列成标准排列，即为 $a_{31}a_{42}a_{23}a_{14}a_{65}a_{56}$. 因为 $\tau(342165)=6$，所以由式(1.18) 可知，$a_{23}a_{31}a_{42}a_{56}a_{14}a_{65}$ 前的符号为正号.

例 1.6 证明：n 阶下三角行列式(当 $i<j$ 时，$a_{ij}=0$，即主对角线以上元素全为 0)

$$\begin{vmatrix} a_{11} & 0 & \cdots & 0 \\ a_{21} & a_{22} & \cdots & 0 \\ \vdots & \vdots & & \vdots \\ a_{n1} & a_{n2} & \cdots & a_{nn} \end{vmatrix} = a_{11}a_{22}\cdots a_{nn}.$$

微课视频

利用定义计算特殊行列式

证 由式(1.17) 可知，原行列式的值为

$$\sum_{s_1s_2\cdots s_n}(-1)^{\tau(s_1s_2\cdots s_n)}a_{1s_1}a_{2s_2}\cdots a_{ns_n}.$$

根据此行列式的特点，我们只须考虑和式中来自不同行、不同列的 n 个元素的乘积不为 0 的项. 在第一行中，只有取 a_{11} 才能得到非零的项；在第二行中，由于每个乘积项里的元素必须取自不同行、不同列，因此只有取 a_{22} 才能得到非零的项…… 如此继续，在第 n 行中，只有取 a_{nn} 才能得到非零的项. 因此，在 $n!$ 项的代数和中只有一项 $a_{11}a_{22}\cdots a_{nn}$ 非零，其余 $n!-1$ 项均为 0. 又由 $\tau(12\cdots n)=0$，可知这一项取正号. 综上可得，

$$\begin{vmatrix} a_{11} & 0 & \cdots & 0 \\ a_{21} & a_{22} & \cdots & 0 \\ \vdots & \vdots & & \vdots \\ a_{n1} & a_{n2} & \cdots & a_{nn} \end{vmatrix}=a_{11}a_{22}\cdots a_{nn}.$$

同理可得，n 阶**上三角行列式**（当 $i>j$ 时，$a_{ij}=0$，即主对角线以下元素全为 0）

$$\begin{vmatrix} a_{11} & a_{12} & \cdots & a_{1n} \\ 0 & a_{22} & \cdots & a_{2n} \\ \vdots & \vdots & & \vdots \\ 0 & 0 & \cdots & a_{nn} \end{vmatrix}=a_{11}a_{22}\cdots a_{nn}.$$

上、下三角行列式统称为**三角行列式**. 特别地，有 n 阶**主对角行列式**（当 $i\neq j$ 时，$a_{ij}=0$，即主对角线以外元素全为 0）

$$\begin{vmatrix} a_{11} & 0 & \cdots & 0 \\ 0 & a_{22} & \cdots & 0 \\ \vdots & \vdots & & \vdots \\ 0 & 0 & \cdots & a_{nn} \end{vmatrix}=a_{11}a_{22}\cdots a_{nn}.$$

例 1.7 证明：n 阶行列式

$$\begin{vmatrix} 0 & \cdots & 0 & a_{1n} \\ 0 & \cdots & a_{2,n-1} & a_{2n} \\ \vdots & & \vdots & \vdots \\ a_{n1} & \cdots & a_{n,n-1} & a_{nn} \end{vmatrix}=(-1)^{\frac{n(n-1)}{2}}a_{1n}a_{2,n-1}\cdots a_{n1}.$$

证 由式(1.17)知，原行列式的值为 $\sum\limits_{s_1s_2\cdots s_n}(-1)^{\tau(s_1s_2\cdots s_n)}a_{1s_1}a_{2s_2}\cdots a_{ns_n}$.

我们只须考虑和式中不为 0 的项. 在第一行中，只有取 a_{1n} 才能得到非零的项；在第二行中，由于每个乘积项里的元素必须取自不同行、不同列，因此只有取 $a_{2,n-1}$ 才能得到非零的项…… 如此继续，在第 n 行中，只有取 a_{n1} 才能得到非零的项. 因此，在 $n!$ 项的代数和中只有一项 $a_{1n}a_{2,n-1}\cdots a_{n1}$ 非零，其余 $n!-1$ 项均为 0. 又因 $\tau(n(n-1)\cdots 1)=\dfrac{n(n-1)}{2}$，故

$$\begin{vmatrix} 0 & \cdots & 0 & a_{1n} \\ 0 & \cdots & a_{2,n-1} & a_{2n} \\ \vdots & & \vdots & \vdots \\ a_{n1} & \cdots & a_{n,n-1} & a_{nn} \end{vmatrix}=(-1)^{\frac{n(n-1)}{2}}a_{1n}a_{2,n-1}\cdots a_{n1}.$$

同理可得,n 阶行列式

$$\begin{vmatrix} a_{11} & \cdots & a_{1,n-1} & a_{1n} \\ a_{21} & \cdots & a_{2,n-1} & 0 \\ \vdots & & \vdots & \vdots \\ a_{n1} & \cdots & 0 & 0 \end{vmatrix} = (-1)^{\frac{n(n-1)}{2}} a_{1n}a_{2,n-1}\cdots a_{n1}.$$

特别地,有 n 阶**副对角行列式**(副对角线以外元素全为 0)

$$\begin{vmatrix} 0 & \cdots & 0 & a_{1n} \\ 0 & \cdots & a_{2,n-1} & 0 \\ \vdots & & \vdots & \vdots \\ a_{n1} & \cdots & 0 & 0 \end{vmatrix} = (-1)^{\frac{n(n-1)}{2}} a_{1n}a_{2,n-1}\cdots a_{n1}.$$

上述求得的这些特殊行列式的结果,在此后行列式的计算中都可以直接使用,这将使行列式的计算变得更为简便.

习　题　1.2

1. 选择题:

(1) 排列 146532 的逆序数等于(　　);

A. 6　　B. 7　　C. 8　　D. 9

(2) 行列式 $\begin{vmatrix} 0 & b & f & 0 \\ 0 & 0 & 0 & d \\ a & 0 & 0 & 0 \\ 0 & 0 & c & e \end{vmatrix}$ 的值等于(　　);

A. $abcd$　　B. $acdf$　　C. $aedf$　　D. $-abcd$

(3) n 阶行列式 $\begin{vmatrix} 0 & \cdots & 0 & 1 \\ 0 & \cdots & 1 & 0 \\ \vdots & & \vdots & \vdots \\ 1 & \cdots & 0 & 0 \end{vmatrix}$ 的值为(　　).

A. $(-1)^{\frac{n(n-1)}{2}}$　　B. $(-1)^n$　　C. $(-1)^{\frac{n(n+1)}{2}}$　　D. 1

2. 求下列排列的逆序数:

(1) 24513;　　(2) $24\cdots(2n)(2n-1)\cdots31$;

(3) $(2n)1(2n-1)2\cdots(n+1)n$.

3. 确定下列五阶行列式的项前的符号:

(1) $a_{15}a_{42}a_{33}a_{21}a_{54}$;　　(2) $a_{54}a_{42}a_{33}a_{15}a_{21}$.

4. 选择合适的 i 与 j,使得:

(1) $9274i56j1$ 为奇排列;　　(2) $2i15j4897$ 为偶排列.

5. 按定义计算下列行列式:

(1) $\begin{vmatrix} 0 & 1 & 0 & 0 \\ 0 & 0 & 2 & 0 \\ 0 & 0 & 0 & 3 \\ 4 & 0 & 0 & 0 \end{vmatrix}$;　　(2) $\begin{vmatrix} a & 0 & 0 & b \\ 0 & c & d & 0 \\ 0 & e & f & 0 \\ g & 0 & 0 & h \end{vmatrix}$.

6. 根据行列式的定义，计算多项式

$$f(x)=\begin{vmatrix} x & 1 & 1 & 2 \\ 1 & x & 1 & -1 \\ 3 & 2 & x & 1 \\ 1 & 1 & 2x & 1 \end{vmatrix}$$

中 x^3 的系数.

1.3 行列式的性质

直接用行列式的定义计算行列式，在一般情况下比较烦琐. 本节先研究行列式的一些性质，这些性质有助于我们了解行列式的特点，从而更方便地计算行列式.

定义 1.8 设 n 阶行列式 $D=\begin{vmatrix} a_{11} & a_{12} & \cdots & a_{1n} \\ a_{21} & a_{22} & \cdots & a_{2n} \\ \vdots & \vdots & & \vdots \\ a_{n1} & a_{n2} & \cdots & a_{nn} \end{vmatrix}$，则将 D 的行依次变为相应的列，所得到的 n 阶行列式 $\begin{vmatrix} a_{11} & a_{21} & \cdots & a_{n1} \\ a_{12} & a_{22} & \cdots & a_{n2} \\ \vdots & \vdots & & \vdots \\ a_{1n} & a_{2n} & \cdots & a_{nn} \end{vmatrix}$ 称为 D 的**转置行列式**，记作 D^{T}，即

微课视频

行列式的性质

$$D^{\mathrm{T}}=\begin{vmatrix} a_{11} & a_{21} & \cdots & a_{n1} \\ a_{12} & a_{22} & \cdots & a_{n2} \\ \vdots & \vdots & & \vdots \\ a_{1n} & a_{2n} & \cdots & a_{nn} \end{vmatrix}.$$

性质 1 行列式与它的转置行列式的值相等，即 $D=D^{\mathrm{T}}$.

证 设 $D=|a_{ij}|_n$，且记

$$D^{\mathrm{T}}=\begin{vmatrix} b_{11} & b_{12} & \cdots & b_{1n} \\ b_{21} & b_{22} & \cdots & b_{2n} \\ \vdots & \vdots & & \vdots \\ b_{n1} & b_{n2} & \cdots & b_{nn} \end{vmatrix},$$

则有

$$b_{ij}=a_{ji} \quad (i,j=1,2,\cdots,n). \tag{1.19}$$

将 D^{T} 按式(1.17)展开，并将式(1.19)代入，再与式(1.18)比较，得

$$\begin{aligned} D^{\mathrm{T}} &= \sum_{j_1j_2\cdots j_n}(-1)^{\tau(j_1j_2\cdots j_n)}b_{1j_1}b_{2j_2}\cdots b_{nj_n} \\ &= \sum_{j_1j_2\cdots j_n}(-1)^{\tau(j_1j_2\cdots j_n)}a_{j_11}a_{j_22}\cdots a_{j_nn} \\ &= D. \end{aligned}$$

性质 1 说明,行列式中行与列具有同等的地位.也就是说,行列式的性质凡是对行成立的,对列也成立,反之亦然.因此,在证明行列式的性质时,只须证明其对行成立即可.

性质 2 交换行列式的任意两行(列),行列式的值变号.

证 设

$$D_1=\begin{vmatrix} a_{11} & a_{12} & \cdots & a_{1n} \\ \vdots & \vdots & & \vdots \\ a_{s1} & a_{s2} & \cdots & a_{sn} \\ \vdots & \vdots & & \vdots \\ a_{t1} & a_{t2} & \cdots & a_{tn} \\ \vdots & \vdots & & \vdots \\ a_{n1} & a_{n2} & \cdots & a_{nn} \end{vmatrix} \begin{matrix} \\ \\ \leftarrow \text{第 } s \text{ 行} \\ \\ \leftarrow \text{第 } t \text{ 行} \\ \\ \\ \end{matrix} \quad (s\neq t),$$

交换 D_1 的第 s 行和第 t 行,得到行列式

$$D_2=\begin{vmatrix} a_{11} & a_{12} & \cdots & a_{1n} \\ \vdots & \vdots & & \vdots \\ a_{t1} & a_{t2} & \cdots & a_{tn} \\ \vdots & \vdots & & \vdots \\ a_{s1} & a_{s2} & \cdots & a_{sn} \\ \vdots & \vdots & & \vdots \\ a_{n1} & a_{n2} & \cdots & a_{nn} \end{vmatrix} \begin{matrix} \\ \\ \leftarrow \text{第 } s \text{ 行} \\ \\ \leftarrow \text{第 } t \text{ 行} \\ \\ \\ \end{matrix}.$$

将 D_1 和 D_2 分别按式(1.17)展开,得

$$D_1=\sum_{j_1j_2\cdots j_n}(-1)^{\tau(j_1\cdots j_s\cdots j_t\cdots j_n)}a_{1j_1}\cdots a_{sj_s}\cdots a_{tj_t}\cdots a_{nj_n}, \tag{1.20}$$

$$D_2=\sum_{j_1j_2\cdots j_n}(-1)^{\tau(j_1\cdots j_t\cdots j_s\cdots j_n)}a_{1j_1}\cdots a_{tj_t}\cdots a_{sj_s}\cdots a_{nj_n}. \tag{1.21}$$

对比上述两个展开式,由于排列经过一次对换改变奇偶性,因此可得 $D_1=-D_2$.

推论 1 如果行列式中有两行(列)对应元素相同,则该行列式的值为 0.

证 显然,将行列式 D 中具有相同对应元素的两行互换,其结果仍为 D.但是根据性质 2,D 中两行互换,其结果为 $-D$,则有 $D=-D$,故 $D=0$.

性质 3 行列式中某一行(列)的所有元素都乘以数 k,等于用数 k 乘以此行列式,即

$$\begin{vmatrix} a_{11} & a_{12} & \cdots & a_{1n} \\ \vdots & \vdots & & \vdots \\ ka_{i1} & ka_{i2} & \cdots & ka_{in} \\ \vdots & \vdots & & \vdots \\ a_{n1} & a_{n2} & \cdots & a_{nn} \end{vmatrix}=k\begin{vmatrix} a_{11} & a_{12} & \cdots & a_{1n} \\ \vdots & \vdots & & \vdots \\ a_{i1} & a_{i2} & \cdots & a_{in} \\ \vdots & \vdots & & \vdots \\ a_{n1} & a_{n2} & \cdots & a_{nn} \end{vmatrix}.$$

证 由式(1.17)可得

$$\begin{vmatrix} a_{11} & a_{12} & \cdots & a_{1n} \\ \vdots & \vdots & & \vdots \\ ka_{i1} & ka_{i2} & \cdots & ka_{in} \\ \vdots & \vdots & & \vdots \\ a_{n1} & a_{n2} & \cdots & a_{nn} \end{vmatrix} = \sum_{j_1 j_2 \cdots j_n} (-1)^{\tau(j_1 j_2 \cdots j_n)} a_{1j_1} \cdots (ka_{ij_i}) \cdots a_{nj_n}$$

$$= k \sum_{j_1 j_2 \cdots j_n} (-1)^{\tau(j_1 j_2 \cdots j_n)} a_{1j_1} \cdots a_{ij_i} \cdots a_{nj_n}$$

$$= k \begin{vmatrix} a_{11} & a_{12} & \cdots & a_{1n} \\ \vdots & \vdots & & \vdots \\ a_{i1} & a_{i2} & \cdots & a_{in} \\ \vdots & \vdots & & \vdots \\ a_{n1} & a_{n2} & \cdots & a_{nn} \end{vmatrix}.$$

推论 2 行列式中某一行(列)所有元素的公因子可以提到行列式记号的外面.

推论 3 若行列式中某一行(列)的元素都为 0,则该行列式的值为 0.

推论 4 若行列式中某两行(列)对应元素成比例,则该行列式的值为 0.

性质 4 若行列式中某一行(列)的元素都可以写成两数之和,则原行列式可以写成两个行列式之和,且这两个行列式分别以这两数为所在行(列)对应位置的元素,其他位置的元素与原行列式相同,即若设

$$D = \begin{vmatrix} a_{11} & a_{12} & \cdots & a_{1n} \\ \vdots & \vdots & & \vdots \\ b_{i1}+c_{i1} & b_{i2}+c_{i2} & \cdots & b_{in}+c_{in} \\ \vdots & \vdots & & \vdots \\ a_{n1} & a_{n2} & \cdots & a_{nn} \end{vmatrix},$$

$$D_1 = \begin{vmatrix} a_{11} & a_{12} & \cdots & a_{1n} \\ \vdots & \vdots & & \vdots \\ b_{i1} & b_{i2} & \cdots & b_{in} \\ \vdots & \vdots & & \vdots \\ a_{n1} & a_{n2} & \cdots & a_{nn} \end{vmatrix}, \quad D_2 = \begin{vmatrix} a_{11} & a_{12} & \cdots & a_{1n} \\ \vdots & \vdots & & \vdots \\ c_{i1} & c_{i2} & \cdots & c_{in} \\ \vdots & \vdots & & \vdots \\ a_{n1} & a_{n2} & \cdots & a_{nn} \end{vmatrix},$$

则有

$$D = D_1 + D_2.$$

证 由式(1.17)可得

$$\begin{aligned} D &= \sum_{j_1 j_2 \cdots j_n} (-1)^{\tau(j_1 j_2 \cdots j_n)} a_{1j_1} \cdots (b_{ij_i} + c_{ij_i}) \cdots a_{nj_n} \\ &= \sum_{j_1 j_2 \cdots j_n} (-1)^{\tau(j_1 j_2 \cdots j_n)} a_{1j_1} \cdots b_{ij_i} \cdots a_{nj_n} + \sum_{j_1 j_2 \cdots j_n} (-1)^{\tau(j_1 j_2 \cdots j_n)} a_{1j_1} \cdots c_{ij_i} \cdots a_{nj_n} \\ &= D_1 + D_2. \end{aligned}$$

性质 5 将行列式中某一行(列)的各元素乘以同一数后加到另一行(列)对应的元素上去,行列式的值不变,即若设行列式

$$D=\begin{vmatrix} a_{11} & a_{12} & \cdots & a_{1n} \\ \vdots & \vdots & & \vdots \\ a_{i1} & a_{i2} & \cdots & a_{in} \\ \vdots & \vdots & & \vdots \\ a_{s1} & a_{s2} & \cdots & a_{sn} \\ \vdots & \vdots & & \vdots \\ a_{n1} & a_{n2} & \cdots & a_{nn} \end{vmatrix} \quad (i \neq s),$$

将 D 的第 i 行各元素乘以数 k 后加到第 s 行对应位置的元素上，得到

$$D_1=\begin{vmatrix} a_{11} & a_{12} & \cdots & a_{1n} \\ \vdots & \vdots & & \vdots \\ a_{i1} & a_{i2} & \cdots & a_{in} \\ \vdots & \vdots & & \vdots \\ ka_{i1}+a_{s1} & ka_{i2}+a_{s2} & \cdots & ka_{in}+a_{sn} \\ \vdots & \vdots & & \vdots \\ a_{n1} & a_{n2} & \cdots & a_{nn} \end{vmatrix},$$

则有

$$D=D_1.$$

证 由性质 4 及推论 4 得

$$D_1=\begin{vmatrix} a_{11} & a_{12} & \cdots & a_{1n} \\ \vdots & \vdots & & \vdots \\ a_{i1} & a_{i2} & \cdots & a_{in} \\ \vdots & \vdots & & \vdots \\ ka_{i1} & ka_{i2} & \cdots & ka_{in} \\ \vdots & \vdots & & \vdots \\ a_{n1} & a_{n2} & \cdots & a_{nn} \end{vmatrix}+\begin{vmatrix} a_{11} & a_{12} & \cdots & a_{1n} \\ \vdots & \vdots & & \vdots \\ a_{i1} & a_{i2} & \cdots & a_{in} \\ \vdots & \vdots & & \vdots \\ a_{s1} & a_{s2} & \cdots & a_{sn} \\ \vdots & \vdots & & \vdots \\ a_{n1} & a_{n2} & \cdots & a_{nn} \end{vmatrix}=0+\begin{vmatrix} a_{11} & a_{12} & \cdots & a_{1n} \\ \vdots & \vdots & & \vdots \\ a_{i1} & a_{i2} & \cdots & a_{in} \\ \vdots & \vdots & & \vdots \\ a_{s1} & a_{s2} & \cdots & a_{sn} \\ \vdots & \vdots & & \vdots \\ a_{n1} & a_{n2} & \cdots & a_{nn} \end{vmatrix}=D.$$

在行列式的计算中，通常约定用 r_i 表示行列式的第 i 行，用 c_j 表示行列式的第 j 列，并且引入以下记号：

(1) $r_i \leftrightarrow r_j$ 表示将行列式的第 i 行与第 j 行互换，$c_i \leftrightarrow c_j$ 表示将行列式的第 i 列与第 j 列互换；

(2) kr_i 表示用数 k 乘以行列式的第 i 行所有元素，kc_i 表示用数 k 乘以行列式的第 i 列所有元素；

(3) r_j+kr_i 表示用数 k 乘以行列式第 i 行的各元素后加到第 j 行对应元素上去，c_j+kc_i 表示用数 k 乘以行列式第 i 列的各元素后加到第 j 列对应元素上去.

例 1.8 设三阶行列式 $D=\begin{vmatrix} a_1 & a_2 & a_3 \\ b_1 & b_2 & b_3 \\ c_1 & c_2 & c_3 \end{vmatrix} \neq 0$，求下列行列式的值：

(1) $D_1=\begin{vmatrix} a_1 & b_1 & c_1 \\ a_2 & b_2 & c_2 \\ a_3 & b_3 & c_3 \end{vmatrix}$；　(2) $D_2=\begin{vmatrix} b_1 & a_1 & c_1 \\ b_2 & a_2 & c_2 \\ b_3 & a_3 & c_3 \end{vmatrix}$；

(3) $D_3=\begin{vmatrix} b_1 & b_2 & b_3 \\ c_1 & c_2 & c_3 \\ a_1 & a_2 & a_3 \end{vmatrix}$；　(4) $D_4=\begin{vmatrix} a_1 & a_2 & a_3 \\ a_1 & a_2 & a_3 \\ c_1 & c_2 & c_3 \end{vmatrix}$；

(5) $D_5=\begin{vmatrix} 2a_1 & 2a_2 & 2a_3 \\ b_1 & b_2 & b_3 \\ c_1 & c_2 & c_3 \end{vmatrix}$；　(6) $D_6=\begin{vmatrix} 2a_1 & 2a_2 & 2a_3 \\ 2b_1 & 2b_2 & 2b_3 \\ 2c_1 & 2c_2 & 2c_3 \end{vmatrix}$；

(7) $D_7=\begin{vmatrix} a_1 & a_2 & a_3 \\ b_1+a_1 & b_2+a_2 & b_3+a_3 \\ c_1 & c_2 & c_3 \end{vmatrix}$；　(8) $D_8=\begin{vmatrix} a_1+2b_1 & b_1+3c_1 & c_1+a_1 \\ a_2+2b_2 & b_2+3c_2 & c_2+a_2 \\ a_3+2b_3 & b_3+3c_3 & c_3+a_3 \end{vmatrix}$.

解　(1) 由性质 1 得

$$D_1=D.$$

(2) 由性质 2 得

$$D_2=\begin{vmatrix} b_1 & a_1 & c_1 \\ b_2 & a_2 & c_2 \\ b_3 & a_3 & c_3 \end{vmatrix}\xlongequal{c_1\leftrightarrow c_2}-\begin{vmatrix} a_1 & b_1 & c_1 \\ a_2 & b_2 & c_2 \\ a_3 & b_3 & c_3 \end{vmatrix}=-D_1=-D.$$

(3) 由性质 2 得

$$D_3=\begin{vmatrix} b_1 & b_2 & b_3 \\ c_1 & c_2 & c_3 \\ a_1 & a_2 & a_3 \end{vmatrix}\xlongequal{r_1\leftrightarrow r_2}-\begin{vmatrix} c_1 & c_2 & c_3 \\ b_1 & b_2 & b_3 \\ a_1 & a_2 & a_3 \end{vmatrix}\xlongequal{r_1\leftrightarrow r_3}D.$$

(4) 由推论 1 得

$$D_4=0.$$

(5) 由性质 3 得

$$D_5=\begin{vmatrix} 2a_1 & 2a_2 & 2a_3 \\ b_1 & b_2 & b_3 \\ c_1 & c_2 & c_3 \end{vmatrix}=2D.$$

(6) 由性质 3 得

$$D_6=\begin{vmatrix} 2a_1 & 2a_2 & 2a_3 \\ 2b_1 & 2b_2 & 2b_3 \\ 2c_1 & 2c_2 & 2c_3 \end{vmatrix}=8D.$$

(7) **方法一**　由性质 4 得

$$D_7=\begin{vmatrix} a_1 & a_2 & a_3 \\ b_1+a_1 & b_2+a_2 & b_3+a_3 \\ c_1 & c_2 & c_3 \end{vmatrix}=\begin{vmatrix} a_1 & a_2 & a_3 \\ b_1 & b_2 & b_3 \\ c_1 & c_2 & c_3 \end{vmatrix}+\begin{vmatrix} a_1 & a_2 & a_3 \\ a_1 & a_2 & a_3 \\ c_1 & c_2 & c_3 \end{vmatrix}=D+D_4=D.$$

方法二 由性质 5 得

$$D_7=\begin{vmatrix} a_1 & a_2 & a_3 \\ b_1+a_1 & b_2+a_2 & b_3+a_3 \\ c_1 & c_2 & c_3 \end{vmatrix}\xlongequal{r_2-r_1}\begin{vmatrix} a_1 & a_2 & a_3 \\ b_1 & b_2 & b_3 \\ c_1 & c_2 & c_3 \end{vmatrix}=D.$$

(8) $$D_8=\begin{vmatrix} a_1+2b_1 & b_1+3c_1 & c_1+a_1 \\ a_2+2b_2 & b_2+3c_2 & c_2+a_2 \\ a_3+2b_3 & b_3+3c_3 & c_3+a_3 \end{vmatrix}$$

$$=\begin{vmatrix} a_1 & b_1+3c_1 & c_1+a_1 \\ a_2 & b_2+3c_2 & c_2+a_2 \\ a_3 & b_3+3c_3 & c_3+a_3 \end{vmatrix}+\begin{vmatrix} 2b_1 & b_1+3c_1 & c_1+a_1 \\ 2b_2 & b_2+3c_2 & c_2+a_2 \\ 2b_3 & b_3+3c_3 & c_3+a_3 \end{vmatrix}$$

$$=\begin{vmatrix} a_1 & b_1 & c_1 \\ a_2 & b_2 & c_2 \\ a_3 & b_3 & c_3 \end{vmatrix}+\begin{vmatrix} 2b_1 & 3c_1 & a_1 \\ 2b_2 & 3c_2 & a_2 \\ 2b_3 & 3c_3 & a_3 \end{vmatrix}$$

$$=\begin{vmatrix} a_1 & b_1 & c_1 \\ a_2 & b_2 & c_2 \\ a_3 & b_3 & c_3 \end{vmatrix}+6\begin{vmatrix} a_1 & b_1 & c_1 \\ a_2 & b_2 & c_2 \\ a_3 & b_3 & c_3 \end{vmatrix}$$

$$=7D.$$

在例 1.8 的题(6) 中要特别注意,利用性质 3 提取公因子时,是按一行(列) 提取的;而在题(8) 中要注意的是,若利用性质 4 将 D_8 完全分拆开,应得到 8 个行列式之和.

因为三角行列式的值容易求得,所以在行列式的计算中,常利用行列式的性质将一般行列式化为三角行列式进行计算,这种方法称为**化三角法**.

例 1.9 利用化三角法计算行列式

$$D=\begin{vmatrix} 0 & -1 & -1 & 2 \\ 1 & -1 & 0 & 2 \\ -1 & 2 & -1 & 0 \\ 2 & 1 & 1 & 0 \end{vmatrix}.$$

微课视频

化三角法计算行列式

解 $$D=\begin{vmatrix} 0 & -1 & -1 & 2 \\ 1 & -1 & 0 & 2 \\ -1 & 2 & -1 & 0 \\ 2 & 1 & 1 & 0 \end{vmatrix}\xlongequal{r_1\leftrightarrow r_2}-\begin{vmatrix} 1 & -1 & 0 & 2 \\ 0 & -1 & -1 & 2 \\ -1 & 2 & -1 & 0 \\ 2 & 1 & 1 & 0 \end{vmatrix}$$

$$\xlongequal[r_4-2r_1]{r_3+r_1}-\begin{vmatrix}1&-1&0&2\\0&-1&-1&2\\0&1&-1&2\\0&3&1&-4\end{vmatrix}\xlongequal[r_4+3r_2]{r_3+r_2}-\begin{vmatrix}1&-1&0&2\\0&-1&-1&2\\0&0&-2&4\\0&0&-2&2\end{vmatrix}$$

$$\xlongequal{r_4-r_3}-\begin{vmatrix}1&-1&0&2\\0&-1&-1&2\\0&0&-2&4\\0&0&0&-2\end{vmatrix}=4.$$

例 1.10 利用化三角法计算 $n+1$ 阶行列式

$$D=\begin{vmatrix}x&a_1&a_2&\cdots&a_n\\a_1&x&a_2&\cdots&a_n\\a_1&a_2&x&\cdots&a_n\\\vdots&\vdots&\vdots&&\vdots\\a_1&a_2&a_3&\cdots&x\end{vmatrix}.$$

解 将 D 的第 $2,3,\cdots,n+1$ 列都加到第 1 列,然后提取公因子 $x+\sum\limits_{j=1}^{n}a_j$,得

$$D=\left(x+\sum_{j=1}^{n}a_j\right)\begin{vmatrix}1&a_1&a_2&\cdots&a_n\\1&x&a_2&\cdots&a_n\\1&a_2&x&\cdots&a_n\\\vdots&\vdots&\vdots&&\vdots\\1&a_2&a_3&\cdots&x\end{vmatrix}.$$

再将第 1 列的 $-a_j$ 倍分别加到第 $j+1$ 列($j=1,2,\cdots,n$),得

$$D=\left(x+\sum_{j=1}^{n}a_j\right)\begin{vmatrix}1&0&0&\cdots&0\\1&x-a_1&0&\cdots&0\\1&a_2-a_1&x-a_2&\cdots&0\\\vdots&\vdots&\vdots&&\vdots\\1&a_2-a_1&a_3-a_2&\cdots&x-a_n\end{vmatrix}$$

$$=\left(x+\sum_{j=1}^{n}a_j\right)(x-a_1)(x-a_2)\cdots(x-a_n).$$

例 1.11 计算 n 阶**爪形行列式**

$$D=\begin{vmatrix}a_1&b_2&\cdots&b_n\\c_2&a_2&&\\\vdots&&\ddots&\\c_n&&&a_n\end{vmatrix}\quad(a_i\neq 0,i=1,2,\cdots,n),$$

其中未写出的元素均为 0.

解 将 D 的第 j 列的 $-\dfrac{c_j}{a_j}$ 倍都加到第 1 列($j=2,3,\cdots,n$),得

$$D=\begin{vmatrix} a_1-\dfrac{b_2c_2}{a_2}-\cdots-\dfrac{b_nc_n}{a_n} & b_2 & \cdots & b_n \\ 0 & a_2 & & \\ \vdots & & \ddots & \\ 0 & & & a_n \end{vmatrix}=\left(a_1-\sum_{j=2}^{n}\frac{b_jc_j}{a_j}\right)a_2a_3\cdots a_n.$$

例 1.12　设行列式

$$D=\begin{vmatrix} a_{11} & \cdots & a_{1k} & 0 & \cdots & 0 \\ \vdots & & \vdots & \vdots & & \vdots \\ a_{k1} & \cdots & a_{kk} & 0 & \cdots & 0 \\ c_{11} & \cdots & c_{1k} & b_{11} & \cdots & b_{1n} \\ \vdots & & \vdots & \vdots & & \vdots \\ c_{n1} & \cdots & c_{nk} & b_{n1} & \cdots & b_{nn} \end{vmatrix},\quad D_1=\begin{vmatrix} a_{11} & \cdots & a_{1k} \\ \vdots & & \vdots \\ a_{k1} & \cdots & a_{kk} \end{vmatrix},\quad D_2=\begin{vmatrix} b_{11} & \cdots & b_{1n} \\ \vdots & & \vdots \\ b_{n1} & \cdots & b_{nn} \end{vmatrix},$$

利用化三角法证明：$D=D_1D_2$.

证　对 D_1 做一系列适当的行运算 r_i+kr_j，可把 D_1 化为下三角行列式，即

$$D_1=\begin{vmatrix} a'_{11} & \cdots & 0 \\ \vdots & & \vdots \\ a'_{k1} & \cdots & a'_{kk} \end{vmatrix}=a'_{11}\cdots a'_{kk};$$

对 D_2 做一系列适当的列运算 $c_i+k'c_j$，可把 D_2 也化为下三角行列式，即

$$D_2=\begin{vmatrix} b'_{11} & \cdots & 0 \\ \vdots & & \vdots \\ b'_{n1} & \cdots & b'_{nn} \end{vmatrix}=b'_{11}\cdots b'_{nn}.$$

于是，先对 D 的前 k 行做一系列对应的行运算 r_i+kr_j，再对 D 的后 n 列做一系列对应的列运算 $c_i+k'c_j$，可把 D 化为下三角行列式，即

$$D=\begin{vmatrix} a'_{11} & \cdots & 0 & 0 & \cdots & 0 \\ \vdots & & \vdots & \vdots & & \vdots \\ a'_{k1} & \cdots & a'_{kk} & 0 & \cdots & 0 \\ c_{11} & \cdots & c_{1k} & b'_{11} & \cdots & 0 \\ \vdots & & \vdots & \vdots & & \vdots \\ c_{n1} & \cdots & c_{nk} & b'_{n1} & \cdots & b'_{nn} \end{vmatrix}.$$

故 $D=a'_{11}\cdots a'_{kk}b'_{11}\cdots b'_{nn}=D_1D_2$，即

$$\begin{vmatrix} a_{11} & \cdots & a_{1k} & 0 & \cdots & 0 \\ \vdots & & \vdots & \vdots & & \vdots \\ a_{k1} & \cdots & a_{kk} & 0 & \cdots & 0 \\ c_{11} & \cdots & c_{1k} & b_{11} & \cdots & b_{1n} \\ \vdots & & \vdots & \vdots & & \vdots \\ c_{n1} & \cdots & c_{nk} & b_{n1} & \cdots & b_{nn} \end{vmatrix}=\begin{vmatrix} a_{11} & \cdots & a_{1k} \\ \vdots & & \vdots \\ a_{k1} & \cdots & a_{kk} \end{vmatrix}\begin{vmatrix} b_{11} & \cdots & b_{1n} \\ \vdots & & \vdots \\ b_{n1} & \cdots & b_{nn} \end{vmatrix}.$$

同理,可以证明

$$\begin{vmatrix} a_{11} & \cdots & a_{1k} & c_{11} & \cdots & c_{1n} \\ \vdots & & \vdots & \vdots & & \vdots \\ a_{k1} & \cdots & a_{kk} & c_{k1} & \cdots & c_{kn} \\ 0 & \cdots & 0 & b_{11} & \cdots & b_{1n} \\ \vdots & & \vdots & \vdots & & \vdots \\ 0 & \cdots & 0 & b_{n1} & \cdots & b_{nn} \end{vmatrix} = \begin{vmatrix} a_{11} & \cdots & a_{1k} \\ \vdots & & \vdots \\ a_{k1} & \cdots & a_{kk} \end{vmatrix} \begin{vmatrix} b_{11} & \cdots & b_{1n} \\ \vdots & & \vdots \\ b_{n1} & \cdots & b_{nn} \end{vmatrix}.$$

以上两个结论可以直接使用.

习 题 1.3

1. 选择题:

(1) 已知行列式 $\begin{vmatrix} a_1 & a_2 & a_3 \\ b_1 & b_2 & b_3 \\ c_1 & c_2 & c_3 \end{vmatrix} = M$,则 $\begin{vmatrix} 2a_1 & 2a_2 & 2a_3 \\ b_1 & b_2 & b_3 \\ -c_1 & -c_2 & -c_3 \end{vmatrix} =$ (　　);

A. $8M$　　B. $-8M$　　C. $2M$　　D. $-2M$

(2) 行列式 $\begin{vmatrix} 1 & 2 & 2 & 2 \\ 2 & 1 & 2 & 2 \\ 2 & 2 & 1 & 2 \\ 2 & 2 & 2 & 1 \end{vmatrix}$ 的值等于(　　);

A. -7　　B. 7　　C. 5　　D. -5

(3) 行列式 $\begin{vmatrix} 5 & 1 & 1 & 1 & 1 \\ 1 & 1 & 0 & 0 & 0 \\ 1 & 0 & 1 & 0 & 0 \\ 1 & 0 & 0 & 1 & 0 \\ 1 & 0 & 0 & 0 & 1 \end{vmatrix}$ 的值等于(　　).

A. 5　　B. 1　　C. -5　　D. -1

2. 计算下列行列式:

(1) $\begin{vmatrix} 3 & 1 & -1 & 2 \\ -5 & 1 & 3 & -4 \\ 2 & 0 & 1 & -1 \\ 1 & -5 & 3 & -3 \end{vmatrix}$;　　(2) $\begin{vmatrix} -ab & ac & ae \\ bd & -cd & de \\ bf & cf & -ef \end{vmatrix}$;

(3) $\begin{vmatrix} 1+a & 1 & 1 & 1 \\ 1 & 1-a & 1 & 1 \\ 1 & 1 & 1+b & 1 \\ 1 & 1 & 1 & 1-b \end{vmatrix}$;　　(4) $\begin{vmatrix} 1 & 1 & 1 & 1 & 1 \\ 2 & 9 & 0 & 0 & 0 \\ 3 & 0 & 9 & 0 & 0 \\ 4 & 0 & 0 & 9 & 0 \\ 5 & 0 & 0 & 0 & 9 \end{vmatrix}$;

(5) $\begin{vmatrix} 5 & 1 & 2 & 3 \\ 1 & 5 & 2 & 3 \\ 1 & 2 & 5 & 3 \\ 1 & 2 & 3 & 5 \end{vmatrix}$；　(6) $\begin{vmatrix} 0 & 1 & 1 & \cdots & 1 \\ 1 & 0 & 1 & \cdots & 1 \\ 1 & 1 & 0 & \cdots & 1 \\ \vdots & \vdots & \vdots & & \vdots \\ 1 & 1 & 1 & \cdots & 0 \end{vmatrix}$（$n$ 阶）；

(7) $\begin{vmatrix} 1 & 1 & 1 & \cdots & 1 \\ 1 & 2-x & 1 & \cdots & 1 \\ 1 & 1 & 3-x & \cdots & 1 \\ \vdots & \vdots & \vdots & & \vdots \\ 1 & 1 & 1 & \cdots & (n-1)-x \end{vmatrix}$.

3. 解下列方程：

(1) $\begin{vmatrix} 1 & -1 & 1 & x-1 \\ 1 & -1 & x+1 & -1 \\ 1 & x-1 & 1 & -1 \\ x+1 & -1 & 1 & -1 \end{vmatrix}=0$；　(2) $\begin{vmatrix} x & 1 & 1 & 1 \\ 1 & x & 1 & 1 \\ 1 & 1 & x & 1 \\ 1 & 1 & 1 & x \end{vmatrix}=0$.

4. 用行列式的性质证明：

(1) $\begin{vmatrix} 1+a_1 & 2+a_1 & 3+a_1 \\ 1+a_2 & 2+a_2 & 3+a_2 \\ 1+a_3 & 2+a_3 & 3+a_3 \end{vmatrix}=0$；　(2) $\begin{vmatrix} 1 & 1 & 1 \\ 2a & a+b & 2b \\ a^2 & ab & b^2 \end{vmatrix}=(b-a)^3$.

1.4 行列式按行（列）展开

由于低阶行列式的计算要比高阶行列式的计算更简单，因此本节研究将高阶行列式降为低阶行列式的方法.

观察三阶行列式与二阶行列式的联系，由于

$$\begin{aligned} D_3 &= \begin{vmatrix} a_{11} & a_{12} & a_{13} \\ a_{21} & a_{22} & a_{23} \\ a_{31} & a_{32} & a_{33} \end{vmatrix} \\ &= a_{11}a_{22}a_{33}+a_{12}a_{23}a_{31}+a_{13}a_{21}a_{32}-a_{11}a_{23}a_{32}-a_{12}a_{21}a_{33}-a_{13}a_{22}a_{31} \\ &= a_{11}(a_{22}a_{33}-a_{23}a_{32})+a_{12}(a_{23}a_{31}-a_{21}a_{33})+a_{13}(a_{21}a_{32}-a_{22}a_{31}), \end{aligned}$$

因此有

$$D_3=a_{11}\begin{vmatrix} a_{22} & a_{23} \\ a_{32} & a_{33} \end{vmatrix}+a_{12}\left(-\begin{vmatrix} a_{21} & a_{23} \\ a_{31} & a_{33} \end{vmatrix}\right)+a_{13}\begin{vmatrix} a_{21} & a_{22} \\ a_{31} & a_{32} \end{vmatrix}. \tag{1.22}$$

由此可见，三阶行列式可以用二阶行列式来表示，那么是否可以推广到用 $n-1$ 阶行列式来表示 n 阶行列式呢？答案是肯定的，为此先要引入余子式与代数余子式的概念.

1.4.1　余子式与代数余子式

定义 1.9　在 n 阶行列式 D 中，划去元素 a_{ij} 所在的第 i 行和第 j 列的元素，将剩下的元素按原来的次序排成的 $n-1$ 阶行列式称为元素 a_{ij} 的**余子式**,记作 M_{ij};并称 $(-1)^{i+j}M_{ij}$ 为元素 a_{ij} 的**代数余子式**,记作 A_{ij},即 $A_{ij}=(-1)^{i+j}M_{ij}$.

例 1.13 设行列式 $D_4=\begin{vmatrix}1&0&-1&1\\0&-2&-5&1\\1&x&2&3\\0&3&0&1\end{vmatrix}$,写出其元素 x 的余子式与代数余子式.

解 元素 x 的位置处于行列式 D_4 的第3行、第2列,故它的余子式与代数余子式分别为

$$M_{32}=\begin{vmatrix}1&-1&1\\0&-5&1\\0&0&1\end{vmatrix}=-5,\quad A_{32}=(-1)^{3+2}\begin{vmatrix}1&-1&1\\0&-5&1\\0&0&1\end{vmatrix}=5.$$

注 元素 a_{ij} 的余子式 M_{ij} 和代数余子式 A_{ij} 只与元素 a_{ij} 所在原行列式中的位置有关,而与元素 a_{ij} 本身的值无关.

在行列式 $D_3=\begin{vmatrix}a_{11}&a_{12}&a_{13}\\a_{21}&a_{22}&a_{23}\\a_{31}&a_{32}&a_{33}\end{vmatrix}$ 中,注意到第1行元素 a_{11},a_{12},a_{13} 的余子式和代数余子式分别为

微课视频

余子式与代数余子式

$$M_{11}=\begin{vmatrix}a_{22}&a_{23}\\a_{32}&a_{33}\end{vmatrix},\quad A_{11}=(-1)^{1+1}M_{11}=M_{11},$$

$$M_{12}=\begin{vmatrix}a_{21}&a_{23}\\a_{31}&a_{33}\end{vmatrix},\quad A_{12}=(-1)^{1+2}M_{12}=-M_{12},$$

$$M_{13}=\begin{vmatrix}a_{21}&a_{22}\\a_{31}&a_{32}\end{vmatrix},\quad A_{13}=(-1)^{1+3}M_{13}=M_{13}.$$

因此,行列式 D_3 就可以简洁地表示为

$$D_3=a_{11}A_{11}+a_{12}A_{12}+a_{13}A_{13}. \tag{1.23}$$

这个结论可以推广到 n 阶行列式.

1.4.2 行列式按某一行(列)展开

定理 1.3 n 阶行列式 $D=\begin{vmatrix}a_{11}&a_{12}&\cdots&a_{1n}\\a_{21}&a_{22}&\cdots&a_{2n}\\\vdots&\vdots&&\vdots\\a_{n1}&a_{n2}&\cdots&a_{nn}\end{vmatrix}$ 等于它的任意一行(列)的各元素与其对应的代数余子式的乘积之和,即

$$D=a_{i1}A_{i1}+a_{i2}A_{i2}+\cdots+a_{in}A_{in}=\sum_{k=1}^{n}a_{ik}A_{ik}\quad(i=1,2,\cdots,n) \tag{1.24}$$

或

$$D=a_{1j}A_{1j}+a_{2j}A_{2j}+\cdots+a_{nj}A_{nj}=\sum_{k=1}^{n}a_{kj}A_{kj}\quad(j=1,2,\cdots,n). \tag{1.25}$$

证　(1) 研究行列式 D 的第 1 行除 a_{11} 外,其余元素都为 0 的特殊情形,即

$$D=\begin{vmatrix} a_{11} & 0 & \cdots & 0 \\ a_{21} & a_{22} & \cdots & a_{2n} \\ \vdots & \vdots & & \vdots \\ a_{n1} & a_{n2} & \cdots & a_{nn} \end{vmatrix}=\sum_{j_2j_3\cdots j_n}(-1)^{\tau(1j_2j_3\cdots j_n)}a_{11}a_{2j_2}a_{3j_3}\cdots a_{nj_n}$$

$$=a_{11}\sum_{j_2j_3\cdots j_n}(-1)^{\tau(j_2j_3\cdots j_n)}a_{2j_2}a_{3j_3}\cdots a_{nj_n}.$$

注意到 $\sum\limits_{j_2j_3\cdots j_n}(-1)^{\tau(j_2j_3\cdots j_n)}a_{2j_2}a_{3j_3}\cdots a_{nj_n}$ 恰好是余子式 M_{11},所以

$$D=a_{11}M_{11}=a_{11}(-1)^{1+1}M_{11}=a_{11}A_{11}.$$

微课视频

行列式按某一行(列)展开

(2) 研究 D 的第 i 行除 a_{ij} 外都是 0 的特殊情形,即

$$D=\begin{vmatrix} a_{11} & \cdots & a_{1,j-1} & a_{1j} & a_{1,j+1} & \cdots & a_{1n} \\ \vdots & & \vdots & \vdots & \vdots & & \vdots \\ 0 & \cdots & 0 & a_{ij} & 0 & \cdots & 0 \\ \vdots & & \vdots & \vdots & \vdots & & \vdots \\ a_{n1} & \cdots & a_{n,j-1} & a_{nj} & a_{n,j+1} & \cdots & a_{nn} \end{vmatrix}.$$

把 D 的第 i 行依次与第 $i-1,i-2,\cdots,1$ 行进行交换,再把第 j 列依次与第 $j-1,j-2,\cdots,1$ 列交换,这样共经过 $(i-1)+(j-1)=i+j-2$ 次交换,并由情形(1) 的结论得

$$D=(-1)^{i+j-2}\begin{vmatrix} a_{ij} & 0 & \cdots & 0 & 0 & \cdots & 0 \\ a_{1j} & a_{11} & \cdots & a_{1,j-1} & a_{1,j+1} & \cdots & a_{1n} \\ \vdots & \vdots & & \vdots & \vdots & & \vdots \\ a_{i-1,j} & a_{i-1,1} & \cdots & a_{i-1,j-1} & a_{i-1,j+1} & \cdots & a_{i-1,n} \\ a_{i+1,j} & a_{i+1,1} & \cdots & a_{i+1,j-1} & a_{i+1,j+1} & \cdots & a_{i+1,n} \\ \vdots & \vdots & & \vdots & \vdots & & \vdots \\ a_{nj} & a_{n1} & \cdots & a_{n,j-1} & a_{n,j+1} & \cdots & a_{nn} \end{vmatrix}=(-1)^{i+j}a_{ij}M_{ij}=a_{ij}A_{ij}.$$

(3) 研究一般情形

$$D=\begin{vmatrix} a_{11} & a_{12} & \cdots & a_{1n} \\ \vdots & \vdots & & \vdots \\ a_{i1} & a_{i2} & \cdots & a_{in} \\ \vdots & \vdots & & \vdots \\ a_{n1} & a_{n2} & \cdots & a_{nn} \end{vmatrix}.$$

利用行列式的性质 4 及情形(2) 的结论,有

$$D=\begin{vmatrix} a_{11} & a_{12} & \cdots & a_{1n} \\ \vdots & \vdots & & \vdots \\ a_{i1}+0+\cdots+0 & 0+a_{i2}+\cdots+0 & \cdots & 0+\cdots+0+a_{in} \\ \vdots & \vdots & & \vdots \\ a_{n1} & a_{n2} & \cdots & a_{nn} \end{vmatrix}$$

$$
=\begin{vmatrix} a_{11} & a_{12} & \cdots & a_{1n} \\ \vdots & \vdots & & \vdots \\ a_{i1} & 0 & \cdots & 0 \\ \vdots & \vdots & & \vdots \\ a_{n1} & a_{n2} & \cdots & a_{nn} \end{vmatrix} + \begin{vmatrix} a_{11} & a_{12} & \cdots & a_{1n} \\ \vdots & \vdots & & \vdots \\ 0 & a_{i2} & \cdots & 0 \\ \vdots & \vdots & & \vdots \\ a_{n1} & a_{n2} & \cdots & a_{nn} \end{vmatrix} + \cdots + \begin{vmatrix} a_{11} & a_{12} & \cdots & a_{1n} \\ \vdots & \vdots & & \vdots \\ 0 & 0 & \cdots & a_{in} \\ \vdots & \vdots & & \vdots \\ a_{n1} & a_{n2} & \cdots & a_{nn} \end{vmatrix}
$$

$$
=a_{i1}A_{i1}+a_{i2}A_{i2}+\cdots+a_{in}A_{in}.
$$

定理 1.3 称为**行列式按行(列)展开定理**.利用此定理,可以将一个 n 阶行列式的计算问题转化成 n 个 $n-1$ 阶行列式的计算问题.但是,计算 n 个 $n-1$ 阶行列式往往也非常复杂.为使计算更为简便,一般的做法是:首先利用行列式的性质将行列式的某一行(列)的元素尽可能多地化为 0,然后利用行列式按行(列)展开定理进行展开,实现降阶,这种计算行列式的方法称为**降阶法**.

例 1.14 利用降阶法计算行列式

$$
D=\begin{vmatrix} 1 & 2 & 0 & 1 \\ -3 & 0 & 2 & 1 \\ 3 & 0 & 3 & 2 \\ -1 & -1 & 0 & 2 \end{vmatrix}.
$$

解
$$
D=\begin{vmatrix} 1 & 2 & 0 & 1 \\ -3 & 0 & 2 & 1 \\ 3 & 0 & 3 & 2 \\ -1 & -1 & 0 & 2 \end{vmatrix} \xlongequal{r_1+2r_4} \begin{vmatrix} -1 & 0 & 0 & 5 \\ -3 & 0 & 2 & 1 \\ 3 & 0 & 3 & 2 \\ -1 & -1 & 0 & 2 \end{vmatrix}
$$

$$
\xlongequal{\text{按第 2 列展开}} (-1)\times(-1)^{4+2}\times\begin{vmatrix} -1 & 0 & 5 \\ -3 & 2 & 1 \\ 3 & 3 & 2 \end{vmatrix} \xlongequal{c_3+5c_1} (-1)\times\begin{vmatrix} -1 & 0 & 0 \\ -3 & 2 & -14 \\ 3 & 3 & 17 \end{vmatrix}
$$

$$
\xlongequal{\text{按第 1 行展开}} (-1)^{1+1}\times\begin{vmatrix} 2 & -14 \\ 3 & 17 \end{vmatrix}=76.
$$

由例 1.14 可以看到,选择恰当的行(列)用于行列式的展开,对于降阶法的实施是十分重要的.在计算时,应充分利用行列式中的 0,1 和 -1 等特殊元素,如果没有则应尽可能利用行列式的性质变化得到.

例 1.15 利用降阶法计算 $n(n>1)$ 阶行列式

微课视频

降阶法计算 n 阶行列式

$$
D_n=\begin{vmatrix} a & b & 0 & \cdots & 0 & 0 \\ 0 & a & b & \cdots & 0 & 0 \\ 0 & 0 & a & \cdots & 0 & 0 \\ \vdots & \vdots & \vdots & & \vdots & \vdots \\ 0 & 0 & 0 & \cdots & a & b \\ b & 0 & 0 & \cdots & 0 & a \end{vmatrix}.
$$

解 将 D_n 按第 1 列展开,化为三角行列式,得

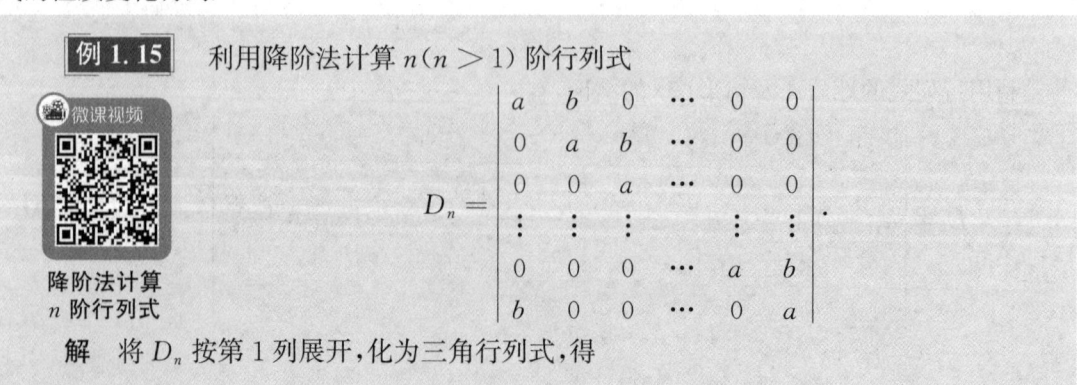

$$D_n=(-1)^{1+1}a\begin{vmatrix} a & b & \cdots & 0 & 0 \\ 0 & a & \cdots & 0 & 0 \\ \vdots & \vdots & & \vdots & \vdots \\ 0 & 0 & \cdots & a & b \\ 0 & 0 & \cdots & 0 & a \end{vmatrix}_{n-1}+(-1)^{n+1}b\begin{vmatrix} b & 0 & \cdots & 0 & 0 \\ a & b & \cdots & 0 & 0 \\ \vdots & \vdots & & \vdots & \vdots \\ 0 & 0 & \cdots & b & 0 \\ 0 & 0 & \cdots & a & b \end{vmatrix}_{n-1}$$

$$=aa^{n-1}+(-1)^{n+1}bb^{n-1}=a^n+(-1)^{n+1}b^n.$$

如果行列式在形式上很有规律,降阶后出现的行列式与原行列式形式上相同,就可以得到递推公式,最终利用递推公式得出原行列式的值,这种方法称为**递推法**.

例 1.16 利用递推法计算 n 阶行列式

$$D_n=\begin{vmatrix} x & -1 & 0 & \cdots & 0 & 0 \\ 0 & x & -1 & \cdots & 0 & 0 \\ 0 & 0 & x & \cdots & 0 & 0 \\ \vdots & \vdots & \vdots & & \vdots & \vdots \\ 0 & 0 & 0 & \cdots & x & -1 \\ a_n & a_{n-1} & a_{n-2} & \cdots & a_2 & x+a_1 \end{vmatrix}.$$

解 将 D_n 按第 1 列展开,得

$$D_n=x\begin{vmatrix} x & -1 & \cdots & 0 & 0 \\ 0 & x & \cdots & 0 & 0 \\ \vdots & \vdots & & \vdots & \vdots \\ 0 & 0 & \cdots & x & -1 \\ a_{n-1} & a_{n-2} & \cdots & a_2 & x+a_1 \end{vmatrix}_{n-1}+(-1)^{n+1}a_n\begin{vmatrix} -1 & 0 & \cdots & 0 & 0 \\ x & -1 & \cdots & 0 & 0 \\ 0 & x & \cdots & 0 & 0 \\ \vdots & \vdots & & \vdots & \vdots \\ 0 & 0 & \cdots & x & -1 \end{vmatrix}_{n-1}$$

$$=xD_{n-1}+a_n,$$

由此得递推公式 $D_n=xD_{n-1}+a_n(n=2,3,\cdots,n)$,故

$$D_n=x(xD_{n-2}+a_{n-1})+a_n=x^2D_{n-2}+a_{n-1}x+a_n$$
$$=\cdots=x^{n-1}D_1+a_2x^{n-2}+\cdots+a_{n-1}x+a_n.$$

又 $D_1=x+a_1$,则

$$D_n=x^n+a_1x^{n-1}+a_2x^{n-2}+\cdots+a_{n-1}x+a_n.$$

例 1.17 证明:$n(n>1)$ 阶**范德蒙德**(Vandermonde) **行列式**

$$D_n=\begin{vmatrix} 1 & 1 & 1 & \cdots & 1 \\ x_1 & x_2 & x_3 & \cdots & x_n \\ x_1^2 & x_2^2 & x_3^2 & \cdots & x_n^2 \\ \vdots & \vdots & \vdots & & \vdots \\ x_1^{n-1} & x_2^{n-1} & x_3^{n-1} & \cdots & x_n^{n-1} \end{vmatrix}=\prod_{1\leqslant j<i\leqslant n}(x_i-x_j). \tag{1.26}$$

证 利用数学归纳法. 当 $n=2$ 时,有

$$D_2=\begin{vmatrix}1 & 1\\ x_1 & x_2\end{vmatrix}=x_2-x_1=\prod_{1\leqslant j<i\leqslant 2}(x_i-x_j),$$

式(1.26)成立.

假设对于 $n-1$ 阶行列式 D_{n-1},式(1.26)成立,下面证明对于 n 阶行列式 D_n,式(1.26)也成立.

依次将 D_n 的第 $i-1$ 行乘以$(-x_1)$加到第 i 行,其中 $i=n,n-1,\cdots,2$,得

$$D_n=\begin{vmatrix}1 & 1 & 1 & \cdots & 1\\ 0 & x_2-x_1 & x_3-x_1 & \cdots & x_n-x_1\\ 0 & x_2(x_2-x_1) & x_3(x_3-x_1) & \cdots & x_n(x_n-x_1)\\ \vdots & \vdots & \vdots & & \vdots\\ 0 & x_2^{n-2}(x_2-x_1) & x_3^{n-2}(x_3-x_1) & \cdots & x_n^{n-2}(x_n-x_1)\end{vmatrix}_n$$

$$\xlongequal{\text{按第 1 列展开}}(-1)^{1+1}\begin{vmatrix}x_2-x_1 & x_3-x_1 & \cdots & x_n-x_1\\ x_2(x_2-x_1) & x_3(x_3-x_1) & \cdots & x_n(x_n-x_1)\\ \vdots & \vdots & & \vdots\\ x_2^{n-2}(x_2-x_1) & x_3^{n-2}(x_3-x_1) & \cdots & x_n^{n-2}(x_n-x_1)\end{vmatrix}_{n-1}$$

$$\xlongequal{\text{按列提取公因子}}(x_2-x_1)(x_3-x_1)\cdots(x_n-x_1)\begin{vmatrix}1 & 1 & \cdots & 1\\ x_2 & x_3 & \cdots & x_n\\ \vdots & \vdots & & \vdots\\ x_2^{n-2} & x_3^{n-2} & \cdots & x_n^{n-2}\end{vmatrix}_{n-1}$$

$$\xlongequal{\text{由归纳假设}}(x_2-x_1)(x_3-x_1)\cdots(x_n-x_1)\prod_{2\leqslant j<i\leqslant n}(x_i-x_j)$$

$$=\prod_{1\leqslant j<i\leqslant n}(x_i-x_j).$$

定理 1.4 n 阶行列式 $D=\begin{vmatrix}a_{11} & a_{12} & \cdots & a_{1n}\\ a_{21} & a_{22} & \cdots & a_{2n}\\ \vdots & \vdots & & \vdots\\ a_{n1} & a_{n2} & \cdots & a_{nn}\end{vmatrix}$ 的任意一行(列)的各元素与另一行(列)对应元素的代数余子式的乘积之和等于0,即

微课视频

$$a_{i1}A_{j1}+a_{i2}A_{j2}+\cdots+a_{in}A_{jn}=\sum_{k=1}^{n}a_{ik}A_{jk}=0\quad(i\neq j)$$

或

$$a_{1i}A_{1j}+a_{2i}A_{2j}+\cdots+a_{ni}A_{nj}=\sum_{k=1}^{n}a_{ki}A_{kj}=0\quad(i\neq j),$$

行列式按行(列)展开定理的推论

其中 $i,j=1,2,\cdots,n$.

证 由式(1.24)得

$$a_{i1}A_{j1}+a_{i2}A_{j2}+\cdots+a_{in}A_{jn}=\begin{vmatrix} a_{11} & a_{12} & \cdots & a_{1n} \\ \vdots & \vdots & & \vdots \\ a_{i1} & a_{i2} & \cdots & a_{in} \\ \vdots & \vdots & & \vdots \\ a_{i1} & a_{i2} & \cdots & a_{in} \\ \vdots & \vdots & & \vdots \\ a_{n1} & a_{n2} & \cdots & a_{nn} \end{vmatrix} \begin{matrix} \\ \\ \leftarrow 第\,i\,行 \\ \\ \leftarrow 第\,j\,行 \\ \\ \\ \end{matrix} \quad (i \neq j), \tag{1.27}$$

由于该行列式中的第 i 行和第 j 行元素对应相等,根据推论 1 得

$$a_{i1}A_{j1}+a_{i2}A_{j2}+\cdots+a_{in}A_{jn}=\sum_{k=1}^{n}a_{ik}A_{jk}=0 \quad (i \neq j).$$

综合定理 1.3 和定理 1.4,得到行列式 D 关于代数余子式的如下重要性质:

$$a_{i1}A_{j1}+a_{i2}A_{j2}+\cdots+a_{in}A_{jn}=\sum_{k=1}^{n}a_{ik}A_{jk}=\begin{cases} D, & i=j, \\ 0, & i \neq j; \end{cases} \tag{1.28}$$

$$a_{1i}A_{1j}+a_{2i}A_{2j}+\cdots+a_{ni}A_{nj}=\sum_{k=1}^{n}a_{ki}A_{kj}=\begin{cases} D, & i=j, \\ 0, & i \neq j. \end{cases} \tag{1.29}$$

例 1.18 已知四阶行列式 $D=\begin{vmatrix} 3 & 0 & 4 & 0 \\ 2 & 2 & 2 & 2 \\ 0 & -7 & 0 & 0 \\ 5 & 3 & -2 & 2 \end{vmatrix}$,求:

(1) $4A_{14}+2A_{24}-2A_{44}$; (2) $M_{41}+M_{42}+M_{43}+M_{44}$.

解 (1) $4A_{14}+2A_{24}-2A_{44}=4A_{14}+2A_{24}+0A_{34}+(-2)A_{44}$

$$=\begin{vmatrix} 3 & 0 & 4 & 4 \\ 2 & 2 & 2 & 2 \\ 0 & -7 & 0 & 0 \\ 5 & 3 & -2 & -2 \end{vmatrix}=0.$$

(2) $M_{41}+M_{42}+M_{43}+M_{44}=(-1)A_{41}+1A_{42}+(-1)A_{43}+1A_{44}$

$$=\begin{vmatrix} 3 & 0 & 4 & 0 \\ 2 & 2 & 2 & 2 \\ 0 & -7 & 0 & 0 \\ -1 & 1 & -1 & 1 \end{vmatrix}=(-1)^{3+2}\times(-7)\begin{vmatrix} 3 & 4 & 0 \\ 2 & 2 & 2 \\ -1 & -1 & 1 \end{vmatrix}$$

$$=14\begin{vmatrix} 3 & 4 & 0 \\ 1 & 1 & 1 \\ 0 & 0 & 2 \end{vmatrix}=(-1)^{3+3}\times 14\times 2\begin{vmatrix} 3 & 4 \\ 1 & 1 \end{vmatrix}=-28.$$

习 题 1.4

1. 选择题:

(1) 行列式 $\begin{vmatrix} 1 & 3 & 0 \\ 2 & -1 & x \\ 2 & 1 & 2 \end{vmatrix}$ 中元素 x 的代数余子式的值为( );

A. -4　　B. 6　　C. 5　　D. -5

(2) 设 A_{ij} 表示四阶行列式 D 中元素 $a_{ij}(i,j=1,2,3,4)$ 的代数余子式,则下列选项中错误的是(　　).

A. $D=a_{11}A_{21}+a_{12}A_{22}+a_{13}A_{23}+a_{14}A_{24}$

B. $D=a_{31}A_{31}+a_{32}A_{32}+a_{33}A_{33}+a_{34}A_{34}$

C. $D=a_{14}A_{14}+a_{24}A_{24}+a_{34}A_{34}+a_{44}A_{44}$

D. $0=a_{21}A_{31}+a_{22}A_{32}+a_{23}A_{33}+a_{24}A_{34}$

2. 计算下列行列式:

(1) $\begin{vmatrix} 1 & 3 & 1 & 2 \\ 1 & 5 & 3 & -4 \\ 0 & 4 & 1 & -1 \\ -5 & 1 & 3 & -6 \end{vmatrix}$;　　(2) $\begin{vmatrix} 1 & 1 & 1 & 1 \\ 1 & 2 & -1 & 4 \\ 2 & -3 & -1 & -5 \\ 3 & 1 & 2 & 11 \end{vmatrix}$;

(3) $\begin{vmatrix} a & 1 & 0 & 0 \\ -1 & b & 1 & 0 \\ 0 & -1 & c & 1 \\ 0 & 0 & -1 & d \end{vmatrix}$;　　(4) $\begin{vmatrix} x & y & 0 & 0 \\ 0 & x & y & 0 \\ 0 & 0 & x & y \\ y & 0 & 0 & x \end{vmatrix}$;

(5) $\begin{vmatrix} a & b & c & d \\ a & a+b & a+b+c & a+b+c+d \\ a & 2a+b & 3a+2b+c & 4a+3b+2c+d \\ a & 3a+b & 6a+3b+c & 10a+6b+3c+d \end{vmatrix}$;

(6) $\begin{vmatrix} 1 & 1 & 1 & 1 \\ a & a-1 & a-2 & a-3 \\ a^2 & (a-1)^2 & (a-2)^2 & (a-3)^2 \\ a^3 & (a-1)^3 & (a-2)^3 & (a-3)^3 \end{vmatrix}$;

(7) $\begin{vmatrix} x & a_1 & a_2 & \cdots & a_{n-1} & 1 \\ a_1 & x & a_2 & \cdots & a_{n-1} & 1 \\ a_1 & a_2 & x & \cdots & a_{n-1} & 1 \\ \vdots & \vdots & \vdots & & \vdots & \vdots \\ a_1 & a_2 & a_3 & \cdots & x & 1 \\ a_1 & a_2 & a_3 & \cdots & a_n & 1 \end{vmatrix}$;

(8) $\begin{vmatrix} 1 & 2 & 3 & \cdots & n-1 & n \\ 1 & -1 & 0 & \cdots & 0 & 0 \\ 0 & 2 & -2 & \cdots & 0 & 0 \\ \vdots & \vdots & \vdots & & \vdots & \vdots \\ 0 & 0 & 0 & \cdots & -(n-2) & 0 \\ 0 & 0 & 0 & \cdots & n-1 & -(n-1) \end{vmatrix}$.

3. 解下列方程:

(1) $\begin{vmatrix} 1 & 4 & 3 & 2 \\ 2 & x+4 & 6 & 4 \\ 3 & -2 & x & 1 \\ -3 & 2 & 5 & -1 \end{vmatrix}=0$;　　(2) $\begin{vmatrix} 1 & 1 & 1 & 1 \\ x & 2 & -1 & 1 \\ x^2 & 4 & 1 & 1 \\ x^3 & 8 & -1 & 1 \end{vmatrix}=0$.

4. 证明：

(1) $\begin{vmatrix} 1 & 2 & 3 & \cdots & n \\ 2 & 3 & 4 & \cdots & n+1 \\ 3 & 4 & 5 & \cdots & n+2 \\ \vdots & \vdots & \vdots & & \vdots \\ n & n+1 & n+2 & \cdots & 2n-1 \end{vmatrix} = 0$；　(2) $\begin{vmatrix} a+1 & 0 & 0 & 0 & a+2 \\ 0 & a+5 & 0 & a+6 & 0 \\ 0 & 0 & a & 0 & 0 \\ 0 & a+7 & 0 & a+8 & 0 \\ a+3 & 0 & 0 & 0 & a+4 \end{vmatrix} = 4a$.

5. 已知四阶行列式 $D = \begin{vmatrix} 3 & -5 & 2 & 1 \\ 1 & 1 & 0 & -5 \\ -1 & 3 & 1 & 3 \\ 2 & -4 & -1 & -3 \end{vmatrix}$，求：

(1) $A_{11}+A_{12}+A_{13}+A_{14}$；　(2) $M_{11}+M_{21}+M_{31}+M_{41}$.

1.5 克拉默法则

从前面的讨论中已经知道，可以用二(三)阶行列式求解二(三)元线性方程组，并得到解的表达式. 下面将此方法推广到用 n 阶行列式求解含 n 个未知量、n 个方程的线性方程组，这就是克拉默(Cramer)法则.

微课视频

克拉默法则

含 n 个未知量、n 个方程的线性方程组的一般形式为

$$\begin{cases} a_{11}x_1+a_{12}x_2+\cdots+a_{1n}x_n=b_1, \\ a_{21}x_1+a_{22}x_2+\cdots+a_{2n}x_n=b_2, \\ \cdots\cdots \\ a_{n1}x_1+a_{n2}x_2+\cdots+a_{nn}x_n=b_n. \end{cases} \tag{1.30}$$

当其常数项 $b_1,b_2,\cdots,b_n$ 不全为 0 时，称方程组(1.30)为**非齐次线性方程组**；当其常数项 $b_1,b_2,\cdots,b_n$ 全为 0 时，称方程组(1.30)为**齐次线性方程组**，即

$$\begin{cases} a_{11}x_1+a_{12}x_2+\cdots+a_{1n}x_n=0, \\ a_{21}x_1+a_{22}x_2+\cdots+a_{2n}x_n=0, \\ \cdots\cdots \\ a_{n1}x_1+a_{n2}x_2+\cdots+a_{nn}x_n=0. \end{cases} \tag{1.31}$$

由方程组(1.30)的系数 $a_{ij}\,(i,j=1,2,\cdots,n)$ 所构成的行列式 D，称为该方程组的**系数行列式**，即

$$D=\begin{vmatrix} a_{11} & a_{12} & \cdots & a_{1n} \\ a_{21} & a_{22} & \cdots & a_{2n} \\ \vdots & \vdots & & \vdots \\ a_{n1} & a_{n2} & \cdots & a_{nn} \end{vmatrix}.$$

定理 1.5　**(克拉默法则) 如果方程组(1.30)的系数行列式 $D\neq 0$，则方程组(1.30)有唯一解**

$$x_1=\frac{D_1}{D},\quad x_2=\frac{D_2}{D},\quad \cdots,\quad x_n=\frac{D_n}{D}, \tag{1.32}$$

其中

$$D_j=\begin{vmatrix} a_{11} & \cdots & a_{1,j-1} & b_1 & a_{1,j+1} & \cdots & a_{1n} \\ a_{21} & \cdots & a_{2,j-1} & b_2 & a_{2,j+1} & \cdots & a_{2n} \\ \vdots & & \vdots & \vdots & \vdots & & \vdots \\ a_{n1} & \cdots & a_{n,j-1} & b_n & a_{n,j+1} & \cdots & a_{nn} \end{vmatrix}\quad (j=1,2,\cdots,n),$$

即 D_j 是用方程组(1.30)的常数项 $b_1,b_2,\cdots,b_n$ 依次替换系数行列式 D 的第 j 列元素所得到的 n 阶行列式.

证 先证在 $D\neq 0$ 的条件下,方程组(1.30)有解,此时只须验证式(1.32)是该方程组的解.

由于

$$D_j=b_1A_{1j}+b_2A_{2j}+\cdots+b_nA_{nj}\quad (j=1,2,\cdots,n),\tag{1.33}$$

其中 $A_{1j},A_{2j},\cdots,A_{nj}$ 是系数行列式 D 的第 j 列元素的代数余子式,因此将

$$x_1=\frac{D_1}{D},\quad x_2=\frac{D_2}{D},\quad \cdots,\quad x_n=\frac{D_n}{D}$$

代入方程组(1.30)的第 i 个方程的左边,得

$$\begin{aligned}
&a_{i1}\cdot\frac{D_1}{D}+a_{i2}\cdot\frac{D_2}{D}+\cdots+a_{in}\cdot\frac{D_n}{D}\\
&=\frac{1}{D}(a_{i1}D_1+a_{i2}D_2+\cdots+a_{in}D_n)\\
&=\frac{1}{D}[a_{i1}(b_1A_{11}+b_2A_{21}+\cdots+b_iA_{i1}+\cdots+b_nA_{n1})\\
&\quad+a_{i2}(b_1A_{12}+b_2A_{22}+\cdots+b_iA_{i2}+\cdots+b_nA_{n2})+\cdots\\
&\quad+a_{in}(b_1A_{1n}+b_2A_{2n}+\cdots+b_iA_{in}+\cdots+b_nA_{nn})]\\
&=\frac{1}{D}[b_1(a_{i1}A_{11}+a_{i2}A_{12}+\cdots+a_{in}A_{1n})\\
&\quad+b_2(a_{i1}A_{21}+a_{i2}A_{22}+\cdots+a_{in}A_{2n})+\cdots\\
&\quad+b_i(a_{i1}A_{i1}+a_{i2}A_{i2}+\cdots+a_{in}A_{in})+\cdots\\
&\quad+b_n(a_{i1}A_{n1}+a_{i2}A_{n2}+\cdots+a_{in}A_{nn})]\\
&=\frac{1}{D}(b_1\times 0+b_2\times 0+\cdots+b_i\times D+\cdots+b_n\times 0)\\
&=b_i\quad (i=1,2,\cdots,n).
\end{aligned}$$

上式表明 $x_1=\frac{D_1}{D},x_2=\frac{D_2}{D},\cdots,x_n=\frac{D_n}{D}$ 是方程组(1.30)的解.

再证若方程组(1.30)有解,则式(1.32)是该方程组的唯一解.若有一组数 $x_1=d_1,x_2=d_2,\cdots,x_n=d_n$ 为方程组(1.30)的解,即

$$\begin{cases} a_{11}d_1+a_2d_2+\cdots+a_{1n}d_n=b_1,\\ a_{21}d_1+a_{22}d_2+\cdots+a_{2n}d_n=b_2,\\ \cdots\cdots\\ a_{n1}d_1+a_{n2}d_2+\cdots+a_{nn}d_n=b_n,\end{cases}$$

则

$$d_1D=\begin{vmatrix} a_{11}d_1 & a_{12} & \cdots & a_{1n} \\ a_{21}d_1 & a_{22} & \cdots & a_{2n} \\ \vdots & \vdots & & \vdots \\ a_{n1}d_1 & a_{n2} & \cdots & a_{nn} \end{vmatrix}$$

$$\xrightarrow[j=2,3,\cdots,n]{c_1+d_j\times c_j}\begin{vmatrix} a_{11}d_1+a_{12}d_2+\cdots+a_{1n}d_n & a_{12} & \cdots & a_{1n} \\ a_{21}d_1+a_{22}d_2+\cdots+a_{2n}d_n & a_{22} & \cdots & a_{2n} \\ \vdots & \vdots & & \vdots \\ a_{n1}d_1+a_{n2}d_2+\cdots+a_{nn}d_n & a_{n2} & \cdots & a_{nn} \end{vmatrix}$$

$$=\begin{vmatrix} b_1 & a_{12} & \cdots & a_{1n} \\ b_2 & a_{22} & \cdots & a_{2n} \\ \vdots & \vdots & & \vdots \\ b_n & a_{n2} & \cdots & a_{nn} \end{vmatrix}=D_1,$$

故

$$d_1=\frac{D_1}{D} \quad (D\neq 0).$$

同理可得 $d_j=\dfrac{D_j}{D}(j=2,3,\cdots,n)$. 因此,式(1.32)是方程组(1.30)的唯一解.

例 1.19 解线性方程组

$$\begin{cases} 2x_1+x_2-x_3+x_4=1, \\ x_1+x_2+x_3=5, \\ x_1+2x_2-x_3+x_4=2, \\ x_1+3x_2+x_3+4x_4=5. \end{cases}$$

解 因为

$$D=\begin{vmatrix} 2 & 1 & -1 & 1 \\ 1 & 1 & 1 & 0 \\ 1 & 2 & -1 & 1 \\ 1 & 3 & 1 & 4 \end{vmatrix}=-18\neq 0,$$

$$D_1=\begin{vmatrix} 1 & 1 & -1 & 1 \\ 5 & 1 & 1 & 0 \\ 2 & 2 & -1 & 1 \\ 5 & 3 & 1 & 4 \end{vmatrix}=-18,\quad D_2=\begin{vmatrix} 2 & 1 & -1 & 1 \\ 1 & 5 & 1 & 0 \\ 1 & 2 & -1 & 1 \\ 1 & 5 & 1 & 4 \end{vmatrix}=-36,$$

$$D_3=\begin{vmatrix} 2 & 1 & 1 & 1 \\ 1 & 1 & 5 & 0 \\ 1 & 2 & 2 & 1 \\ 1 & 3 & 5 & 4 \end{vmatrix}=-36,\quad D_4=\begin{vmatrix} 2 & 1 & -1 & 1 \\ 1 & 1 & 1 & 5 \\ 1 & 2 & -1 & 2 \\ 1 & 3 & 1 & 5 \end{vmatrix}=18,$$

所以原方程组的解为

$$x_1=\frac{D_1}{D}=1,\quad x_2=\frac{D_2}{D}=2,\quad x_3=\frac{D_3}{D}=2,\quad x_4=\frac{D_4}{D}=-1.$$

如果不考虑线性方程组的求解公式,则定理 1.5 的逆否命题是:如果线性方程组无解或有两个不同解,则其系数行列式 $D=0$.

要注意的是,克拉默法则只限于研究方程个数与未知量个数相等的线性方程组解的问题,更一般的线性方程组解的问题将在后面的章节中讨论.

下面研究齐次线性方程组解的问题. 易知,齐次线性方程组(1.31) 一定有解且至少有一组零解,即 $x_1=x_2=\cdots=x_n=0$,但不一定有非零解.

定理 1.6 **如果方程组(1.31) 的系数行列式 $D\neq 0$,则该方程组只有零解.**

推论 1 如果方程组(1.31) 有非零解,则其系数行列式 $D=0$.

推论 1 表明,齐次线性方程组(1.31) 的系数行列式 $D=0$ 是该方程组有非零解的必要条件,应用第 3 章的知识还可以证明这个条件也是充分的.

事实上,齐次线性方程组(1.31) 只有零解的充要条件是它的系数行列式 $D\neq 0$;齐次线性方程组(1.31) 有非零解的充要条件是它的系数行列式 $D=0$.

例 1.20 讨论 λ 为何值时,齐次线性方程组

$$\begin{cases}\lambda x_1+x_2+x_3=0,\\ x_1+\lambda x_2+x_3=0,\\ x_1+x_2+\lambda x_3=0\end{cases}$$

有非零解.

解 由于原方程组的系数行列式

$$D=\begin{vmatrix}\lambda & 1 & 1\\ 1 & \lambda & 1\\ 1 & 1 & \lambda\end{vmatrix}=(\lambda-1)^2(\lambda+2),$$

因此当 $D=0$,即 $\lambda=1$ 或 $\lambda=-2$ 时,原方程组有非零解.

例 1.21 若齐次线性方程组

$$\begin{cases}(5-\lambda)x+2y+2z=0,\\ 2x+(6-\lambda)y=0,\\ 2x+(4-\lambda)z=0\end{cases}$$

只有零解,问 λ 应满足什么条件?

解 因为原方程组的系数行列式

$$D=\begin{vmatrix}5-\lambda & 2 & 2\\ 2 & 6-\lambda & 0\\ 2 & 0 & 4-\lambda\end{vmatrix}=(5-\lambda)(2-\lambda)(8-\lambda),$$

且原方程组只有零解,所以 $D\neq 0$,即 $\lambda\neq 5$,$\lambda\neq 2$ 且 $\lambda\neq 8$.

习 题 1.5

1. 选择题:

(1) 若非齐次线性方程组 $\begin{cases}a_{11}x_1+a_{12}x_2+\cdots+a_{1n}x_n=b_1,\\ a_{21}x_1+a_{22}x_2+\cdots+a_{2n}x_n=b_2,\\ \cdots\cdots\\ a_{n1}x_1+a_{n2}x_2+\cdots+a_{nn}x_n=b_n\end{cases}$ 的系数行列式 $D\neq 0$,则该方程组必定(　　);

A. 有唯一解　　B. 无解　　C. 有无穷多解　　D. 有零解

(2) 齐次线性方程组 $\begin{cases} a_{11}x_1 + a_{12}x_2 + \cdots + a_{1n}x_n = 0, \\ a_{21}x_1 + a_{22}x_2 + \cdots + a_{2n}x_n = 0, \\ \cdots\cdots \\ a_{n1}x_1 + a_{n2}x_2 + \cdots + a_{nn}x_n = 0 \end{cases}$ 的系数行列式 $D = 0$ 是该方程组有非零解的(　　)条件.

A. 充分不必要　　B. 必要不充分　　C. 充要　　D. 既不充分也不必要

2. 用克拉默法则解下列线性方程组:

(1) $\begin{cases} 2x_1 - 3x_2 + 2x_4 = 8, \\ x_1 + 5x_2 + 2x_3 + x_4 = 2, \\ 3x_1 - x_2 + x_3 + x_4 = 9, \\ 4x_1 + x_2 + 2x_3 + 2x_4 = 12; \end{cases}$

(2) $\begin{cases} x_1 - x_2 + x_3 - 2x_4 = 2, \\ 2x_1 - x_3 + 4x_4 = 4, \\ 3x_1 + 2x_2 + x_3 = -1, \\ -x_1 + 2x_2 - x_3 + 2x_4 = -4; \end{cases}$

(3) $\begin{cases} 5x_1 + 4x_3 + 2x_4 = 3, \\ x_1 - x_2 + 2x_3 + x_4 = 1, \\ 4x_1 + x_2 + 2x_3 = 1, \\ x_1 + x_2 + x_3 + x_4 = 0; \end{cases}$

(4) $\begin{cases} x_1 + x_2 + \cdots + x_{n-1} + x_n = 2, \\ x_1 + x_2 + \cdots + 2x_{n-1} + x_n = 2, \\ \cdots\cdots \\ x_1 + (n-1)x_2 + \cdots + x_{n-1} + x_n = 2, \\ nx_1 + x_2 + \cdots + x_{n-1} + x_n = 2. \end{cases}$

3. 很多大学生在饮食方面存在问题,例如不重视吃早饭,日常饮食没有规律等. 为了身体健康,大学生应该制订营养改善计划. 大学生一日食谱配餐需要摄入一定量的蛋白质、脂肪和碳水化合物,表 1.1 所示是某食谱提供的三种食物所含营养量及大学生一日所需营养量(单位:g). 试建立一个线性方程组,并通过求解该方程组来确定大学生每天需要摄入三种食物的量.

表 1.1

营养	每 kg 食物所含营养量			一日所需营养量
	食物一	食物二	食物三	
蛋白质	100	200	200	61
脂肪	0	100	30	18
碳水化合物	500	400	100	125

4. 若齐次线性方程组

$$\begin{cases} (1-\lambda)x - 2y + 4z = 0, \\ 2x + (3-\lambda)y + z = 0, \\ x + y + (1-\lambda)z = 0 \end{cases}$$

只有零解,问 λ 应满足什么条件?

5. 讨论 λ, μ 取何值时,齐次线性方程组

$$\begin{cases} \lambda x_1 + x_2 + x_3 = 0, \\ x_1 + \mu x_2 + x_3 = 0, \\ x_1 + 2\mu x_2 + x_3 = 0 \end{cases}$$

有非零解.

思维导图

- 行列式
  - 行列式的定义 —— 排列及逆序数的概念 ——
    - 二阶行列式
    - 三阶行列式
    - n 阶行列式
  - 行列式的性质 —— 行列式的若干性质
  - 行列式展开 —— 余子式与代数余子式的定义 —— 行列式按行(列)展开定理及相关结论
  - 常用行列式及相关结论
    - 三角行列式
      - 上三角行列式
      - 下三角行列式
      - 主对角行列式
      - 副对角行列式
    - 爪形行列式
    - 范德蒙德行列式
  - 行列式的计算方法
    - 化三角法
    - 降阶法
    - 递推法
    - 数学归纳法
  - 行列式的应用 —— 克拉默法则
    - 非齐次线性方程组解的结论
    - 齐次线性方程组解的结论

拓展阅读

数学家——李善兰

图 1.3

李善兰(1811—1882,见图1.3),浙江嘉兴海宁人,清代著名数学家、天文学家、力学家和植物学家.

拓展阅读

李善兰

复习题一

(A)

一、判断题(正确的在括号里打"√",错误的打"×")

1. 任意一个排列,经过两次对换,其奇偶性有可能改变. ( )

2. 奇排列变成标准排列的对换次数为奇数.　(　　)

3. 若 n 阶行列式 D 中有 $n+1$ 个零元素，则行列式 D 的值一定为 0.　(　　)

4. 行列式中所有元素都乘以非零数 k，等于用 k 乘以该行列式.　(　　)

5. 若 n 阶行列式 D 中每行元素之和均为 0，则行列式 $D=0$.　(　　)

6. 若含有 n 个未知量、n 个方程的齐次线性方程组有非零解，则其系数行列式必为 0.　(　　)

二、填空题

1. 三阶行列式 $\begin{vmatrix} 1 & -3 & 1 \\ 0 & 5 & 5 \\ -1 & 2 & -2 \end{vmatrix}$ 的值为 ________.

2. $\tau(631254)=$ ________.

3. 已知 $\begin{vmatrix} -1 & 1 & 1 \\ 1 & -1 & x \\ 1 & 1 & -1 \end{vmatrix}$ 是关于 x 的一次多项式，则 x 的系数为 ________.

4. 如果行列式 $D=\begin{vmatrix} a_{11} & a_{12} & a_{13} \\ a_{21} & a_{22} & a_{23} \\ a_{31} & a_{32} & a_{33} \end{vmatrix}$，$D_1=\begin{vmatrix} 2a_{11} & 2a_{12} & 2a_{13} \\ a_{21} & a_{22} & a_{23} \\ a_{31} & a_{32} & a_{33} \end{vmatrix}$，则 $D_1=$ ________.

5. 四阶行列式 $\begin{vmatrix} a_{11} & a_{12} & a_{13} & a_{14} \\ a_{21} & a_{22} & a_{23} & a_{24} \\ a_{31} & a_{32} & a_{33} & a_{34} \\ a_{41} & a_{42} & a_{43} & a_{44} \end{vmatrix}$ 中含因子 $a_{11}a_{22}a_{34}$ 的项为 ________.

三、选择题

1. 行列式 $\begin{vmatrix} 2 & k-3 \\ k-3 & 2 \end{vmatrix} \neq 0$ 的充要条件是(　　).

A. $k\neq 1$ 且 $k\neq 3$　　B. $k\neq 1$ 且 $k\neq 5$

C. $k\neq -1$ 且 $k\neq 3$　　D. $k\neq 2$ 且 $k\neq -1$

2. 四阶行列式 $\begin{vmatrix} 0 & a & 0 & 0 \\ b & c & 0 & 0 \\ 0 & 0 & d & e \\ 0 & 0 & 0 & f \end{vmatrix}$ 的值为(　　).

A. $abcdef$　　B. $-abdf$　　C. $abdf$　　D. cdf

3. 下列排列中属于偶排列的是(　　).

A. 54312　　B. 45312　　C. 21345　　D. 14325

4. n 阶行列式中元素 a_{ij} 的余子式 M_{ij} 与代数余子式 A_{ij} 的关系为(　　).

A. $A_{ij}=M_{ij}$　　B. $-M_{ij}=A_{ij}$

C. $M_{ij}=(-1)^{i+j}A_{ij}$　　D. $M_{ij}=(-1)^{ij}A_{ij}$

5. 设 A_{ij} 是 n 阶行列式 D 中元素 a_{ij} 的代数余子式，则必有(　　).

A. $a_{11}A_{11}+a_{12}A_{21}+\cdots+a_{1n}A_{n1}=D$　　B. $a_{11}A_{11}+a_{12}A_{12}+\cdots+a_{1n}A_{1n}=D$

C. $a_{11}A_{11}+a_{12}A_{21}+\cdots+a_{1n}A_{n1}=0$　　D. $a_{11}A_{11}+a_{12}A_{12}+\cdots+a_{1n}A_{1n}=0$

四、计算题

1. 计算四阶行列式 $\begin{vmatrix} -1 & 1 & -1 & 2 \\ 1 & 0 & 1 & -1 \\ 2 & 4 & 3 & 1 \\ -1 & 1 & 2 & -2 \end{vmatrix}$.

2. 计算四阶行列式 $\begin{vmatrix} 5 & 1 & 1 & 1 \\ 1 & 5 & 1 & 1 \\ 1 & 1 & 5 & 1 \\ 1 & 1 & 1 & 5 \end{vmatrix}$.

(B)

一、填空题

1. 要使 9 级排列 $3729i14j5$ 为偶排列,则 $i=$__________,$j=$__________.

2. 设行列式 $\begin{vmatrix} k & 3 & 4 \\ -1 & k & 0 \\ 0 & k & 1 \end{vmatrix}=0$,则 $k=$__________.

3. 四阶行列式 $\begin{vmatrix} a_{11} & a_{12} & a_{13} & a_{14} \\ a_{21} & a_{22} & a_{23} & a_{24} \\ a_{31} & a_{32} & a_{33} & a_{34} \\ a_{41} & a_{42} & a_{43} & a_{44} \end{vmatrix}$ 中含因子 $a_{11}a_{23}$ 的项为__________.

4. 若齐次线性方程组 $\begin{cases} \lambda x_1 + x_2 + x_3 = 0, \\ x_1 + \lambda x_2 + x_3 = 0, \\ x_1 + x_2 + x_3 = 0 \end{cases}$ 只有零解,则 λ 应满足__________.

5. 设多项式 $f(x)=\begin{vmatrix} 2x & 3 & 1 & 2 \\ x & x & 0 & 1 \\ 2 & 1 & x & 4 \\ x & 2 & 1 & 4x \end{vmatrix}$,则 x^4 的系数为__________.

二、选择题

1. 若行列式 $\begin{vmatrix} a & b & c \\ 2 & 3 & 4 \\ 1 & 0 & 1 \end{vmatrix}=1$,则行列式 $\begin{vmatrix} a+3 & 1 & 1 \\ b+3 & 0 & 3 \\ c+5 & 1 & 3 \end{vmatrix}$ 的值为(　　).

A. 0　　B. 1　　C. -1　　D. 2

2. 设行列式 $\begin{vmatrix} a_{11} & a_{12} \\ a_{21} & a_{22} \end{vmatrix}=6$,则行列式 $\begin{vmatrix} a_{12} & 2a_{11} & 0 \\ a_{22} & 2a_{21} & 0 \\ 0 & -2 & -1 \end{vmatrix}$ 的值为(　　).

A. 12　　B. -12　　C. 18　　D. 0

3. 设 D 为 n 阶行列式,则 $D=0$ 的充要条件是(　　).

A. D 中有两行(列)的对应元素成比例

B. D 中有一行(列)的所有元素均为 0

C. D 中有一行(列)的所有元素均可以化为 0

D. D 中有一行(列)的所有元素的代数余子式均为 0

4. 设多项式 $f(x)=\begin{vmatrix} x & x & 1 & 0 \\ 1 & x & 2 & 3 \\ 2 & 3 & x & 2 \\ 1 & 1 & 2 & x \end{vmatrix}$，则 $f(x)$ 中的常数项为(　　).

A. 0　　B. 6　　C. -5　　D. 2

5. 已知四阶行列式 D 的第 3 列元素依次为 $1,3,-2,2$，它们的余子式的值分别为 $3,-2,1,1$，则 D 的值为(　　).

A. -5　　B. 3　　C. -3　　D. 5

三、计算题

1. 计算四阶行列式

$$\begin{vmatrix} a & b & c & 1 \\ b & c & a & 1 \\ c & a & b & 1 \\ \dfrac{b+c}{2} & \dfrac{c+a}{2} & \dfrac{a+b}{2} & 1 \end{vmatrix}.$$

2. 计算四阶行列式

$$\begin{vmatrix} 1 & 1 & 1 & 1 \\ a & b & c & d \\ a^2 & b^2 & c^2 & d^2 \\ a^4 & b^4 & c^4 & d^4 \end{vmatrix}.$$

3. 计算 $n(n\geqslant 2)$ 阶行列式

$$\begin{vmatrix} 1 & 2 & \cdots & 2 & 2 \\ 2 & 2 & \cdots & 2 & 2 \\ \vdots & \vdots & & \vdots & \vdots \\ 2 & 2 & \cdots & n-1 & 2 \\ 2 & 2 & \cdots & 2 & n \end{vmatrix}.$$

四、证明题

1. 证明：

$$\begin{vmatrix} by+az & bz+ax & bx+ay \\ bx+ay & by+az & bz+ax \\ bz+ax & bx+ay & by+az \end{vmatrix}=(a^3+b^3)\begin{vmatrix} x & y & z \\ z & x & y \\ y & z & x \end{vmatrix}.$$

2. 已知行列式 $\begin{vmatrix} 4 & 1 & 3 & -2 \\ 3 & 3 & 3 & -6 \\ -1 & 2 & 0 & 7 \\ 1 & 2 & 9 & -2 \end{vmatrix}$，不计算 $A_{4i}(i=1,2,3,4)$ 而直接证明：

$$A_{41}+A_{42}+A_{43}=2A_{44}.$$

(C)

一、填空题

1. 如果 n 阶行列式 D 中等于 0 的元素个数大于 n^2-n 个，则 $D=$________.

2. 已知 n 阶行列式 $\begin{vmatrix} x & a & \cdots & a \\ a & x & \cdots & a \\ \vdots & \vdots & & \vdots \\ a & a & \cdots & x \end{vmatrix}$，则 $A_{n1}+A_{n2}+\cdots+A_{nn}=$________.

3. 设多项式 $f(x)=\begin{vmatrix} x-2 & x-1 & x-2 & x-3 \\ 2x-2 & 2x-1 & 2x-2 & 2x-3 \\ 3x-3 & 3x-2 & 4x-5 & 3x-5 \\ 4x & 4x-3 & 5x-7 & 4x-3 \end{vmatrix}$，则方程 $f(x)=0$ 的根的个数为________.

二、选择题

1. 若行列式 $D=\begin{vmatrix} 1 & 2 & 3 \\ k & 0 & -4 \\ 5 & k & 0 \end{vmatrix}$ 中元素 -4 的余子式 $M_{23}=-10$，则 D 的值为(　　).

A. 40　　B. -40　　C. 10　　D. -10

2. n 阶行列式 $\begin{vmatrix} 0 & 1 & 1 & \cdots & 1 \\ 1 & 0 & 1 & \cdots & 1 \\ 1 & 1 & 0 & \cdots & 1 \\ \vdots & \vdots & \vdots & & \vdots \\ 1 & 1 & 1 & \cdots & 0 \end{vmatrix}$ 的值为(　　).

A. $(-1)^{n-1}(n-1)$　　B. $(-1)^{n-1}n$　　C. $n-1$　　D. n

3. 设多项式 $f(x)=\begin{vmatrix} x & x & 1 & 0 \\ 2x & 3 & 2 & 1 \\ 2 & 1 & 4 & x \\ x & 2 & 4x & 1 \end{vmatrix}$，则 x^3 的系数为(　　).

A. -14　　B. 14　　C. -8　　D. 8

4. 设行列式

$$D_1=\begin{vmatrix} a_{11} & a_{12} & a_{13} \\ a_{21} & a_{22} & a_{23} \\ a_{31} & a_{32} & a_{33} \end{vmatrix},\quad D_2=\begin{vmatrix} a_{11} & a_{12} & a_{13} \\ 1 & 1 & 1 \\ a_{31} & a_{32} & a_{33} \end{vmatrix},$$

且 M_{ij} 和 A_{ij} 分别为 D_1 中元素 $a_{ij}(i,j=1,2,3)$ 的余子式和代数余子式，则行列式 D_2 的值为(　　).

A. $\sum\limits_{j=1}^{3}A_{2j}$　　B. $\sum\limits_{j=1}^{3}M_{2j}$　　C. $-\sum\limits_{j=1}^{3}A_{2j}$　　D. $-\sum\limits_{j=1}^{3}M_{2j}$

5. 设有方程组 $\begin{cases} a_{11}x_1+a_{12}x_2+\cdots+a_{1n}x_n=b_1, \\ a_{21}x_1+a_{22}x_2+\cdots+a_{2n}x_n=b_2, \\ \cdots\cdots \\ a_{n1}x_1+a_{n2}x_2+\cdots+a_{nn}x_n=b_n, \end{cases}$ 则下列结论中正确的是(　　).

A. 若该方程组有解,则其系数行列式 $D\neq 0$

B. 若该方程组无解,则其系数行列式 $D=0$

C. 若其系数行列式 $D=0$,则该方程组无解

D. 该方程组解不唯一的充要条件是其系数行列式 $D=0$

三、计算题

1. 计算 n 阶行列式

$$\begin{vmatrix} 5 & 3 & 0 & \cdots & 0 & 0 \\ 2 & 5 & 3 & \cdots & 0 & 0 \\ 0 & 2 & 5 & \cdots & 0 & 0 \\ \vdots & \vdots & \vdots & & \vdots & \vdots \\ 0 & 0 & 0 & \cdots & 5 & 3 \\ 0 & 0 & 0 & \cdots & 2 & 5 \end{vmatrix}.$$

2. 计算 n 阶行列式

$$\begin{vmatrix} a_1+b_1 & a_2 & \cdots & a_n \\ a_1 & a_2+b_2 & \cdots & a_n \\ \vdots & \vdots & & \vdots \\ a_1 & a_2 & \cdots & a_n+b_n \end{vmatrix},$$

其中 $b_1b_2\cdots b_n\neq 0$.

3. 已知五阶行列式

$$\begin{vmatrix} 1 & 2 & 3 & 4 & 5 \\ 2 & 2 & 2 & 1 & 1 \\ 3 & 1 & 2 & 4 & 5 \\ 1 & 1 & 1 & 2 & 2 \\ 4 & 3 & 1 & 5 & 0 \end{vmatrix}=27,$$

求 $A_{41}+A_{42}+A_{43}$ 和 $A_{44}+A_{45}$.

4. 计算 n 阶行列式

$$\begin{vmatrix} 1 & 2 & 3 & \cdots & n \\ 2 & 3 & 4 & \cdots & 1 \\ 3 & 4 & 5 & \cdots & 2 \\ \vdots & \vdots & \vdots & & \vdots \\ n & 1 & 2 & \cdots & n-1 \end{vmatrix}.$$

四、证明题

1. 证明:

$$\begin{vmatrix} a_0 & -1 & 0 & \cdots & 0 & 0 \\ a_1 & x & -1 & \cdots & 0 & 0 \\ \vdots & \vdots & \vdots & & \vdots & \vdots \\ a_{n-2} & 0 & 0 & \cdots & x & -1 \\ a_{n-1} & 0 & 0 & \cdots & 0 & x \end{vmatrix}=a_0x^{n-1}+a_1x^{n-2}+\cdots+a_{n-1}.$$

2. 证明：当$(a+1)^2=4b$时，齐次线性方程组$\begin{cases}x_1+x_2+x_3+ax_4=0,\\x_1+2x_2+x_3+x_4=0,\\x_1+x_2-3x_3+x_4=0,\\x_1+x_2+ax_3+bx_4=0\end{cases}$有非零解.

3. 设多项式$f(t)=a_0+a_1t+\cdots+a_nt^n$，证明：若$f(t)$有$n+1$个互异零点，则$f(t)\equiv 0$.

第2章　矩　　阵

矩阵是线性代数的一个最基本的工具,它源于对线性方程组及线性变换的研究,贯穿于线性代数的各部分内容,并在自然科学、工程技术、社会科学、经济管理等领域中有着广泛的应用.本章主要介绍矩阵的概念及其运算、逆矩阵、分块矩阵、矩阵的初等变换和初等矩阵、矩阵的秩等内容.

微课视频

矩阵的概念

2.1 矩阵的概念

第1章中介绍的行列式是从研究线性方程组的解的问题中引出来的,但是行列式处理的是未知量个数与方程个数相等的一类特殊的线性方程组,而利用矩阵可以解决更一般的线性方程组的解的问题,因而矩阵的应用更为广泛.

2.1.1 矩阵的定义

定义 2.1 由 $m\times n$ 个数 $a_{ij}(i=1,2,\cdots,m;j=1,2,\cdots,n)$ 排成的 m 行 n 列的数表

$$\begin{pmatrix} a_{11} & a_{12} & \cdots & a_{1n} \\ a_{21} & a_{22} & \cdots & a_{2n} \\ \vdots & \vdots & & \vdots \\ a_{m1} & a_{m2} & \cdots & a_{mn} \end{pmatrix}$$

称为 m **行** n **列矩阵**,简称 $m\times n$ **矩阵**,其中 a_{ij} 称为该矩阵的第 i 行、第 j 列的**元素**.

矩阵一般用大写的英文黑体字母 $\boldsymbol{A},\boldsymbol{B},\boldsymbol{C}$ 等表示,$m\times n$ 矩阵可记为 $\boldsymbol{A}_{m\times n}$ 或 $(a_{ij})_{m\times n}$.

特别要注意矩阵与行列式的区别,它们在实质上和形式上都不同.例如,矩阵 $\begin{pmatrix} 1 & 2 \\ 3 & 6 \end{pmatrix}$ 表示一个 2×2 的数表,而行列式 $\begin{vmatrix} 1 & 2 \\ 3 & 6 \end{vmatrix}$ 表示一个值为 0 的算式.

定义 2.2 行数与列数分别相等的两个矩阵称为**同型矩阵**.

例如,矩阵 $\boldsymbol{A}=\begin{pmatrix} 1 & 2 & 5 \\ 5 & 7 & 9 \end{pmatrix}$ 与 $\boldsymbol{B}=\begin{pmatrix} a & b & c \\ d & e & f \end{pmatrix}$ 是同型矩阵.

定义 2.3 如果矩阵 $\boldsymbol{A}=(a_{ij})_{m\times n}$ 与矩阵 $\boldsymbol{B}=(b_{ij})_{m\times n}$ 为同型矩阵,且它们对应位置的元素均相等,即

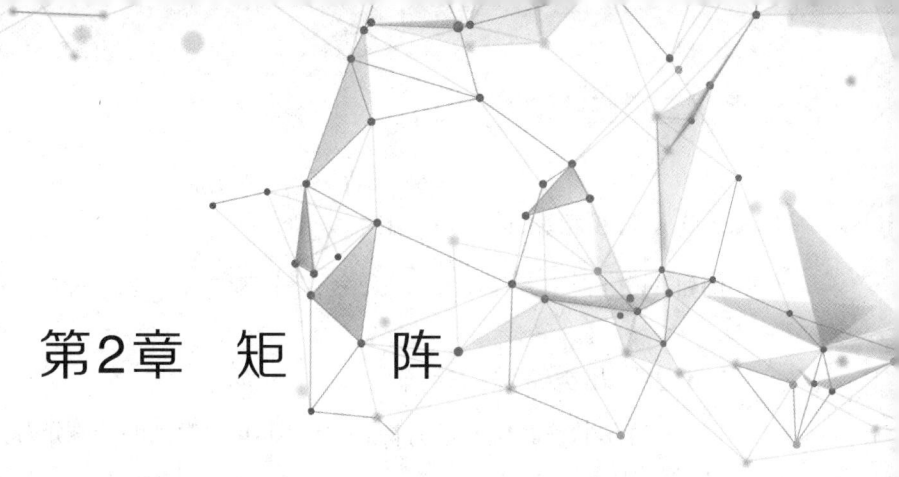

$$a_{ij}=b_{ij}\quad(i=1,2,\cdots,m;j=1,2,\cdots,n),$$

则称矩阵 $\boldsymbol{A}$ 与 $\boldsymbol{B}$ **相等**,记为 $\boldsymbol{A}=\boldsymbol{B}$.

例如,若矩阵 $\begin{pmatrix} x & y \\ 0 & 2 \end{pmatrix}=\begin{pmatrix} 4-x & 5+x \\ 0 & a-y \end{pmatrix}$,则有 $x=2,y=7,a=9$.

2.1.2 几类特殊的矩阵

根据矩阵形状或其中元素的特点,有以下几类常用的特殊矩阵.

(1) 复矩阵.

元素是复数的矩阵称为**复矩阵**.

(2) 实矩阵.

元素是实数的矩阵称为**实矩阵**. 本书中的矩阵如无特殊说明,都指实矩阵.

(3) 零矩阵.

元素都是 0 的矩阵称为**零矩阵**,记作 $\boldsymbol{O}$.

注 不同型的零矩阵是不相等的.

(4) 行矩阵(或行向量).

仅有一行的矩阵称为**行矩阵(或行向量)**. 行矩阵

$$\boldsymbol{A}=(a_{11},a_{12},\cdots,a_{1n})$$

也可用希腊字母表示为 $\boldsymbol{\alpha}=(a_{11},a_{12},\cdots,a_{1n})$.

(5) 列矩阵(或列向量).

仅有一列的矩阵称为**列矩阵(或列向量)**. 列矩阵

$$\boldsymbol{B}=\begin{pmatrix} a_{11} \\ a_{21} \\ \vdots \\ a_{m1} \end{pmatrix}$$

也可用希腊字母表示为 $\boldsymbol{\beta}=\begin{pmatrix} a_{11} \\ a_{21} \\ \vdots \\ a_{m1} \end{pmatrix}$.

(6) 方阵.

行数与列数相等的矩阵称为**方阵**,如

$$\boldsymbol{A}=\begin{pmatrix} a_{11} & a_{12} & \cdots & a_{1n} \\ a_{21} & a_{22} & \cdots & a_{2n} \\ \vdots & \vdots & & \vdots \\ a_{n1} & a_{n2} & \cdots & a_{nn} \end{pmatrix}$$

称为 n **阶方阵**或 n **阶矩阵**,简记为 $\boldsymbol{A}=(a_{ij})_n$. 从方阵左上角到右下角的连线称为方阵的**主对角线**.

(7) 三角矩阵.

主对角线以下(上) 的元素全为 0 的方阵称为**上(下) 三角矩阵**.

通常,对于矩阵中零元素集中的部分,可以将零元素省略不写或集中用 $\boldsymbol{O}$ 表示,如

$$\begin{pmatrix} a_{11} & a_{12} & \cdots & a_{1n} \\ & a_{22} & \cdots & a_{2n} \\ & & \ddots & \vdots \\ & & & a_{nn} \end{pmatrix}$$

为 n 阶上三角矩阵，而

$$\begin{pmatrix} a_{11} & & & \\ a_{21} & a_{22} & & \\ \vdots & \vdots & \ddots & \\ a_{n1} & a_{n2} & \cdots & a_{nn} \end{pmatrix}$$

为 n 阶下三角矩阵.

(8) 对角矩阵.

除主对角线上的元素外，其他元素全为 0 的方阵称为**对角矩阵**，如

$$\begin{pmatrix} \lambda_1 & & & \\ & \lambda_2 & & \\ & & \ddots & \\ & & & \lambda_n \end{pmatrix}$$

为 n 阶对角矩阵，记为 $\boldsymbol{\Lambda}$ 或 $\operatorname{diag}(\lambda_1,\lambda_2,\cdots,\lambda_n)$.

(9) 数量矩阵.

主对角线上的元素相等的对角矩阵称为**数量矩阵**，如

$$\begin{pmatrix} k & & & \\ & k & & \\ & & \ddots & \\ & & & k \end{pmatrix}$$

为 n 阶数量矩阵.

(10) 单位矩阵.

主对角线上的元素全为 1 的数量矩阵称为**单位矩阵**. n 阶单位矩阵记为 $\boldsymbol{E}_n$，简记为 $\boldsymbol{E}$，即

$$\boldsymbol{E}=\begin{pmatrix} 1 & & & \\ & 1 & & \\ & & \ddots & \\ & & & 1 \end{pmatrix}.$$

注 不同阶的单位矩阵是不相等的.

2.1.3 矩阵的应用

下面给出几个矩阵在实际问题中应用的例子.

例 2.1 (运输问题) 有一批物资须从产地运往销售地. 已知两个产地分别为甲、乙，三个销售地分别为 A,B,C，且从产地运到销售地的单位运价(单位:元 /kg) 如表 2.1 所示.

表 2.1

	销售地 A	销售地 B	销售地 C
产地甲	10	30	20
产地乙	50	50	0

由表 2.1 可知,该批物资调运方案的单位运价可用矩阵表示为

$$\begin{pmatrix} 10 & 30 & 20 \\ 50 & 50 & 0 \end{pmatrix}.$$

例 2.2 (航线问题) 设某 4 个城市之间的航线关系如图 2.1 所示.

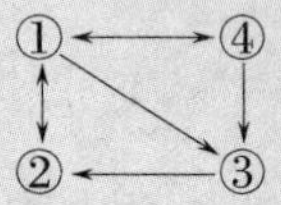

图 2.1

可用矩阵 $\boldsymbol{A}=(a_{ij})_4$ 来表示这 4 个城市之间的航线关系,其中 $a_{ij}(i,j=1,2,3,4)$ 表示从城市 i 到城市 j 的单向直飞航线情况. 规定 $a_{ii}=0(i=1,2,3,4)$,当 $i\neq j$ 时,若从城市 i 到城市 j 有一条直飞的单向航线,则令 $a_{ij}=1$;若从城市 i 到城市 j 没有直飞的航线,则令 $a_{ij}=0$,其中 $i,j=1,2,3,4$. 于是,这 4 个城市之间的航线关系可以用矩阵表示为

$$\boldsymbol{A}=\begin{pmatrix} 0 & 1 & 1 & 1 \\ 1 & 0 & 0 & 0 \\ 0 & 1 & 0 & 0 \\ 1 & 0 & 1 & 0 \end{pmatrix}.$$

例 2.3 (线性变换问题) n 个变量 $x_1,x_2,\cdots,x_n$ 与 m 个变量 $y_1,y_2,\cdots,y_m$ 之间的关系式

$$\begin{cases} y_1=a_{11}x_1+a_{12}x_2+\cdots+a_{1n}x_n, \\ y_2=a_{21}x_1+a_{22}x_2+\cdots+a_{2n}x_n, \\ \qquad\cdots\cdots \\ y_m=a_{m1}x_1+a_{m2}x_2+\cdots+a_{mn}x_n \end{cases} \tag{2.1}$$

表示从变量 $y_1,y_2,\cdots,y_m$ 到变量 $x_1,x_2,\cdots,x_n$ 的**线性变换**,式(2.1) 中由系数 a_{ij} 构成的矩阵

$$\boldsymbol{A}=\begin{pmatrix} a_{11} & a_{12} & \cdots & a_{1n} \\ a_{21} & a_{22} & \cdots & a_{2n} \\ \vdots & \vdots & & \vdots \\ a_{m1} & a_{m2} & \cdots & a_{mn} \end{pmatrix}$$

称为线性变换的**系数矩阵**.

如果给定了线性变换,那么系数矩阵就被唯一确定;反之,若给定某个矩阵作为线性变换的系数矩阵,那么线性变换也被唯一确定了. 因此,矩阵与线性变换之间存在着一一对应关系,即可以用矩阵来研究线性变换,同样也可以用线性变换来更好地认识矩阵.

例如,线性变换

$$\begin{cases} y_1 = \lambda_1 x_1, \\ y_2 = \qquad \lambda_2 x_2, \\ \qquad \cdots\cdots \\ y_n = \qquad\qquad \lambda_n x_n \end{cases}$$

的系数矩阵就是 n 阶对角矩阵

$$\begin{pmatrix} \lambda_1 & & & \\ & \lambda_2 & & \\ & & \ddots & \\ & & & \lambda_n \end{pmatrix}.$$

又如，若变量 y_1, y_2, y_3 到变量 x_1, x_2, x_3 的线性变换的系数矩阵为 $\begin{pmatrix} 1 & 2 & 1 \\ 0 & 2 & 3 \\ 0 & 0 & 1 \end{pmatrix}$，则与之对应的线性变换为

$$\begin{cases} y_1 = x_1 + 2x_2 + x_3, \\ y_2 = \qquad 2x_2 + 3x_3, \\ y_3 = \qquad\qquad x_3. \end{cases}$$

从上面的应用实例中可以看到，使用矩阵作为工具，就可以把许多实际问题转化为数表，这样就能以更简洁的方式对数据进行研究和处理，从而解决问题.

习 题 2.1

1. 选择题：

(1) 若矩阵 $\begin{pmatrix} 3 & 1 \\ 0 & 2 \end{pmatrix} = \begin{pmatrix} 3 & 5+x \\ 0 & a-x \end{pmatrix}$，则 $a =$（　　）；

A. -1　　B. 3　　C. -2　　D. 2

(2) 下列叙述中正确的是（　　）.

A. $\begin{vmatrix} 1 & 5 \\ 2 & 7 \end{vmatrix}$ 表示一个 2×2 的数表　　B. $\begin{pmatrix} 1 & 2 & 5 \\ 5 & 7 & 9 \end{pmatrix}$ 与 $\begin{pmatrix} 1 & 5 \\ 2 & 7 \\ 5 & 9 \end{pmatrix}$ 是相等的矩阵

C. 单位矩阵一定是相等的　　D. 对角矩阵的行数和列数一定相等

2. 写出线性变换

$$\begin{cases} y_1 = 2x_1 + 2x_2 + 3x_3 + x_4, \\ y_2 = x_1 - 3x_2 + 2x_3 - 2x_4, \\ y_3 = x_1 \qquad - x_3 + 5x_4 \end{cases}$$

的系数矩阵.

3. 设矩阵 $\begin{pmatrix} x-2 & y \\ 3 & 2a-y \end{pmatrix} = \begin{pmatrix} 4 & 2+x \\ 3 & 2 \end{pmatrix}$，求 x, y, a 的值.

4. 设有 A，B 两种物资，要从产地 1，2 运往三个销售地甲、乙、丙. 物资 A 从产地到销售地的运输量（单位：t）如表 2.2 所示，物资 B 从产地到销售地的运输量（单位：t）如表 2.3 所示. 试用矩阵表示两种物资的运输方案.

表 2.2

	销售地甲	销售地乙	销售地丙
产地 1	8	0	5
产地 2	3	7	0

表 2.3

	销售地甲	销售地乙	销售地丙
产地 1	1	7	2
产地 2	2	0	8

2.2 矩阵的运算

为了更好地使用矩阵工具解决实际问题，就要定义矩阵的运算.

2.2.1 矩阵的线性运算

定义 2.4 设 k 为任意常数，$\boldsymbol{A}=(a_{ij})$ 为 $m\times n$ 矩阵，则称矩阵 $(ka_{ij})_{m\times n}$ 为**数 k 与矩阵 $\boldsymbol{A}$ 的乘积**，记作 $k\boldsymbol{A}$，即

微课视频

矩阵的线性运算

$$k\boldsymbol{A}=(ka_{ij})_{m\times n}=\begin{pmatrix} ka_{11} & ka_{12} & \cdots & ka_{1n} \\ ka_{21} & ka_{22} & \cdots & ka_{2n} \\ \vdots & \vdots & & \vdots \\ ka_{m1} & ka_{m2} & \cdots & ka_{mn} \end{pmatrix}.$$

数与矩阵的乘积运算简称为矩阵的**数乘运算**.

定义 2.5 设有两个 $m\times n$ 矩阵 $\boldsymbol{A}=(a_{ij})_{m\times n}$，$\boldsymbol{B}=(b_{ij})_{m\times n}$，则称矩阵 $(a_{ij}+b_{ij})_{m\times n}$ 为**矩阵 $\boldsymbol{A}$ 与 $\boldsymbol{B}$ 的和**，记作 $\boldsymbol{A}+\boldsymbol{B}$，即 $\boldsymbol{A}+\boldsymbol{B}=(a_{ij}+b_{ij})_{m\times n}$.

这种运算称为矩阵的**加法运算**.

矩阵的数乘运算和加法运算统称为矩阵的**线性运算**.

对任一矩阵 $\boldsymbol{A}=(a_{ij})_{m\times n}$，称矩阵

$$(-a_{ij})_{m\times n}$$

为 $\boldsymbol{A}$ 的**负矩阵**，记作 $-\boldsymbol{A}$，即

$$-\boldsymbol{A}=(-a_{ij})_{m\times n}.$$

利用矩阵的加法运算及负矩阵的定义，可以定义矩阵的**减法运算**. 将矩阵 $\boldsymbol{A}$ 与 $\boldsymbol{B}$ 的差定义为 $\boldsymbol{A}-\boldsymbol{B}=\boldsymbol{A}+(-\boldsymbol{B})$，故

$$\boldsymbol{A}-\boldsymbol{B}=(a_{ij}-b_{ij})_{m\times n}.$$

例 2.4 设矩阵 $\boldsymbol{A}=\begin{pmatrix}1&2&3\\4&5&6\end{pmatrix}$，$\boldsymbol{B}=\begin{pmatrix}1&3&5\\5&3&1\end{pmatrix}$，求 $2\boldsymbol{A}+\boldsymbol{B}$ 和 $2\boldsymbol{A}-\boldsymbol{B}$.

解 $2\boldsymbol{A}+\boldsymbol{B}=2\begin{pmatrix}1&2&3\\4&5&6\end{pmatrix}+\begin{pmatrix}1&3&5\\5&3&1\end{pmatrix}=\begin{pmatrix}2&4&6\\8&10&12\end{pmatrix}+\begin{pmatrix}1&3&5\\5&3&1\end{pmatrix}=\begin{pmatrix}3&7&11\\13&13&13\end{pmatrix}$,

$2\boldsymbol{A}-\boldsymbol{B}=2\begin{pmatrix}1&2&3\\4&5&6\end{pmatrix}-\begin{pmatrix}1&3&5\\5&3&1\end{pmatrix}=\begin{pmatrix}2&4&6\\8&10&12\end{pmatrix}-\begin{pmatrix}1&3&5\\5&3&1\end{pmatrix}=\begin{pmatrix}1&1&1\\3&7&11\end{pmatrix}$.

注 只有同型矩阵的加(减)法运算才有意义.

设 k,l 为任意常数，$\boldsymbol{A},\boldsymbol{B}$ 都是 $m\times n$ 矩阵. 容易验证，矩阵的数乘运算和加法运算满足下

列运算规律：

(1) $\boldsymbol{A}+\boldsymbol{B}=\boldsymbol{B}+\boldsymbol{A}$；

(2) $(\boldsymbol{A}+\boldsymbol{B})+\boldsymbol{C}=\boldsymbol{A}+(\boldsymbol{B}+\boldsymbol{C})$；

(3) $\boldsymbol{A}+\boldsymbol{O}=\boldsymbol{A}$；

(4) $\boldsymbol{A}+(-\boldsymbol{A})=\boldsymbol{O}$；

(5) $1\cdot\boldsymbol{A}=\boldsymbol{A}$；

(6) $(k+l)\boldsymbol{A}=k\boldsymbol{A}+l\boldsymbol{A}$；

(7) $k(\boldsymbol{A}+\boldsymbol{B})=k\boldsymbol{A}+k\boldsymbol{B}$；

(8) $k(l\boldsymbol{A})=(kl)\boldsymbol{A}=l(k\boldsymbol{A})$；

(9) 若 $k\boldsymbol{A}=\boldsymbol{O}$，则 $k=0$ 或 $\boldsymbol{A}=\boldsymbol{O}$.

2.2.2　矩阵的乘法

定义 2.6　设 $\boldsymbol{A}=(a_{ij})_{m\times s}$ 为 $m\times s$ 矩阵，$\boldsymbol{B}=(b_{ij})_{s\times n}$ 为 $s\times n$ 矩阵，则称矩阵

$$(a_{i1}b_{1j}+a_{i2}b_{2j}+\cdots+a_{is}b_{sj})_{m\times n}$$

为矩阵 $\boldsymbol{A}$ 与 $\boldsymbol{B}$ 的乘积，记作 $\boldsymbol{AB}$，即

$$\boldsymbol{AB}=(a_{i1}b_{1j}+a_{i2}b_{2j}+\cdots+a_{is}b_{sj})_{m\times n}.$$

这种运算称为矩阵的**乘法运算**.

微课视频

矩阵的乘法

在进行矩阵的乘法运算时，要注意以下三点：

(1) 两个矩阵相乘，只有满足左矩阵的列数等于右矩阵的行数时，矩阵的乘法才有意义；

(2) 乘积矩阵的行数等于左矩阵的行数，列数等于右矩阵的列数；

(3) 乘积矩阵的第 i 行、第 j 列的元素等于左矩阵的第 i 行元素与右矩阵的第 j 列对应元素的乘积之和.

例如，设矩阵 $\boldsymbol{A}=\begin{pmatrix}a_{11}&a_{12}&a_{13}\\a_{21}&a_{22}&a_{23}\end{pmatrix}$，$\boldsymbol{B}=\begin{pmatrix}b_{11}&b_{12}\\b_{21}&b_{22}\\b_{31}&b_{32}\end{pmatrix}$，则它们的乘积为

$$\begin{aligned}\boldsymbol{C}=\boldsymbol{AB}&=\begin{pmatrix}a_{11}&a_{12}&a_{13}\\a_{21}&a_{22}&a_{23}\end{pmatrix}\begin{pmatrix}b_{11}&b_{12}\\b_{21}&b_{22}\\b_{31}&b_{32}\end{pmatrix}\\&=\begin{pmatrix}a_{11}b_{11}+a_{12}b_{21}+a_{13}b_{31}&a_{11}b_{12}+a_{12}b_{22}+a_{13}b_{32}\\a_{21}b_{11}+a_{22}b_{21}+a_{23}b_{31}&a_{21}b_{12}+a_{22}b_{22}+a_{23}b_{32}\end{pmatrix}_{2\times2}\\&=\begin{pmatrix}c_{11}&c_{12}\\c_{21}&c_{22}\end{pmatrix}_{2\times2}.\end{aligned}$$

例 2.5　设矩阵 $\boldsymbol{A}=\begin{pmatrix}2&2\\-2&-2\end{pmatrix}$，$\boldsymbol{M}=\begin{pmatrix}5&2\\3&1\end{pmatrix}$，$\boldsymbol{N}=\begin{pmatrix}2&5\\6&-2\end{pmatrix}$，求 $\boldsymbol{M}-\boldsymbol{N}$，$\boldsymbol{A}(\boldsymbol{M}-\boldsymbol{N})$，$(\boldsymbol{M}-\boldsymbol{N})\boldsymbol{A}$，$\boldsymbol{AM}$，$\boldsymbol{AN}$.

解　令矩阵 $\boldsymbol{B}=\boldsymbol{M}-\boldsymbol{N}$，则

$$B=\begin{pmatrix}5&2\\3&1\end{pmatrix}-\begin{pmatrix}2&5\\6&-2\end{pmatrix}=\begin{pmatrix}3&-3\\-3&3\end{pmatrix},$$

$$A(M-N)=AB=\begin{pmatrix}2&2\\-2&-2\end{pmatrix}\begin{pmatrix}3&-3\\-3&3\end{pmatrix}=\begin{pmatrix}0&0\\0&0\end{pmatrix},$$

$$(M-N)A=BA=\begin{pmatrix}3&-3\\-3&3\end{pmatrix}\begin{pmatrix}2&2\\-2&-2\end{pmatrix}=\begin{pmatrix}12&12\\-12&-12\end{pmatrix},$$

$$AM=\begin{pmatrix}2&2\\-2&-2\end{pmatrix}\begin{pmatrix}5&2\\3&1\end{pmatrix}=\begin{pmatrix}16&6\\-16&-6\end{pmatrix},$$

$$AN=\begin{pmatrix}2&2\\-2&-2\end{pmatrix}\begin{pmatrix}2&5\\6&-2\end{pmatrix}=\begin{pmatrix}16&6\\-16&-6\end{pmatrix}.$$

从例 2.5 中可以发现：

(1) 矩阵的乘法一般不满足交换律，即 $\boldsymbol{AB}$ 一般不等于 $\boldsymbol{BA}$. 若矩阵 $\boldsymbol{A}$ 与 $\boldsymbol{B}$ 满足 $\boldsymbol{AB}=\boldsymbol{BA}$，就称矩阵 $\boldsymbol{A}$ 与 $\boldsymbol{B}$ **可交换.**

(2) 两个非零矩阵的乘积可能为零矩阵，即由 $\boldsymbol{AB}=\boldsymbol{O}$ 不一定能得到 $\boldsymbol{A}=\boldsymbol{O}$ 或 $\boldsymbol{B}=\boldsymbol{O}$.

(3) 矩阵的乘法一般不满足消去律，即由 $\boldsymbol{AM}=\boldsymbol{AN}$，且 $\boldsymbol{A}\neq\boldsymbol{O}$，不一定能得到 $\boldsymbol{M}=\boldsymbol{N}$.

尽管矩阵的乘法运算与数的乘法运算有很大差别，但是矩阵的乘法仍满足以下运算规律（假设相关运算都有意义）：

(1) $(\boldsymbol{AB})\boldsymbol{C}=\boldsymbol{A}(\boldsymbol{BC})$（结合律）；

(2) $\boldsymbol{A}(\boldsymbol{B}+\boldsymbol{C})=\boldsymbol{AB}+\boldsymbol{AC}$（左分配律），$(\boldsymbol{A}+\boldsymbol{B})\boldsymbol{C}=\boldsymbol{AC}+\boldsymbol{BC}$（右分配律）；

(3) $(k\boldsymbol{A})\boldsymbol{B}=k(\boldsymbol{AB})=\boldsymbol{A}(k\boldsymbol{B})$，其中 k 是实数；

(4) $\boldsymbol{AO}=\boldsymbol{O}$，$\boldsymbol{OA}=\boldsymbol{O}$，$\boldsymbol{AE}=\boldsymbol{A}$，$\boldsymbol{EA}=\boldsymbol{A}$.

证　此处只证明运算规律(2) 中的右分配律，其余运算规律可以类似证得.

设矩阵 $\boldsymbol{A}=(a_{ik})_{m\times l}$，$\boldsymbol{B}=(b_{ik})_{m\times l}$，$\boldsymbol{C}=(c_{kj})_{l\times n}$，则

$$\begin{aligned}(\boldsymbol{A}+\boldsymbol{B})\boldsymbol{C}&=[(a_{ik})_{m\times l}+(b_{ik})_{m\times l}](c_{kj})_{l\times n}=(a_{ik}+b_{ik})_{m\times l}(c_{kj})_{l\times n}\\&=\Big(\sum_{k=1}^{l}(a_{ik}+b_{ik})c_{kj}\Big)_{m\times n}=\Big(\sum_{k=1}^{l}a_{ik}c_{kj}\Big)_{m\times n}+\Big(\sum_{k=1}^{l}b_{ik}c_{kj}\Big)_{m\times n}\\&=\boldsymbol{AC}+\boldsymbol{BC}.\end{aligned}$$

矩阵的乘法在解决实际问题中有着广泛的应用.

例如，设有 n 元线性方程组

$$\begin{cases}a_{11}x_1+a_{12}x_2+\cdots+a_{1n}x_n=b_1,\\a_{21}x_1+a_{22}x_2+\cdots+a_{2n}x_n=b_2,\\\quad\cdots\cdots\\a_{m1}x_1+a_{m2}x_2+\cdots+a_{mn}x_n=b_m.\end{cases}\tag{2.2}$$

令矩阵

$$\boldsymbol{A}=\begin{pmatrix}a_{11}&a_{12}&\cdots&a_{1n}\\a_{21}&a_{22}&\cdots&a_{2n}\\\vdots&\vdots&&\vdots\\a_{m1}&a_{m2}&\cdots&a_{mn}\end{pmatrix},\quad \boldsymbol{X}=\begin{pmatrix}x_1\\x_2\\\vdots\\x_n\end{pmatrix},\quad \boldsymbol{b}=\begin{pmatrix}b_1\\b_2\\\vdots\\b_m\end{pmatrix},$$

利用矩阵的乘法，方程组(2.2)可以表示为

$$\boldsymbol{AX}=\boldsymbol{b}, \tag{2.3}$$

称上式为线性方程组的矩阵表示式.

又如，设从 x_1,x_2,x_3 到 y_1,y_2,y_3 的线性变换为

$$\begin{cases} x_1=y_1-y_2, \\ x_2=y_1+y_2, \\ x_3=\qquad\quad y_3, \end{cases} \tag{2.4}$$

从 y_1,y_2,y_3 到 z_1,z_2,z_3 的线性变换为

$$\begin{cases} y_1=z_1\qquad\quad +z_3, \\ y_2=\qquad z_2-2z_3, \\ y_3=\qquad\qquad\quad z_3, \end{cases} \tag{2.5}$$

则将式(2.5)代入式(2.4)，得到从 x_1,x_2,x_3 到 z_1,z_2,z_3 的线性变换为

$$\begin{cases} x_1=z_1-z_2+3z_3, \\ x_2=z_1+z_2-\ z_3, \\ x_3=\qquad\qquad\quad z_3. \end{cases} \tag{2.6}$$

这一过程可以用线性变换的系数矩阵的乘法运算来理解.

如果分别用矩阵 $\boldsymbol{A},\boldsymbol{B},\boldsymbol{C}$ 表示式(2.4)、式(2.5)和式(2.6)的系数矩阵，即

$$\boldsymbol{A}=\begin{pmatrix} 1 & -1 & 0 \\ 1 & 1 & 0 \\ 0 & 0 & 1 \end{pmatrix},\quad \boldsymbol{B}=\begin{pmatrix} 1 & 0 & 1 \\ 0 & 1 & -2 \\ 0 & 0 & 1 \end{pmatrix},\quad \boldsymbol{C}=\begin{pmatrix} 1 & -1 & 3 \\ 1 & 1 & -1 \\ 0 & 0 & 1 \end{pmatrix},$$

且令矩阵

$$\boldsymbol{X}=\begin{pmatrix} x_1 \\ x_2 \\ x_3 \end{pmatrix},\quad \boldsymbol{Y}=\begin{pmatrix} y_1 \\ y_2 \\ y_3 \end{pmatrix},\quad \boldsymbol{Z}=\begin{pmatrix} z_1 \\ z_2 \\ z_3 \end{pmatrix},$$

利用矩阵的乘法，则式(2.4)可表示为 $\boldsymbol{X}=\boldsymbol{AY}$，式(2.5)可表示为 $\boldsymbol{Y}=\boldsymbol{BZ}$，于是

$$\boldsymbol{X}=\boldsymbol{AY}=\boldsymbol{A}(\boldsymbol{BZ})=(\boldsymbol{AB})\boldsymbol{Z}.$$

这就是线性变换(2.6)的矩阵表示式，当然有 $\boldsymbol{C}=\boldsymbol{AB}$.

用矩阵表示线性方程组、线性变换方便简洁，连续做两次线性变换相当于对线性变换的矩阵做乘积.

2.2.3　矩阵的转置

定义 2.7　把 $m\times n$ 矩阵

$$\boldsymbol{A}=\begin{pmatrix} a_{11} & a_{12} & \cdots & a_{1n} \\ a_{21} & a_{22} & \cdots & a_{2n} \\ \vdots & \vdots & & \vdots \\ a_{m1} & a_{m2} & \cdots & a_{mn} \end{pmatrix}$$

微课视频

矩阵的转置

的行依次变为相应的列所得到的一个 $n\times m$ 矩阵称为矩阵 $\boldsymbol{A}$ 的**转置矩阵**，记作 $\boldsymbol{A}^{\mathrm{T}}$ 或 $\boldsymbol{A}'$，即

$$A^{\mathrm{T}}=\begin{pmatrix}a_{11} & a_{21} & \cdots & a_{m1}\\ a_{12} & a_{22} & \cdots & a_{m2}\\ \vdots & \vdots & & \vdots\\ a_{1n} & a_{2n} & \cdots & a_{mn}\end{pmatrix}.$$

例如,设矩阵

$$A=\begin{pmatrix}1 & 2 & 2\\ 4 & 5 & 8\end{pmatrix},\quad \Lambda=\begin{pmatrix}\lambda_1 & & & \\ & \lambda_2 & & \\ & & \ddots & \\ & & & \lambda_n\end{pmatrix},$$

则有

$$A^{\mathrm{T}}=\begin{pmatrix}1 & 4\\ 2 & 5\\ 2 & 8\end{pmatrix},\quad \Lambda^{\mathrm{T}}=\begin{pmatrix}\lambda_1 & & & \\ & \lambda_2 & & \\ & & \ddots & \\ & & & \lambda_n\end{pmatrix}.$$

矩阵的转置满足以下运算规律(假设相关运算均可行):

(1) $(A^{\mathrm{T}})^{\mathrm{T}}=A$;

(2) $(kA)^{\mathrm{T}}=kA^{\mathrm{T}}$,其中 k 为实数;

(3) $(A\pm B)^{\mathrm{T}}=A^{\mathrm{T}}\pm B^{\mathrm{T}}$;

(4) $(AB)^{\mathrm{T}}=B^{\mathrm{T}}A^{\mathrm{T}}$.

(3) 和(4) 可推广到有限多个矩阵的情形,即有

$$(A_1\pm A_2\pm\cdots\pm A_k)^{\mathrm{T}}=A_1^{\mathrm{T}}\pm A_2^{\mathrm{T}}\pm\cdots\pm A_k^{\mathrm{T}},$$

$$(A_1A_2\cdots A_k)^{\mathrm{T}}=A_k^{\mathrm{T}}\cdots A_2^{\mathrm{T}}A_1^{\mathrm{T}}.$$

证 前三条运算规律易证,下面仅证运算规律(4).

设矩阵 $A=(a_{ij})_{m\times s}$,$B=(b_{ij})_{s\times n}$,显然$(AB)^{\mathrm{T}}$ 和 $B^{\mathrm{T}}A^{\mathrm{T}}$ 都是 $n\times m$ 矩阵. 记矩阵 $C=AB=(c_{ij})_{m\times n}$,$D=B^{\mathrm{T}}A^{\mathrm{T}}=(d_{ij})_{n\times m}$,于是 C 的第 j 行、第 i 列元素为

$$c_{ji}=\sum_{k=1}^{s}a_{jk}b_{ki},$$

故 C^{T} 的第 i 行、第 j 列元素为

$$c_{ij}=\sum_{k=1}^{s}a_{jk}b_{ki}.$$

另一方面,B^{T} 的第 i 行为$(b_{1i},b_{2i},\cdots,b_{si})$,$A^{\mathrm{T}}$ 的第 j 列为$(a_{j1},a_{j2},\cdots,a_{js})^{\mathrm{T}}$,则 D 的第 i 行、第 j 列元素为

$$d_{ij}=\sum_{k=1}^{s}b_{ki}a_{jk}=\sum_{k=1}^{s}a_{jk}b_{ki}=c_{ij}\quad(i=1,2,\cdots,n;j=1,2,\cdots,m),$$

故

$$(AB)^{\mathrm{T}}=C^{\mathrm{T}}=D=B^{\mathrm{T}}A^{\mathrm{T}}.$$

定义 2.8 设 A 为 n 阶方阵. 如果

(1) $A^{\mathrm{T}}=A$,则称 A 为**对称矩阵**;

(2) $\boldsymbol{A}^{\mathrm{T}}=-\boldsymbol{A}$，则称 $\boldsymbol{A}$ 为**反对称矩阵**.

例如，$\boldsymbol{A}=\begin{pmatrix}1 & -1 & 7\\ -1 & 2 & 3\\ 7 & 3 & 0\end{pmatrix}$ 是对称矩阵，$\boldsymbol{B}=\begin{pmatrix}0 & 2 & 3\\ -2 & 0 & 4\\ -3 & -4 & 0\end{pmatrix}$ 是反对称矩阵.

由定义 2.8 易得，对称矩阵和反对称矩阵有以下性质：

(1) $\boldsymbol{A}=(a_{ij})_n$ 为对称矩阵的充要条件是 $a_{ij}=a_{ji}(i,j=1,2,\cdots,n)$；

(2) $\boldsymbol{A}=(a_{ij})_n$ 为反对称矩阵的充要条件是 $a_{ij}=-a_{ji}(i,j=1,2,\cdots,n)$.

注 对称矩阵和反对称矩阵都是方阵. 反对称矩阵主对角线上的元素全为 0.

例 2.6 设 $\boldsymbol{A}$ 为 n 阶方阵，证明：$\boldsymbol{A}+\boldsymbol{A}^{\mathrm{T}}$ 为对称矩阵，$\boldsymbol{A}-\boldsymbol{A}^{\mathrm{T}}$ 为反对称矩阵.

证 因为

$$(\boldsymbol{A}+\boldsymbol{A}^{\mathrm{T}})^{\mathrm{T}}=\boldsymbol{A}^{\mathrm{T}}+(\boldsymbol{A}^{\mathrm{T}})^{\mathrm{T}}=\boldsymbol{A}^{\mathrm{T}}+\boldsymbol{A}=\boldsymbol{A}+\boldsymbol{A}^{\mathrm{T}},$$

根据定义 2.8 知 $\boldsymbol{A}+\boldsymbol{A}^{\mathrm{T}}$ 为对称矩阵. 又

$$(\boldsymbol{A}-\boldsymbol{A}^{\mathrm{T}})^{\mathrm{T}}=\boldsymbol{A}^{\mathrm{T}}-(\boldsymbol{A}^{\mathrm{T}})^{\mathrm{T}}=\boldsymbol{A}^{\mathrm{T}}-\boldsymbol{A}=-(\boldsymbol{A}-\boldsymbol{A}^{\mathrm{T}}),$$

根据定义 2.8 知 $\boldsymbol{A}-\boldsymbol{A}^{\mathrm{T}}$ 为反对称矩阵.

由于任意 n 阶方阵 $\boldsymbol{A}$ 都可以表示为

$$\boldsymbol{A}=\frac{\boldsymbol{A}+\boldsymbol{A}^{\mathrm{T}}}{2}+\frac{\boldsymbol{A}-\boldsymbol{A}^{\mathrm{T}}}{2},$$

因此结合例 2.6 可知，任意 n 阶方阵都可表示为一个对称矩阵与一个反对称矩阵的和.

例 2.7 设列矩阵 $\boldsymbol{X}=(x_1,x_2,\cdots,x_n)^{\mathrm{T}}$ 满足 $\boldsymbol{X}^{\mathrm{T}}\boldsymbol{X}=1$，$\boldsymbol{H}=\boldsymbol{E}-2\boldsymbol{X}\boldsymbol{X}^{\mathrm{T}}$，其中 $\boldsymbol{E}$ 为单位矩阵，证明：$\boldsymbol{H}$ 为对称矩阵且 $\boldsymbol{H}\boldsymbol{H}^{\mathrm{T}}=\boldsymbol{E}$.

证 因为

$$\boldsymbol{H}^{\mathrm{T}}=(\boldsymbol{E}-2\boldsymbol{X}\boldsymbol{X}^{\mathrm{T}})^{\mathrm{T}}=\boldsymbol{E}^{\mathrm{T}}-2(\boldsymbol{X}\boldsymbol{X}^{\mathrm{T}})^{\mathrm{T}}=\boldsymbol{E}-2(\boldsymbol{X}^{\mathrm{T}})^{\mathrm{T}}\boldsymbol{X}^{\mathrm{T}}=\boldsymbol{E}-2\boldsymbol{X}\boldsymbol{X}^{\mathrm{T}}=\boldsymbol{H},$$

所以 $\boldsymbol{H}$ 为对称矩阵.

$$\begin{aligned}\boldsymbol{H}\boldsymbol{H}^{\mathrm{T}}&=\boldsymbol{H}\boldsymbol{H}=(\boldsymbol{E}-2\boldsymbol{X}\boldsymbol{X}^{\mathrm{T}})(\boldsymbol{E}-2\boldsymbol{X}\boldsymbol{X}^{\mathrm{T}})=\boldsymbol{E}-4\boldsymbol{X}\boldsymbol{X}^{\mathrm{T}}+4(\boldsymbol{X}\boldsymbol{X}^{\mathrm{T}})(\boldsymbol{X}\boldsymbol{X}^{\mathrm{T}}),\\&=\boldsymbol{E}-4\boldsymbol{X}\boldsymbol{X}^{\mathrm{T}}+4\boldsymbol{X}(\boldsymbol{X}^{\mathrm{T}}\boldsymbol{X})\boldsymbol{X}^{\mathrm{T}}=\boldsymbol{E}-4\boldsymbol{X}\boldsymbol{X}^{\mathrm{T}}+4\boldsymbol{X}\boldsymbol{X}^{\mathrm{T}}=\boldsymbol{E}.\end{aligned}$$

在例 2.7 中要特别注意的是，$\boldsymbol{X}^{\mathrm{T}}\boldsymbol{X}=x_1^2+x_2^2+\cdots+x_n^2$ 是数，而

$$\boldsymbol{X}\boldsymbol{X}^{\mathrm{T}}=\begin{pmatrix}x_1^2 & x_1x_2 & \cdots & x_1x_n\\ x_2x_1 & x_2^2 & \cdots & x_2x_n\\ \vdots & \vdots & & \vdots\\ x_nx_1 & x_nx_2 & \cdots & x_n^2\end{pmatrix}$$

是一个 n 阶方阵.

2.2.4 方阵的行列式

定义 2.9 由 n 阶方阵 $\boldsymbol{A}=(a_{ij})_n$ 的元素按原位置排列所构成的行列式

微课视频

方阵的行列式与方阵的幂

$$\begin{vmatrix} a_{11} & a_{12} & \cdots & a_{1n} \\ a_{21} & a_{22} & \cdots & a_{2n} \\ \vdots & \vdots & & \vdots \\ a_{n1} & a_{n2} & \cdots & a_{nn} \end{vmatrix}$$

称为 n 阶**方阵 $\boldsymbol{A}$ 的行列式**，记作 $|\boldsymbol{A}|$ 或 $\det \boldsymbol{A}$.

注 方阵和方阵的行列式是两个不同的概念，方阵是数表，而方阵的行列式是按一定的运算法则所确定的一个数.

n 阶方阵 $\boldsymbol{A}$ 的行列式满足以下性质(假设运算是可行的)：

(1) $|\boldsymbol{A}^{\mathrm{T}}| = |\boldsymbol{A}|$；

(2) $|k\boldsymbol{A}| = k^n |\boldsymbol{A}|$($k$ 是实数)；

(3) $|\boldsymbol{AB}| = |\boldsymbol{A}||\boldsymbol{B}|$.

性质(3)可推广到有限多个方阵的情形，即有

$$|\boldsymbol{A}_1\boldsymbol{A}_2\cdots\boldsymbol{A}_k| = |\boldsymbol{A}_1||\boldsymbol{A}_2|\cdots|\boldsymbol{A}_k|.$$

证 前两个性质易证，下面仅证性质(3).

设 n 阶方阵 $\boldsymbol{A} = (a_{ij})$，$\boldsymbol{B} = (b_{ij})$. 构造 $2n$ 阶行列式

$$|\boldsymbol{D}| = \begin{vmatrix} a_{11} & \cdots & a_{1n} & 0 & \cdots & 0 \\ \vdots & & \vdots & \vdots & & \vdots \\ a_{n1} & \cdots & a_{nn} & 0 & \cdots & 0 \\ -1 & \cdots & 0 & b_{11} & \cdots & b_{1n} \\ \vdots & & \vdots & \vdots & & \vdots \\ 0 & \cdots & -1 & b_{n1} & \cdots & b_{nn} \end{vmatrix} = \begin{vmatrix} \boldsymbol{A} & \boldsymbol{O} \\ -\boldsymbol{E} & \boldsymbol{B} \end{vmatrix}.$$

一方面，由第1章1.3节的例1.12知 $|\boldsymbol{D}| = |\boldsymbol{A}||\boldsymbol{B}|$. 另一方面，在 $|\boldsymbol{D}|$ 中用 b_{1j} 乘以第1列，b_{2j} 乘以第2列，$\cdots$，b_{nj} 乘以第 n 列，都加到第 $n+j$ 列($j=1,2,\cdots,n$)，得

$$|\boldsymbol{D}| = \begin{vmatrix} a_{11} & \cdots & a_{1n} & c_{11} & \cdots & c_{1n} \\ \vdots & & \vdots & \vdots & & \vdots \\ a_{n1} & \cdots & a_{nn} & c_{n1} & \cdots & c_{nn} \\ -1 & \cdots & 0 & 0 & \cdots & 0 \\ \vdots & & \vdots & \vdots & & \vdots \\ 0 & \cdots & -1 & 0 & \cdots & 0 \end{vmatrix} = \begin{vmatrix} \boldsymbol{A} & \boldsymbol{C} \\ -\boldsymbol{E} & \boldsymbol{O} \end{vmatrix},$$

其中 $c_{ij} = \sum_{k=1}^{n} a_{ik}b_{kj}$，$\boldsymbol{C} = (c_{ij}) = \boldsymbol{AB}$，故 $|\boldsymbol{C}| = |\boldsymbol{AB}|$.

交换 $|\boldsymbol{D}|$ 中第 i 行与第 $n+i$ 行($i=1,2,\cdots,n$)，得

$$|\boldsymbol{D}| = \begin{vmatrix} a_{11} & \cdots & a_{1n} & c_{11} & \cdots & c_{1n} \\ \vdots & & \vdots & \vdots & & \vdots \\ a_{n1} & \cdots & a_{nn} & c_{n1} & \cdots & c_{nn} \\ -1 & \cdots & 0 & 0 & \cdots & 0 \\ \vdots & & \vdots & \vdots & & \vdots \\ 0 & \cdots & -1 & 0 & \cdots & 0 \end{vmatrix} = (-1)^n \begin{vmatrix} -1 & \cdots & 0 & 0 & \cdots & 0 \\ \vdots & & \vdots & \vdots & & \vdots \\ 0 & \cdots & -1 & 0 & \cdots & 0 \\ a_{11} & \cdots & a_{1n} & c_{11} & \cdots & c_{1n} \\ \vdots & & \vdots & \vdots & & \vdots \\ a_{n1} & \cdots & a_{nn} & c_{n1} & \cdots & c_{nn} \end{vmatrix} = |\boldsymbol{C}|.$$

综上可得,

$$|\boldsymbol{AB}|=|\boldsymbol{C}|=|\boldsymbol{D}|=|\boldsymbol{A}||\boldsymbol{B}|.$$

注 对于任意 n 阶方阵 $\boldsymbol{A},\boldsymbol{B}$,虽然一般 $\boldsymbol{AB}\neq\boldsymbol{BA}$,但是却有 $|\boldsymbol{AB}|=|\boldsymbol{BA}|$.

2.2.5 方阵的幂

定义 2.10 设 $\boldsymbol{A}$ 为 n 阶方阵,k 为正整数,定义

$$\boldsymbol{A}^k=\underbrace{\boldsymbol{AA}\cdots\boldsymbol{A}}_{k个},$$

称 $\boldsymbol{A}^k$ 为 n 阶方阵 $\boldsymbol{A}$ 的 k **次幂**. 规定 $\boldsymbol{A}^0=\boldsymbol{E}$.

对于任意自然数 k,l,方阵的幂有如下性质:

(1) $\boldsymbol{A}^k\boldsymbol{A}^l=\boldsymbol{A}^{k+l}$;

(2) $(\boldsymbol{A}^k)^l=\boldsymbol{A}^{kl}$;

(3) $|\boldsymbol{A}^k|=|\boldsymbol{A}|^k$.

要注意的是,由于矩阵的乘法不满足交换律,初等代数中的一些公式一般无法推广到矩阵运算中. 例如,对于任意 n 阶方阵 $\boldsymbol{A},\boldsymbol{B}$,一般情况下,

$$(\boldsymbol{AB})^k\neq\boldsymbol{A}^k\boldsymbol{B}^k,\quad(\boldsymbol{A}\pm\boldsymbol{B})^2\neq\boldsymbol{A}^2\pm2\boldsymbol{AB}+\boldsymbol{B}^2,\quad\boldsymbol{A}^2-\boldsymbol{B}^2\neq(\boldsymbol{A}+\boldsymbol{B})(\boldsymbol{A}-\boldsymbol{B}).$$

仅当矩阵 $\boldsymbol{A}$ 与 $\boldsymbol{B}$ 可交换时,才有

$$(\boldsymbol{AB})^k=\boldsymbol{A}^k\boldsymbol{B}^k,\quad(\boldsymbol{A}\pm\boldsymbol{B})^2=\boldsymbol{A}^2\pm2\boldsymbol{AB}+\boldsymbol{B}^2,\quad\boldsymbol{A}^2-\boldsymbol{B}^2=(\boldsymbol{A}+\boldsymbol{B})(\boldsymbol{A}-\boldsymbol{B}).$$

例 2.8 设矩阵 $\boldsymbol{A}=\begin{pmatrix}1&0\\\lambda&1\end{pmatrix}$,求 $\boldsymbol{A}^2,\boldsymbol{A}^3,\boldsymbol{A}^n(n\geqslant1)$.

解 $\boldsymbol{A}^2=\begin{pmatrix}1&0\\\lambda&1\end{pmatrix}\begin{pmatrix}1&0\\\lambda&1\end{pmatrix}=\begin{pmatrix}1&0\\2\lambda&1\end{pmatrix}$,

$\boldsymbol{A}^3=\boldsymbol{A}^2\boldsymbol{A}=\begin{pmatrix}1&0\\2\lambda&1\end{pmatrix}\begin{pmatrix}1&0\\\lambda&1\end{pmatrix}=\begin{pmatrix}1&0\\3\lambda&1\end{pmatrix}$.

下面利用数学归纳法证明 $\boldsymbol{A}^n=\begin{pmatrix}1&0\\n\lambda&1\end{pmatrix}$.

当 $n=1$ 时,结论显然成立. 假设当 $n=k$ 时结论成立,则当 $n=k+1$ 时,有

$$\boldsymbol{A}^{k+1}=\boldsymbol{A}^k\boldsymbol{A}=\begin{pmatrix}1&0\\k\lambda&1\end{pmatrix}\begin{pmatrix}1&0\\\lambda&1\end{pmatrix}=\begin{pmatrix}1&0\\(k+1)\lambda&1\end{pmatrix},$$

故由数学归纳法得 $\boldsymbol{A}^n=\begin{pmatrix}1&0\\n\lambda&1\end{pmatrix}$.

定义 2.11 设 n 次多项式

$$f(x)=a_nx^n+a_{n-1}x^{n-1}+\cdots+a_1x+a_0,$$

在多项式 $f(x)$ 中用方阵 $\boldsymbol{A}$ 替代 x,得

$$f(\boldsymbol{A})=a_n\boldsymbol{A}^n+a_{n-1}\boldsymbol{A}^{n-1}+\cdots+a_1\boldsymbol{A}+a_0\boldsymbol{E},$$

则称 $f(\boldsymbol{A})$ 为**方阵 $\boldsymbol{A}$ 的 n 次多项式**.

例 2.9 设矩阵 $\boldsymbol{A}=(1,2,2)$，$\boldsymbol{B}=(2,1,-1)^{\mathrm{T}}$，多项式 $f(x)=x^3-3x+1$，求 $(\boldsymbol{BA})^n$，$f(\boldsymbol{BA})$.

解 因为

$$\boldsymbol{BA}=\begin{pmatrix}2\\1\\-1\end{pmatrix}(1,2,2)=\begin{pmatrix}2&4&4\\1&2&2\\-1&-2&-2\end{pmatrix},\quad \boldsymbol{AB}=(1,2,2)\begin{pmatrix}2\\1\\-1\end{pmatrix}=2,$$

所以

$$(\boldsymbol{BA})^n=\underbrace{(\boldsymbol{BA})(\boldsymbol{BA})\cdots(\boldsymbol{BA})}_{n\text{个}}=\boldsymbol{B}\underbrace{(\boldsymbol{AB})\cdots(\boldsymbol{AB})}_{n-1\text{个}}\boldsymbol{A}=2^{n-1}\boldsymbol{BA}=2^{n-1}\begin{pmatrix}2&4&4\\1&2&2\\-1&-2&-2\end{pmatrix},$$

$$f(\boldsymbol{BA})=(\boldsymbol{BA})^3-3\boldsymbol{BA}+\boldsymbol{E}=4\boldsymbol{BA}-3\boldsymbol{BA}+\boldsymbol{E}=\boldsymbol{BA}+\boldsymbol{E}=\begin{pmatrix}3&4&4\\1&3&2\\-1&-2&-1\end{pmatrix}.$$

习 题 2.2

1. 选择题：

(1) 设 $\boldsymbol{A}$ 为 n 阶方阵，且 $|\boldsymbol{A}|=2$，则行列式 $|2\boldsymbol{A}^{\mathrm{T}}|$ 的值为(　　)；

A. 2　　B. 1　　C. 2^{2n}　　D. 2^{n+1}

(2) 设 $\boldsymbol{A},\boldsymbol{B}$ 为 n 阶方阵，$\boldsymbol{AB}=\boldsymbol{O}$ 且 $\boldsymbol{A}\neq\boldsymbol{O}$，则必有(　　)；

A. $\boldsymbol{B}=\boldsymbol{O}$　　B. $|\boldsymbol{B}|=0$ 或 $|\boldsymbol{A}|=0$

C. $\boldsymbol{BA}=\boldsymbol{O}$　　D. $(\boldsymbol{A}-\boldsymbol{B})^2=\boldsymbol{A}^2-\boldsymbol{B}^2$

(3) 下列结论中错误的是(　　).

A. 矩阵的乘法一般不满足交换律

B. 两个非零矩阵的乘积不可能为零矩阵

C. 矩阵的乘法满足结合律

D. 对称矩阵和反对称矩阵都是方阵

2. 设矩阵 $\boldsymbol{A}=\begin{pmatrix}5&-2&1\\3&4&-1\end{pmatrix}$，$\boldsymbol{B}=\begin{pmatrix}-3&2&0\\-2&0&1\end{pmatrix}$，求 $\boldsymbol{A}+\boldsymbol{B}$，$\boldsymbol{A}-\boldsymbol{B}$，$2\boldsymbol{A}-3\boldsymbol{B}$.

3. 已知两个线性变换

$$\begin{cases}x_1=2y_1+y_3,\\x_2=-2y_1+3y_2+2y_3,\\x_3=4y_1+y_2+5y_3\end{cases}\quad\text{和}\quad\begin{cases}y_1=-3z_1+z_2,\\y_2=2z_1+z_3,\\y_3=-z_2+3z_3.\end{cases}$$

利用矩阵的乘法运算，求从 x_1,x_2,x_3 到 z_1,z_2,z_3 的线性变换.

4. 求下列矩阵的乘积：

(1) $\begin{pmatrix}1&3&-2&1\\2&0&1&1\end{pmatrix}\begin{pmatrix}2\\2\\3\\1\end{pmatrix}$；　　(2) $\begin{pmatrix}1&-1&1\\2&0&1\\3&1&-2\end{pmatrix}\begin{pmatrix}1&1\\0&1\\1&0\end{pmatrix}$；

(3) $\begin{pmatrix} 2 & 1 & -2 \\ 1 & 0 & 4 \\ -3 & 1 & 0 \\ 0 & 1 & 1 \end{pmatrix}\begin{pmatrix} 3 & 1 & 0 \\ 0 & 0 & 1 \\ -1 & 2 & 0 \end{pmatrix}$；　　(4) $(2,3,-1)\begin{pmatrix} 1 \\ -1 \\ -1 \end{pmatrix}$；

(5) $\begin{pmatrix} 1 \\ -1 \\ -1 \end{pmatrix}(2,3,-1)$；　　(6) $(1,-1,2)\begin{pmatrix} 2 & -1 & 0 \\ 1 & 1 & 3 \\ 4 & 2 & 1 \end{pmatrix}$；

(7) $(x,y)\begin{pmatrix} a_{11} & a_{12} \\ a_{21} & a_{22} \end{pmatrix}\begin{pmatrix} x \\ y \end{pmatrix}$；　　(8) $\begin{pmatrix} 1 & -1 & 0 \\ 1 & -1 & 0 \\ \frac{1}{2} & \frac{1}{2} & 1 \end{pmatrix}\begin{pmatrix} 0 & -2 & 1 \\ -2 & 0 & 1 \\ 1 & 1 & 0 \end{pmatrix}\begin{pmatrix} 1 & 1 & \frac{1}{2} \\ 1 & -1 & \frac{1}{2} \\ 0 & 0 & 1 \end{pmatrix}$.

5. 已知矩阵 $\boldsymbol{A}=\begin{pmatrix} 1 & 1 & 1 \\ 1 & 1 & -1 \\ 1 & -1 & 1 \end{pmatrix}$，$\boldsymbol{B}=\begin{pmatrix} 1 & 2 & 3 \\ -1 & -2 & 4 \\ 1 & 5 & 1 \end{pmatrix}$，求 $\boldsymbol{AB}$，$\boldsymbol{BA}$，$\boldsymbol{AB}-\boldsymbol{BA}$，$\boldsymbol{A}^{\mathrm{T}}\boldsymbol{B}$.

6. 已知矩阵 $\boldsymbol{A}$，$\boldsymbol{B}$ 是可交换的，证明：矩阵 $\boldsymbol{A}+\boldsymbol{B}$ 与 $\boldsymbol{A}-\boldsymbol{B}$ 是可交换的.

7. 求下列矩阵，其中 k 为正整数：

(1) $\begin{pmatrix} 1 & \lambda \\ 0 & 1 \end{pmatrix}^k$；　　(2) $\begin{pmatrix} \lambda_1 & 0 & 0 \\ 0 & \lambda_2 & 0 \\ 0 & 0 & \lambda_3 \end{pmatrix}^k$；

(3) $\begin{pmatrix} \cos\theta & \sin\theta \\ -\sin\theta & \cos\theta \end{pmatrix}^k$；　　(4) $\begin{pmatrix} \lambda & 1 & 0 \\ 0 & \lambda & 1 \\ 0 & 0 & \lambda \end{pmatrix}^k$.

8. 设矩阵

$$\boldsymbol{A}=\begin{pmatrix} a_1 & c_1 & d_1 \\ a_2 & c_2 & d_2 \\ a_3 & c_3 & d_3 \end{pmatrix},\quad \boldsymbol{B}=\begin{pmatrix} b_1 & c_1 & d_1 \\ b_2 & c_2 & d_2 \\ b_3 & c_3 & d_3 \end{pmatrix},$$

且已知 $|\boldsymbol{A}|=\frac{1}{2}$，$|\boldsymbol{B}|=2$，求 $|2\boldsymbol{A}+\boldsymbol{B}|$.

9. 设矩阵 $\boldsymbol{A}=(1,2,3)^{\mathrm{T}}$，$\boldsymbol{B}=\left(1,\frac{1}{2},\frac{1}{3}\right)$，多项式 $f(x)=x^2-1$，求 $(\boldsymbol{AB})^n$，$f(\boldsymbol{AB})$.

10. 设 $\boldsymbol{A}$，$\boldsymbol{B}$ 均为 n 阶方阵，且 $\boldsymbol{A}$ 为对称矩阵，证明：$\boldsymbol{B}^{\mathrm{T}}\boldsymbol{AB}$ 也是对称矩阵.

11. 设 $\boldsymbol{A}$，$\boldsymbol{B}$ 都是 n 阶对称矩阵，证明：$\boldsymbol{AB}$ 是对称矩阵的充要条件是 $\boldsymbol{AB}=\boldsymbol{BA}$.

2.3 逆矩阵

在 2.2 节中，定义了矩阵的加(减) 法和乘法运算，那么矩阵是否有类似于数的除法运算呢？在数的运算中，对每个非零数 a，都有 $aa^{-1}=a^{-1}a=1$，矩阵的运算中是否也有类似的结论呢？

为了解决这一问题，首先引入伴随矩阵的概念.

2.3.1 伴随矩阵

定义 2.12 设 n 阶方阵 $\boldsymbol{A}=(a_{ij})_n$，$A_{ij}$ 为 $|\boldsymbol{A}|$ 中元素 a_{ij} 的代数余子式，则称 n 阶方阵

微课视频

伴随矩阵与逆矩阵的概念

$$\begin{pmatrix} A_{11} & A_{21} & \cdots & A_{n1} \\ A_{12} & A_{22} & \cdots & A_{n2} \\ \vdots & \vdots & & \vdots \\ A_{1n} & A_{2n} & \cdots & A_{nn} \end{pmatrix}$$

为矩阵 $\boldsymbol{A}$ 的**伴随矩阵**，记作 $\boldsymbol{A}^*$，即

$$\boldsymbol{A}^*=(A_{ij})^{\mathrm{T}}.$$

例 2.10 设矩阵 $\boldsymbol{A}=\begin{pmatrix} 1 & 2 & -1 \\ 3 & 4 & -2 \\ 5 & -4 & 1 \end{pmatrix}$，求 $\boldsymbol{A}^*$.

解 $A_{11}=(-1)^{1+1}\begin{vmatrix} 4 & -2 \\ -4 & 1 \end{vmatrix}=-4$， $A_{21}=(-1)^{2+1}\begin{vmatrix} 2 & -1 \\ -4 & 1 \end{vmatrix}=2$，

$A_{31}=(-1)^{3+1}\begin{vmatrix} 2 & -1 \\ 4 & -2 \end{vmatrix}=0$，

同理可得

$$A_{12}=-13,\quad A_{22}=6,\quad A_{32}=-1,$$
$$A_{13}=-32,\quad A_{23}=14,\quad A_{33}=-2.$$

故

$$\boldsymbol{A}^*=\begin{pmatrix} -4 & 2 & 0 \\ -13 & 6 & -1 \\ -32 & 14 & -2 \end{pmatrix}.$$

定理 2.1 **设 $\boldsymbol{A}^*$ 为 n 阶方阵 $\boldsymbol{A}$ 的伴随矩阵，则**

$$\boldsymbol{A}\boldsymbol{A}^*=\boldsymbol{A}^*\boldsymbol{A}=|\boldsymbol{A}|\boldsymbol{E}.$$

证 令方阵 $\boldsymbol{A}=(a_{ij})_n$，由第 1 章式(1.28)知

$$a_{i1}A_{j1}+a_{i2}A_{j2}+\cdots+a_{in}A_{jn}=\sum_{k=1}^{n}a_{ik}A_{jk}=\begin{cases} |\boldsymbol{A}|, & i=j, \\ 0, & i\neq j, \end{cases}$$

故

$$\boldsymbol{A}\boldsymbol{A}^*=\begin{pmatrix} a_{11} & a_{12} & \cdots & a_{1n} \\ a_{21} & a_{22} & \cdots & a_{2n} \\ \vdots & \vdots & & \vdots \\ a_{n1} & a_{n2} & \cdots & a_{nn} \end{pmatrix}\begin{pmatrix} A_{11} & A_{21} & \cdots & A_{n1} \\ A_{12} & A_{22} & \cdots & A_{n2} \\ \vdots & \vdots & & \vdots \\ A_{1n} & A_{2n} & \cdots & A_{nn} \end{pmatrix}$$

$$=\begin{pmatrix} |\boldsymbol{A}| & & & \\ & |\boldsymbol{A}| & & \\ & & \ddots & \\ & & & |\boldsymbol{A}| \end{pmatrix}=|\boldsymbol{A}|\boldsymbol{E}.$$

同理可得

$$A^*A=|A|E.$$

2.3.2 逆矩阵的定义

定义 2.13 设 A 为 n 阶方阵. 如果存在 n 阶方阵 B,使得

$$AB=BA=E, \tag{2.7}$$

则称 A 为**可逆矩阵**,或称矩阵 A 是**可逆的**,并称 B 为 A 的**逆矩阵**,记作 A^{-1},即 $A^{-1}=B$.

例如,设矩阵 $A=\begin{pmatrix}1 & -1\\ 1 & 1\end{pmatrix}$,$B=\begin{pmatrix}\frac{1}{2} & \frac{1}{2}\\ -\frac{1}{2} & \frac{1}{2}\end{pmatrix}$,容易验证 $AB=BA=E$,则可以说 A 是可逆的,且 B 是 A 的逆矩阵,同样也可以说 B 是可逆的,且 A 是 B 的逆矩阵,即 A,B 互为逆矩阵.

下面的定理解决了可逆矩阵的逆矩阵的个数问题.

定理 2.2 **可逆矩阵的逆矩阵是唯一的.**

证 设矩阵 B,C 都是可逆矩阵 A 的逆矩阵,则有

$$AC=CA=E,\quad AB=BA=E,$$

于是

$$B=BE=B(AC)=(BA)C=EC=C.$$

故 A 的逆矩阵是唯一的.

在研究逆矩阵时,要注意的是:

(1) 可逆矩阵和它的逆矩阵是同阶的方阵;

(2) 可逆矩阵和它的逆矩阵地位平等,它们是一种互逆关系;

(3) 可逆矩阵 A 的逆矩阵记号是 A^{-1},而不是 $\frac{1}{A}$ 或 $\frac{E}{A}$.

下面的例子有助于从线性变换的角度更好地理解逆矩阵的概念.

例 2.11 设有两个线性变换

$$\begin{cases} y_1=\lambda_1x_1, \\ y_2=\lambda_2x_2, \\ \quad\cdots\cdots \\ y_n=\lambda_nx_n \end{cases} \tag{2.8}$$

及

$$\begin{cases} x_1=\frac{1}{\lambda_1}y_1, \\ x_2=\frac{1}{\lambda_2}y_2, \\ \quad\cdots\cdots \\ x_n=\frac{1}{\lambda_n}y_n, \end{cases} \tag{2.9}$$

其中$\lambda_i \neq 0(i=1,2,\cdots,n)$，称线性变换(2.9)是线性变换(2.8)的**逆变换**. 从矩阵的角度可以看到，线性变换(2.8)和其逆变换(2.9)的系数矩阵分别为

$$\boldsymbol{A}=\begin{pmatrix}\lambda_1 & & & \\ & \lambda_2 & & \\ & & \ddots & \\ & & & \lambda_n\end{pmatrix},\quad \boldsymbol{B}=\begin{pmatrix}\dfrac{1}{\lambda_1} & & & \\ & \dfrac{1}{\lambda_2} & & \\ & & \ddots & \\ & & & \dfrac{1}{\lambda_n}\end{pmatrix},$$

并且满足

$$\boldsymbol{AB}=\boldsymbol{BA}=\boldsymbol{E}.$$

2.3.3 矩阵可逆的等价条件

定理 2.3 **n 阶方阵 $\boldsymbol{A}$ 可逆的充要条件是 $|\boldsymbol{A}| \neq 0$.**

证 必要性 由矩阵 $\boldsymbol{A}$ 可逆，有 $\boldsymbol{AA}^{-1}=\boldsymbol{E}$，故

$$|\boldsymbol{A}|\,|\boldsymbol{A}^{-1}|=|\boldsymbol{AA}^{-1}|=|\boldsymbol{E}|=1.$$

所以 $|\boldsymbol{A}| \neq 0$.

微课视频

矩阵可逆的等价条件与逆矩阵的计算

充分性 由定理 2.1 知，$\boldsymbol{AA}^*=\boldsymbol{A}^*\boldsymbol{A}=|\boldsymbol{A}|\boldsymbol{E}$. 因为 $|\boldsymbol{A}| \neq 0$，上式两边同除以 $|\boldsymbol{A}|$，得

$$\boldsymbol{A}\left(\frac{1}{|\boldsymbol{A}|}\boldsymbol{A}^*\right)=\left(\frac{1}{|\boldsymbol{A}|}\boldsymbol{A}^*\right)\boldsymbol{A}=\boldsymbol{E},$$

所以矩阵 $\boldsymbol{A}$ 可逆，且 $\boldsymbol{A}^{-1}=\dfrac{1}{|\boldsymbol{A}|}\boldsymbol{A}^*$.

推论 1 当矩阵 $\boldsymbol{A}$ 可逆时，有

$$\boldsymbol{A}^{-1}=\frac{1}{|\boldsymbol{A}|}\boldsymbol{A}^*. \tag{2.10}$$

如果 $|\boldsymbol{A}| \neq 0$，则称 $\boldsymbol{A}$ 为**非奇异矩阵**；如果 $|\boldsymbol{A}|=0$，则称 $\boldsymbol{A}$ 为**奇异矩阵**. 显然，可逆矩阵是非奇异矩阵.

定理 2.3 及其推论不但给出了矩阵可逆的充要条件，而且提供了一种用伴随矩阵求逆矩阵的方法. 利用式(2.10)求逆矩阵的方法称为**伴随矩阵法**.

例 2.12 设矩阵 $\boldsymbol{A}=\begin{pmatrix}a & b\\ c & d\end{pmatrix}$，且 $ad-bc \neq 0$，求 $\boldsymbol{A}^{-1}$.

解 因 $|\boldsymbol{A}|=ad-bc \neq 0$，故 $\boldsymbol{A}^{-1}$ 存在. 又

$$\boldsymbol{A}^*=\begin{pmatrix}d & -b\\ -c & a\end{pmatrix},$$

由式(2.10)得

$$\boldsymbol{A}^{-1}=\frac{1}{|\boldsymbol{A}|}\boldsymbol{A}^*=\frac{1}{ad-bc}\begin{pmatrix}d & -b\\ -c & a\end{pmatrix}.$$

例 2.13 解矩阵方程

$$\begin{pmatrix}1&4\\-1&2\end{pmatrix}X\begin{pmatrix}2&0\\-1&1\end{pmatrix}=\begin{pmatrix}3&1\\0&-1\end{pmatrix}.$$

解 令矩阵 $A=\begin{pmatrix}1&4\\-1&2\end{pmatrix}$, $B=\begin{pmatrix}2&0\\-1&1\end{pmatrix}$, $C=\begin{pmatrix}3&1\\0&-1\end{pmatrix}$，可求得 $|A|=6\neq 0$, $|B|=2\neq 0$，故 A, B 都是可逆的. 在矩阵方程 $AXB=C$ 两边同时左乘 A^{-1}、右乘 B^{-1}，得

$$X=A^{-1}CB^{-1},$$

即

$$X=\begin{pmatrix}1&4\\-1&2\end{pmatrix}^{-1}\begin{pmatrix}3&1\\0&-1\end{pmatrix}\begin{pmatrix}2&0\\-1&1\end{pmatrix}^{-1}.$$

由例 2.12 得

$$X=\frac{1}{6}\begin{pmatrix}2&-4\\1&1\end{pmatrix}\begin{pmatrix}3&1\\0&-1\end{pmatrix}\frac{1}{2}\begin{pmatrix}1&0\\1&2\end{pmatrix}=\begin{pmatrix}1&1\\\frac{1}{4}&0\end{pmatrix}.$$

例 2.14 设矩阵 $A=\begin{pmatrix}1&2&-1\\3&4&-2\\5&-4&1\end{pmatrix}$，用伴随矩阵法求 A^{-1}.

解 因 $|A|=2\neq 0$，故矩阵 A 可逆. 由例 2.10 得

$$A^{*}=\begin{pmatrix}-4&2&0\\-13&6&-1\\-32&14&-2\end{pmatrix},$$

所以

$$A^{-1}=\frac{1}{|A|}A^{*}=\frac{1}{2}\begin{pmatrix}-4&2&0\\-13&6&-1\\-32&14&-2\end{pmatrix}=\begin{pmatrix}-2&1&0\\-\frac{13}{2}&3&-\frac{1}{2}\\-16&7&-1\end{pmatrix}.$$

例 2.15 设矩阵 $A=\begin{pmatrix}1&0&1\\0&2&0\\1&0&1\end{pmatrix}$，矩阵 X 满足矩阵方程 $X=AX-A^2+E$，求 X.

解 由 $X=AX-A^2+E$，得 $(E-A)X=E-A^2$，即

$$(E-A)X=(E-A)(E+A).$$

由于 $|E-A|=\begin{vmatrix}0&0&-1\\0&-1&0\\-1&0&0\end{vmatrix}=1\neq 0$，因此矩阵 $E-A$ 是可逆的. 用 $(E-A)^{-1}$ 同时左乘上式两边，得 $X=E+A$，故

$$X=\begin{pmatrix}1&0&0\\0&1&0\\0&0&1\end{pmatrix}+\begin{pmatrix}1&0&1\\0&2&0\\1&0&1\end{pmatrix}=\begin{pmatrix}2&0&1\\0&3&0\\1&0&2\end{pmatrix}.$$

推论 2 若 n 阶方阵 $\boldsymbol{A}$ 和 $\boldsymbol{B}$ 满足 $\boldsymbol{AB}=\boldsymbol{E}$(或 $\boldsymbol{BA}=\boldsymbol{E}$),则 $\boldsymbol{A}$ 可逆,且 $\boldsymbol{B}$ 是 $\boldsymbol{A}$ 的逆矩阵.

证 若 $\boldsymbol{AB}=\boldsymbol{E}$,则 $|\boldsymbol{A}||\boldsymbol{B}|=|\boldsymbol{AB}|=|\boldsymbol{E}|\neq 0$,从而 $|\boldsymbol{A}|\neq 0$. 根据定理 2.3 知,方阵 $\boldsymbol{A}$ 可逆,且

$$\boldsymbol{A}^{-1}=\boldsymbol{A}^{-1}\boldsymbol{E}=\boldsymbol{A}^{-1}(\boldsymbol{AB})=(\boldsymbol{A}^{-1}\boldsymbol{A})\boldsymbol{B}=\boldsymbol{EB}=\boldsymbol{B}.$$

同理可证 $\boldsymbol{BA}=\boldsymbol{E}$ 的情况.

利用这个推论,证明 $\boldsymbol{B}$ 是 $\boldsymbol{A}$ 的逆矩阵变得更为方便,只须验证两个等式 $\boldsymbol{AB}=\boldsymbol{E}$ 和 $\boldsymbol{BA}=\boldsymbol{E}$ 中的一个成立即可,而不必按定义 2.13 验证两个等式.

例 2.16 设方阵 $\boldsymbol{A}$ 满足等式 $\boldsymbol{A}^2-\boldsymbol{A}-2\boldsymbol{E}=\boldsymbol{O}$,证明:$\boldsymbol{A}+2\boldsymbol{E}$ 可逆,并求 $(\boldsymbol{A}+2\boldsymbol{E})^{-1}$.

证 由 $\boldsymbol{A}^2-\boldsymbol{A}-2\boldsymbol{E}=\boldsymbol{O}$,得

$$(\boldsymbol{A}+2\boldsymbol{E})(\boldsymbol{A}-3\boldsymbol{E})=-4\boldsymbol{E},$$

即

$$(\boldsymbol{A}+2\boldsymbol{E})\left[-\frac{1}{4}(\boldsymbol{A}-3\boldsymbol{E})\right]=\boldsymbol{E},$$

故 $\boldsymbol{A}+2\boldsymbol{E}$ 可逆,且 $(\boldsymbol{A}+2\boldsymbol{E})^{-1}=-\dfrac{1}{4}(\boldsymbol{A}-3\boldsymbol{E})$.

例 2.17 设方阵 $\boldsymbol{A}$ 和 $\boldsymbol{B}$ 满足等式 $\boldsymbol{A}+\boldsymbol{B}=\boldsymbol{AB}$,证明:$\boldsymbol{A}-\boldsymbol{E}$ 可逆,并求 $(\boldsymbol{A}-\boldsymbol{E})^{-1}$.

证 由 $\boldsymbol{A}+\boldsymbol{B}=\boldsymbol{AB}$,得

$$(\boldsymbol{A}-\boldsymbol{E})(\boldsymbol{B}-\boldsymbol{E})=\boldsymbol{E},$$

故 $\boldsymbol{A}-\boldsymbol{E}$ 可逆,且 $(\boldsymbol{A}-\boldsymbol{E})^{-1}=\boldsymbol{B}-\boldsymbol{E}$.

2.3.4 逆矩阵的性质

方阵的逆矩阵满足下列性质.

性质 1 设方阵 $\boldsymbol{A}$ 可逆,则 $\boldsymbol{A}^{-1}$ 也可逆,且 $(\boldsymbol{A}^{-1})^{-1}=\boldsymbol{A}$.

性质 2 设方阵 $\boldsymbol{A}$ 可逆,λ 是非零实数,则 $\lambda\boldsymbol{A}$ 也可逆,且 $(\lambda\boldsymbol{A})^{-1}=\dfrac{1}{\lambda}\boldsymbol{A}^{-1}$.

性质 3 设 $\boldsymbol{A},\boldsymbol{B}$ 为同阶可逆矩阵,则 $\boldsymbol{AB}$ 也可逆,且 $(\boldsymbol{AB})^{-1}=\boldsymbol{B}^{-1}\boldsymbol{A}^{-1}$.

性质 3 可推广到有限多个矩阵的情形,即若 $\boldsymbol{A}_1,\boldsymbol{A}_2,\cdots,\boldsymbol{A}_k$ 都是同阶可逆矩阵,则 $\boldsymbol{A}_1\boldsymbol{A}_2\cdots\boldsymbol{A}_k$ 也可逆,且

$$(\boldsymbol{A}_1\boldsymbol{A}_2\cdots\boldsymbol{A}_k)^{-1}=\boldsymbol{A}_k^{-1}\cdots\boldsymbol{A}_2^{-1}\boldsymbol{A}_1^{-1}.$$

微课视频

逆矩阵的性质

性质 4 设方阵 $\boldsymbol{A}$ 可逆,则 $\boldsymbol{A}^{\mathrm{T}}$ 也可逆,且 $(\boldsymbol{A}^{\mathrm{T}})^{-1}=(\boldsymbol{A}^{-1})^{\mathrm{T}}$.

性质 5 设方阵 $\boldsymbol{A}$ 可逆,则 $|\boldsymbol{A}^{-1}|=|\boldsymbol{A}|^{-1}$.

性质 6 (1) 设方阵 $\boldsymbol{A}$ 可逆,则 $\boldsymbol{A}^*$ 也可逆,且 $(\boldsymbol{A}^*)^{-1}=\dfrac{1}{|\boldsymbol{A}|}\boldsymbol{A}$.

(2) 设 $\boldsymbol{A}$ 为 n 阶方阵,则 $|\boldsymbol{A}^*|=|\boldsymbol{A}|^{n-1}$.

下面只证明性质 3 和性质 6,其余的几个性质利用可逆矩阵的定义易证得.

证 先证明性质 3. 由

$$(\boldsymbol{AB})(\boldsymbol{B}^{-1}\boldsymbol{A}^{-1})=\boldsymbol{A}(\boldsymbol{BB}^{-1})\boldsymbol{A}^{-1}=\boldsymbol{AEA}^{-1}=\boldsymbol{AA}^{-1}=\boldsymbol{E},$$

得 $\boldsymbol{AB}$ 也可逆，且

$$(\boldsymbol{AB})^{-1}=\boldsymbol{B}^{-1}\boldsymbol{A}^{-1}.$$

再证明性质 6(1). 根据定理 2.1 有

$$\boldsymbol{AA}^*=|\boldsymbol{A}|\boldsymbol{E}, \tag{2.11}$$

当方阵 $\boldsymbol{A}$ 可逆时，$|\boldsymbol{A}|\neq 0$，故

$$\left(\frac{1}{|\boldsymbol{A}|}\boldsymbol{A}\right)\boldsymbol{A}^*=\boldsymbol{E}.$$

再由推论 1 知，$\boldsymbol{A}^*$ 也可逆，且$(\boldsymbol{A}^*)^{-1}=\dfrac{1}{|\boldsymbol{A}|}\boldsymbol{A}$.

最后证明性质 6(2). 在式(2.11) 两边取行列式，得

$$|\boldsymbol{A}||\boldsymbol{A}^*|=|\boldsymbol{A}|^n. \tag{2.12}$$

下面分方阵 $\boldsymbol{A}$ 可逆与不可逆两种情况讨论.

当方阵 $\boldsymbol{A}$ 可逆时，$|\boldsymbol{A}|\neq 0$，故由式(2.12) 得$|\boldsymbol{A}^*|=|\boldsymbol{A}|^{n-1}$.

当方阵 $\boldsymbol{A}$ 不可逆时，$|\boldsymbol{A}|=0$. 又分两种情况讨论.

若方阵 $\boldsymbol{A}=\boldsymbol{O}$，则 $\boldsymbol{A}^*=\boldsymbol{O}$，有$|\boldsymbol{A}^*|=0$，故$|\boldsymbol{A}^*|=|\boldsymbol{A}|^{n-1}$.

若方阵 $\boldsymbol{A}\neq\boldsymbol{O}$，假设$|\boldsymbol{A}^*|\neq 0$，则 $\boldsymbol{A}^*$ 可逆. 由 $\boldsymbol{AA}^*=|\boldsymbol{A}|\boldsymbol{E}$，得 $\boldsymbol{AA}^*=\boldsymbol{O}$. 等式两边右乘$(\boldsymbol{A}^*)^{-1}$，得 $\boldsymbol{A}=\boldsymbol{O}$，这与 $\boldsymbol{A}\neq\boldsymbol{O}$ 矛盾，所以$|\boldsymbol{A}^*|=0$，这时也有$|\boldsymbol{A}^*|=|\boldsymbol{A}|^{n-1}$.

例 2.18　设 $\boldsymbol{A}$ 为三阶方阵，且$|\boldsymbol{A}|=\dfrac{1}{3}$，求$|(2\boldsymbol{A})^{-1}-3\boldsymbol{A}^*|$.

解　$(2\boldsymbol{A})^{-1}-3\boldsymbol{A}^*=\dfrac{1}{2}\boldsymbol{A}^{-1}-3\boldsymbol{A}^*=\dfrac{1}{2}\cdot\dfrac{1}{|\boldsymbol{A}|}\boldsymbol{A}^*-3\boldsymbol{A}^*=-\dfrac{3}{2}\boldsymbol{A}^*$，则

$$|(2\boldsymbol{A})^{-1}-3\boldsymbol{A}^*|=\left|-\frac{3}{2}\boldsymbol{A}^*\right|=\left(-\frac{3}{2}\right)^3|\boldsymbol{A}^*|=\left(-\frac{3}{2}\right)^3|\boldsymbol{A}|^2=-\frac{3}{8}.$$

例 2.19　设方阵 $\boldsymbol{A}=\begin{pmatrix}1&2&3\\0&5&4\\0&0&2\end{pmatrix}$，求$(\boldsymbol{A}^*)^{-1}$.

解　计算得$|\boldsymbol{A}|=10\neq 0$，则 $\boldsymbol{A}^*$ 可逆，且

$$(\boldsymbol{A}^*)^{-1}=\frac{1}{|\boldsymbol{A}|}\boldsymbol{A}=\frac{1}{10}\begin{pmatrix}1&2&3\\0&5&4\\0&0&2\end{pmatrix}=\begin{pmatrix}0.1&0.2&0.3\\0&0.5&0.4\\0&0&0.2\end{pmatrix}.$$

习　题　2.3

1. 选择题：

(1) 设方阵 $\boldsymbol{A}=\begin{pmatrix}3&-1&2\\1&0&-1\\-2&1&4\end{pmatrix}$，$\boldsymbol{A}^*$ 是 $\boldsymbol{A}$ 的伴随矩阵，则 $\boldsymbol{A}^*$ 中位于第 1 行、第 2 列的元素是(　　)；

A. -6　　B. 6　　C. 2　　D. -2

(2) 设 $\boldsymbol{B},\boldsymbol{C}$ 为 n 阶方阵，且满足 $\boldsymbol{BC}=\boldsymbol{C}^2$，则下列结论中正确的是(　　)；

A. $\boldsymbol{B}=\boldsymbol{C}$　　B. 当 $|\boldsymbol{C}|\neq 0$ 时，$\boldsymbol{B}=\boldsymbol{C}$

C. $\boldsymbol{B}^{-1}=\boldsymbol{C}^{-1}$　　D. 当 $\boldsymbol{C}\neq\boldsymbol{O}$ 时，$\boldsymbol{B}=\boldsymbol{C}$

(3) 设 $\boldsymbol{A},\boldsymbol{B}$ 是 n 阶可逆矩阵，则下列结论中不正确的是(　　).

A. $(\boldsymbol{A}^{-1})^{-1}=\boldsymbol{A}$　　B. $(\boldsymbol{AB})^{-1}=\boldsymbol{B}^{-1}\boldsymbol{A}^{-1}$

C. $(\boldsymbol{A}^{\mathrm{T}})^{-1}=(\boldsymbol{A}^{-1})^{\mathrm{T}}$　　D. $|\boldsymbol{A}^*|=|\boldsymbol{A}|^n$

2. 求下列方阵的逆矩阵：

(1) $\begin{pmatrix}3 & 1\\ 2 & -5\end{pmatrix}$；　　(2) $\begin{pmatrix}\cos\theta & -\sin\theta\\ \sin\theta & \cos\theta\end{pmatrix}$；

(3) $\begin{pmatrix}2 & 2 & 3\\ 1 & -1 & 0\\ -1 & 2 & 1\end{pmatrix}$；　　(4) $\begin{pmatrix}1 & 2 & 3\\ 2 & 2 & 1\\ 3 & 4 & 3\end{pmatrix}$.

3. 解下列矩阵方程：

(1) $\begin{pmatrix}2 & 5\\ 1 & 3\end{pmatrix}\boldsymbol{X}=\begin{pmatrix}4 & -6\\ 2 & 1\end{pmatrix}$；　　(2) $\begin{pmatrix}0 & 1 & 0\\ 1 & 0 & 0\\ 0 & 0 & 1\end{pmatrix}\boldsymbol{X}\begin{pmatrix}1 & 0 & 0\\ 0 & 0 & 1\\ 0 & 1 & 0\end{pmatrix}=\begin{pmatrix}1 & -4 & 3\\ 2 & 0 & -1\\ 1 & -2 & 0\end{pmatrix}$.

4. 设 $\boldsymbol{A}$ 为三阶方阵，且 $|\boldsymbol{A}|=\dfrac{1}{2}$，求 $|(3\boldsymbol{A})^{-1}-2\boldsymbol{A}^*|$.

5. 设方阵 $\boldsymbol{A}$ 满足等式 $\boldsymbol{A}^2-3\boldsymbol{A}-10\boldsymbol{E}=\boldsymbol{O}$，证明：$\boldsymbol{A}$ 和 $\boldsymbol{A}-4\boldsymbol{E}$ 都可逆，并求它们的逆矩阵.

6. 设 $\boldsymbol{A}$ 为 n 阶方阵，且 $\boldsymbol{A}^k=\boldsymbol{O}$($k$ 为某一正整数)，证明：$\boldsymbol{E}-\boldsymbol{A}$ 可逆，且

$$(\boldsymbol{E}-\boldsymbol{A})^{-1}=\boldsymbol{E}+\boldsymbol{A}+\boldsymbol{A}^2+\cdots+\boldsymbol{A}^{k-1}.$$

7. 设 $\boldsymbol{A},\boldsymbol{B}$ 为 n 阶方阵，且 $\boldsymbol{A},\boldsymbol{B}$ 和 $\boldsymbol{A}+\boldsymbol{B}$ 均可逆，证明：$\boldsymbol{A}^{-1}+\boldsymbol{B}^{-1}$ 也可逆，且

$$(\boldsymbol{A}^{-1}+\boldsymbol{B}^{-1})^{-1}=\boldsymbol{A}(\boldsymbol{A}+\boldsymbol{B})^{-1}\boldsymbol{B}=\boldsymbol{B}(\boldsymbol{A}+\boldsymbol{B})^{-1}\boldsymbol{A}.$$

2.4 分块矩阵

对于行数和列数较大的矩阵(称为大矩阵)，为了研究和计算的方便，常采用矩阵分块的方法，将大矩阵的问题转化为若干个行数与列数较小的矩阵(称为小矩阵)的问题.

2.4.1 分块矩阵的概念

定义 2.14 用一些横线与纵线将矩阵分成若干个小块，每个小块称为矩阵的**子块**或**子矩阵**，以子块为元素的形式上的矩阵称为**分块矩阵**.

一般地，对于 $m\times n$ 矩阵 $\boldsymbol{A}$，如果在行的方向上分成 p 块，在列的方向上分成 q 块，就得到 $\boldsymbol{A}$ 的一个 $p\times q$ 分块矩阵，记作 $\boldsymbol{A}=(\boldsymbol{A}_{kl})_{p\times q}$，其中 $\boldsymbol{A}_{kl}(k=1,2,\cdots,p;l=1,2,\cdots,q)$ 即为 $\boldsymbol{A}$ 的子块.

例如，矩阵

$$
\boldsymbol{A}=\begin{pmatrix}-1&0&0&0&0\\0&2&0&0&0\\2&0&1&0&0\\0&3&0&1&0\\5&8&0&0&1\end{pmatrix} \tag{2.13}
$$

有下述分块方法：

$$
\boldsymbol{A}=\left(\begin{array}{ccc:cc}-1&0&0&0&0\\0&2&0&0&0\\ \hdashline 2&0&1&0&0\\0&3&0&1&0\\5&8&0&0&1\end{array}\right)=\begin{pmatrix}\boldsymbol{A}_1&\boldsymbol{O}_2\\\boldsymbol{A}_2&\boldsymbol{A}_3\end{pmatrix},
$$

微课视频

分块矩阵的概念及运算

其中 $\boldsymbol{A}_1=\begin{pmatrix}-1&0&0\\0&2&0\end{pmatrix}$，$\boldsymbol{A}_2=\begin{pmatrix}2&0&1\\0&3&0\\5&8&0\end{pmatrix}$，$\boldsymbol{A}_3=\begin{pmatrix}0&0\\1&0\\0&1\end{pmatrix}$.

事实上，矩阵的分块方式是多种多样的，要根据实际需要采用合理的分块方式. 最常用的分块形式有以下几种.

(1) 按矩阵本身的特征分块，如矩阵(2.13)可分为

$$
\boldsymbol{A}=\begin{pmatrix}\boldsymbol{A}_{11}&\boldsymbol{O}_{2\times 3}\\\boldsymbol{A}_{21}&\boldsymbol{E}_3\end{pmatrix},
$$

其中 $\boldsymbol{A}_{11}=\begin{pmatrix}-1&0\\0&2\end{pmatrix}$，$\boldsymbol{A}_{21}=\begin{pmatrix}2&0\\0&3\\5&8\end{pmatrix}$.

(2) 按列分块，如

$$
\boldsymbol{A}=(a_{ij})_{m\times n}=(\boldsymbol{\beta}_1,\boldsymbol{\beta}_2,\cdots,\boldsymbol{\beta}_j,\cdots,\boldsymbol{\beta}_n),
$$

其中 $\boldsymbol{\beta}_j$ 为 $\boldsymbol{A}$ 的第 j 列元素所构成的列矩阵，即 $\boldsymbol{\beta}_j=(a_{1j},a_{2j},\cdots,a_{mj})^{\mathrm{T}}(j=1,2,\cdots,n)$.

(3) 按行分块，如

$$
\boldsymbol{A}=(a_{ij})_{m\times n}=\begin{pmatrix}\boldsymbol{\alpha}_1\\\boldsymbol{\alpha}_2\\\vdots\\\boldsymbol{\alpha}_i\\\vdots\\\boldsymbol{\alpha}_m\end{pmatrix},
$$

其中 $\boldsymbol{\alpha}_i$ 为 $\boldsymbol{A}$ 的第 i 行元素所构成的行矩阵，即 $\boldsymbol{\alpha}_i=(a_{i1},a_{i2},\cdots,a_{in})(i=1,2,\cdots,m)$.

2.4.2 分块矩阵的运算

(1) 分块矩阵的加法.

设分块矩阵 $\boldsymbol{A}=(\boldsymbol{A}_{kl})_{p\times q}$，$\boldsymbol{B}=(\boldsymbol{B}_{kl})_{p\times q}$，其中 $\boldsymbol{A}$ 与 $\boldsymbol{B}$ 的对应子块 $\boldsymbol{A}_{kl}$ 和 $\boldsymbol{B}_{kl}$ $(k=1,2,\cdots,p;$ $l=1,2,\cdots,q)$ 都是同型矩阵，则

$$\boldsymbol{A}+\boldsymbol{B}=\begin{pmatrix}\boldsymbol{A}_{11}+\boldsymbol{B}_{11} & \boldsymbol{A}_{12}+\boldsymbol{B}_{12} & \cdots & \boldsymbol{A}_{1q}+\boldsymbol{B}_{1q}\\ \boldsymbol{A}_{21}+\boldsymbol{B}_{21} & \boldsymbol{A}_{22}+\boldsymbol{B}_{22} & \cdots & \boldsymbol{A}_{2q}+\boldsymbol{B}_{2q}\\ \vdots & \vdots & & \vdots\\ \boldsymbol{A}_{p1}+\boldsymbol{B}_{p1} & \boldsymbol{A}_{p2}+\boldsymbol{B}_{p2} & \cdots & \boldsymbol{A}_{pq}+\boldsymbol{B}_{pq}\end{pmatrix}.$$

(2) 分块矩阵的数乘.

设分块矩阵 $\boldsymbol{A}=(\boldsymbol{A}_{ij})_{p\times q}$,$k$ 是一个实数,则

$$k\boldsymbol{A}=\begin{pmatrix}k\boldsymbol{A}_{11} & k\boldsymbol{A}_{12} & \cdots & k\boldsymbol{A}_{1q}\\ k\boldsymbol{A}_{21} & k\boldsymbol{A}_{22} & \cdots & k\boldsymbol{A}_{2q}\\ \vdots & \vdots & & \vdots\\ k\boldsymbol{A}_{p1} & k\boldsymbol{A}_{p2} & \cdots & k\boldsymbol{A}_{pq}\end{pmatrix}.$$

(3) 分块矩阵的乘积.

设矩阵 $\boldsymbol{A}=(a_{ij})_{m\times l}$,$\boldsymbol{B}=(b_{ij})_{l\times n}$,按 $\boldsymbol{A}$ 的列的分法与 $\boldsymbol{B}$ 的行的分法相同的分块原则($\boldsymbol{A}$ 的行的分法与 $\boldsymbol{B}$ 的列的分法不限),把 $\boldsymbol{A}$ 与 $\boldsymbol{B}$ 分成

$$\boldsymbol{A}=\begin{pmatrix}\boldsymbol{A}_{11} & \boldsymbol{A}_{12} & \cdots & \boldsymbol{A}_{1t}\\ \boldsymbol{A}_{21} & \boldsymbol{A}_{22} & \cdots & \boldsymbol{A}_{2t}\\ \vdots & \vdots & & \vdots\\ \boldsymbol{A}_{r1} & \boldsymbol{A}_{r2} & \cdots & \boldsymbol{A}_{rt}\end{pmatrix},\quad \boldsymbol{B}=\begin{pmatrix}\boldsymbol{B}_{11} & \boldsymbol{B}_{12} & \cdots & \boldsymbol{B}_{1s}\\ \boldsymbol{B}_{21} & \boldsymbol{B}_{22} & \cdots & \boldsymbol{B}_{2s}\\ \vdots & \vdots & & \vdots\\ \boldsymbol{B}_{t1} & \boldsymbol{B}_{t2} & \cdots & \boldsymbol{B}_{ts}\end{pmatrix},$$

则 $\boldsymbol{AB}=\boldsymbol{C}=(\boldsymbol{C}_{ij})_{r\times s}$,其中

$$\boldsymbol{C}_{ij}=\boldsymbol{A}_{i1}\boldsymbol{B}_{1j}+\boldsymbol{A}_{i2}\boldsymbol{B}_{2j}+\cdots+\boldsymbol{A}_{it}\boldsymbol{B}_{tj}\quad (i=1,2,\cdots,r;j=1,2,\cdots,s).$$

特别要强调的是,在进行两个分块矩阵的乘法运算时,左矩阵 $\boldsymbol{A}$ 的列的分法必须与右矩阵 $\boldsymbol{B}$ 的行的分法完全一致,即子块 $\boldsymbol{A}_{i1}$,$\boldsymbol{A}_{i2}$,$\cdots$,$\boldsymbol{A}_{it}$ 的列数应分别等于子块 $\boldsymbol{B}_{1j}$,$\boldsymbol{B}_{2j}$,$\cdots$,$\boldsymbol{B}_{tj}$ 的行数 $(i=1,2,\cdots,r;j=1,2,\cdots,s)$.

(4) 分块矩阵的转置.

设分块矩阵

$$\boldsymbol{A}=\begin{pmatrix}\boldsymbol{A}_{11} & \boldsymbol{A}_{12} & \cdots & \boldsymbol{A}_{1q}\\ \boldsymbol{A}_{21} & \boldsymbol{A}_{22} & \cdots & \boldsymbol{A}_{2q}\\ \vdots & \vdots & & \vdots\\ \boldsymbol{A}_{p1} & \boldsymbol{A}_{p2} & \cdots & \boldsymbol{A}_{pq}\end{pmatrix},$$

则 $\boldsymbol{A}$ 的转置矩阵为

$$\boldsymbol{A}^{\mathrm{T}}=\begin{pmatrix}\boldsymbol{A}_{11}^{\mathrm{T}} & \boldsymbol{A}_{21}^{\mathrm{T}} & \cdots & \boldsymbol{A}_{p1}^{\mathrm{T}}\\ \boldsymbol{A}_{12}^{\mathrm{T}} & \boldsymbol{A}_{22}^{\mathrm{T}} & \cdots & \boldsymbol{A}_{p2}^{\mathrm{T}}\\ \vdots & \vdots & & \vdots\\ \boldsymbol{A}_{1q}^{\mathrm{T}} & \boldsymbol{A}_{2q}^{\mathrm{T}} & \cdots & \boldsymbol{A}_{pq}^{\mathrm{T}}\end{pmatrix}.$$

注 分块矩阵的转置,不但要把以子块为元素的行、列互换,且每个子块也要转置.

合理地分块可以使矩阵内元素分布的特点更为清晰,运算更为简洁.

例 2.20 设矩阵 $\boldsymbol{A}=\begin{pmatrix}1&0&0&0\\0&1&0&0\\1&1&1&0\\2&-1&0&1\end{pmatrix}$，$\boldsymbol{B}=\begin{pmatrix}1&0&-1&-2\\0&1&-1&1\end{pmatrix}$. 利用矩阵的分块，求 $\boldsymbol{B}^{\mathrm{T}}$ 和 $\boldsymbol{AB}^{\mathrm{T}}$.

解 把矩阵 $\boldsymbol{B}$ 分成

$$\boldsymbol{B}=\left(\begin{array}{cc:cc}1&0&-1&-2\\0&1&-1&1\end{array}\right)=(\boldsymbol{E},\boldsymbol{B}_1),$$

则

$$\boldsymbol{B}^{\mathrm{T}}=\begin{pmatrix}\boldsymbol{E}^{\mathrm{T}}\\\boldsymbol{B}_1^{\mathrm{T}}\end{pmatrix}=\begin{pmatrix}1&0\\0&1\\-1&-1\\-2&1\end{pmatrix}.$$

再把矩阵 $\boldsymbol{A}$ 分成

$$\boldsymbol{A}=\left(\begin{array}{cc:cc}1&0&0&0\\0&1&0&0\\\hdashline 1&1&1&0\\2&-1&0&1\end{array}\right)=\begin{pmatrix}\boldsymbol{E}&\boldsymbol{O}\\\boldsymbol{A}_1&\boldsymbol{E}\end{pmatrix},$$

则

$$\boldsymbol{AB}^{\mathrm{T}}=\begin{pmatrix}\boldsymbol{E}&\boldsymbol{O}\\\boldsymbol{A}_1&\boldsymbol{E}\end{pmatrix}\begin{pmatrix}\boldsymbol{E}\\\boldsymbol{B}_1^{\mathrm{T}}\end{pmatrix}=\begin{pmatrix}\boldsymbol{E}+\boldsymbol{OB}_1^{\mathrm{T}}\\\boldsymbol{A}_1\boldsymbol{E}+\boldsymbol{EB}_1^{\mathrm{T}}\end{pmatrix}=\begin{pmatrix}\boldsymbol{E}\\\boldsymbol{O}\end{pmatrix}=\begin{pmatrix}1&0\\0&1\\0&0\\0&0\end{pmatrix}.$$

例 2.21 设方阵 $\boldsymbol{A}=\begin{pmatrix}\boldsymbol{B}&\boldsymbol{D}\\\boldsymbol{O}&\boldsymbol{C}\end{pmatrix}$，其中 $\boldsymbol{B}$ 和 $\boldsymbol{C}$ 都是可逆矩阵，证明：方阵 $\boldsymbol{A}$ 可逆，并求 $\boldsymbol{A}^{-1}$.

证 因为 $|\boldsymbol{A}|=|\boldsymbol{B}||\boldsymbol{C}|\neq 0$，所以方阵 $\boldsymbol{A}$ 可逆. 设 $\boldsymbol{A}$ 的逆矩阵为 $\boldsymbol{H}$，将 $\boldsymbol{H}$ 按与 $\boldsymbol{A}$ 相同的分块方法进行分块，并记

$$\boldsymbol{H}=\begin{pmatrix}\boldsymbol{X}&\boldsymbol{Z}\\\boldsymbol{W}&\boldsymbol{Y}\end{pmatrix},$$

则有

$$\begin{pmatrix}\boldsymbol{B}&\boldsymbol{D}\\\boldsymbol{O}&\boldsymbol{C}\end{pmatrix}\begin{pmatrix}\boldsymbol{X}&\boldsymbol{Z}\\\boldsymbol{W}&\boldsymbol{Y}\end{pmatrix}=\begin{pmatrix}\boldsymbol{E}&\boldsymbol{O}\\\boldsymbol{O}&\boldsymbol{E}\end{pmatrix},$$

得

$$\begin{cases}\boldsymbol{BX}+\boldsymbol{DW}=\boldsymbol{E},\\\boldsymbol{BZ}+\boldsymbol{DY}=\boldsymbol{O},\\\boldsymbol{CW}=\boldsymbol{O},\\\boldsymbol{CY}=\boldsymbol{E}.\end{cases}$$

由于 $\boldsymbol{B}$ 和 $\boldsymbol{C}$ 都是可逆矩阵，可解得

$$\begin{cases}\boldsymbol{X}=\boldsymbol{B}^{-1},\\ \boldsymbol{Y}=\boldsymbol{C}^{-1},\\ \boldsymbol{Z}=-\boldsymbol{B}^{-1}\boldsymbol{D}\boldsymbol{C}^{-1},\\ \boldsymbol{W}=\boldsymbol{O},\end{cases}$$

因此方阵 $\boldsymbol{A}$ 可逆，且 $\boldsymbol{A}^{-1}=\begin{pmatrix}\boldsymbol{B}^{-1} & -\boldsymbol{B}^{-1}\boldsymbol{D}\boldsymbol{C}^{-1}\\ \boldsymbol{O} & \boldsymbol{C}^{-1}\end{pmatrix}$.

从例 2.21 可以看到，利用分块矩阵求逆矩阵，可以将高阶矩阵的求逆矩阵问题转化成低阶矩阵的求逆矩阵问题，从而大大减少计算量.

2.4.3 分块对角矩阵

由于对角矩阵形式简单，运算方便，因此也常将一些特殊的方阵分块成对角矩阵，再进行矩阵的运算.

定义 2.15 设 $\boldsymbol{A}$ 为 n 阶方阵. 若将 $\boldsymbol{A}$ 分块后只在主对角线上有非零子块，其余子块都为零矩阵，且主对角线上的子块都是方阵，即

$$\boldsymbol{A}=\begin{pmatrix}\boldsymbol{A}_1 & & & \\ & \boldsymbol{A}_2 & & \\ & & \ddots & \\ & & & \boldsymbol{A}_s\end{pmatrix},$$

其中 $\boldsymbol{A}_i\ (i=1,2,\cdots,s)$ 分别为 n_i 阶 $\left(\sum_{i=1}^{s}n_i=n\right)$ 方阵，则称 $\boldsymbol{A}$ 为**分块对角矩阵**，记为 $\boldsymbol{A}=\operatorname{diag}(\boldsymbol{A}_1,\boldsymbol{A}_2,\cdots,\boldsymbol{A}_s)$.

例如，将方阵 $\boldsymbol{A}$ 分块成

微课视频

分块对角矩阵

$$\boldsymbol{A}=\left(\begin{array}{cc:ccc}-1 & 0 & 0 & 0 & 0\\ 0 & 2 & 0 & 0 & 0\\ \hdashline 0 & 0 & 1 & 2 & 1\\ 0 & 0 & 3 & 2 & 0\\ 0 & 0 & 5 & 0 & 8\end{array}\right)=\begin{pmatrix}\boldsymbol{A}_1 & \boldsymbol{O}\\ \boldsymbol{O} & \boldsymbol{A}_2\end{pmatrix},$$

其中 $\boldsymbol{A}_1=\begin{pmatrix}-1 & 0\\ 0 & 2\end{pmatrix}$，$\boldsymbol{A}_2=\begin{pmatrix}1 & 2 & 1\\ 3 & 2 & 0\\ 5 & 0 & 8\end{pmatrix}$. 这样的分块方法就使 $\boldsymbol{A}$ 成为分块对角矩阵.

分块对角矩阵具有类似于对角矩阵的运算性质.

设 $\boldsymbol{A}$，$\boldsymbol{B}$ 为分块方法相同的同阶分块对角矩阵，即

$$\boldsymbol{A}=\operatorname{diag}(\boldsymbol{A}_1,\boldsymbol{A}_2,\cdots,\boldsymbol{A}_t),\quad \boldsymbol{B}=\operatorname{diag}(\boldsymbol{B}_1,\boldsymbol{B}_2,\cdots,\boldsymbol{B}_t),$$

其中 $\boldsymbol{A}_i$ 与 $\boldsymbol{B}_i\ (i=1,2,\cdots,t)$ 均为同阶方阵.

性质 1 $\boldsymbol{A}\pm\boldsymbol{B}=\operatorname{diag}(\boldsymbol{A}_1\pm\boldsymbol{B}_1,\boldsymbol{A}_2\pm\boldsymbol{B}_2,\cdots,\boldsymbol{A}_t\pm\boldsymbol{B}_t)$.

性质 2 $k\boldsymbol{A}=\mathrm{diag}(k\boldsymbol{A}_1,k\boldsymbol{A}_2,\cdots,k\boldsymbol{A}_t)$，其中 k 为实数.

性质 3 $\boldsymbol{AB}=\mathrm{diag}(\boldsymbol{A}_1\boldsymbol{B}_1,\boldsymbol{A}_2\boldsymbol{B}_2,\cdots,\boldsymbol{A}_t\boldsymbol{B}_t)$.

性质 4 $\boldsymbol{A}^k=\mathrm{diag}(\boldsymbol{A}_1^k,\boldsymbol{A}_2^k,\cdots,\boldsymbol{A}_t^k)$，其中 k 为正整数.

性质 5 若方阵 $\boldsymbol{A}_i(i=1,2,\cdots,t)$ 均可逆，则 $\boldsymbol{A}^{-1}=\mathrm{diag}(\boldsymbol{A}_1^{-1},\boldsymbol{A}_2^{-1},\cdots,\boldsymbol{A}_t^{-1})$.

性质 6 $\boldsymbol{A}^{\mathrm{T}}=\mathrm{diag}(\boldsymbol{A}_1^{\mathrm{T}},\boldsymbol{A}_2^{\mathrm{T}},\cdots,\boldsymbol{A}_t^{\mathrm{T}})$.

性质 7 $|\boldsymbol{A}|=|\boldsymbol{A}_1||\boldsymbol{A}_2|\cdots|\boldsymbol{A}_t|$.

特别地，若方阵

$$\boldsymbol{A}=\mathrm{diag}(a_1,a_2,\cdots,a_t),\quad \boldsymbol{B}=\mathrm{diag}(b_1,b_2,\cdots,b_t),$$

其中 $a_i,b_i(i=1,2,\cdots,t)$ 为实数，则有下列性质成立.

性质 1′ $\boldsymbol{A}\pm\boldsymbol{B}=\mathrm{diag}(a_1\pm b_1,a_2\pm b_2,\cdots,a_t\pm b_t)$.

性质 2′ $k\boldsymbol{A}=\mathrm{diag}(ka_1,ka_2,\cdots,ka_t)$，其中 k 为实数.

性质 3′ $\boldsymbol{AB}=\mathrm{diag}(a_1b_1,a_2b_2,\cdots,a_tb_t)$.

性质 4′ $\boldsymbol{A}^k=\mathrm{diag}(a_1^k,a_2^k,\cdots,a_t^k)$，其中 k 为正整数.

性质 5′ 若 $a_i\neq 0(i=1,2,\cdots,t)$，则 $\boldsymbol{A}^{-1}=\mathrm{diag}(a_1^{-1},a_2^{-1},\cdots,a_t^{-1})$.

性质 6′ $\boldsymbol{A}^{\mathrm{T}}=\boldsymbol{A}$.

性质 7′ $|\boldsymbol{A}|=a_1a_2\cdots a_t$.

例 2.22 设方阵 $\boldsymbol{A}=\begin{pmatrix}5&2&0&0\\2&1&0&0\\0&0&8&3\\0&0&5&2\end{pmatrix}$，求 $|\boldsymbol{A}|$ 和 $\boldsymbol{A}^{-1}$.

解 将方阵 $\boldsymbol{A}$ 分块成

$$\boldsymbol{A}=\left(\begin{array}{cc:cc}5&2&0&0\\2&1&0&0\\\hdashline 0&0&8&3\\0&0&5&2\end{array}\right)=\begin{pmatrix}\boldsymbol{A}_1&\boldsymbol{O}\\\boldsymbol{O}&\boldsymbol{A}_2\end{pmatrix},$$

则

$$|\boldsymbol{A}|=|\boldsymbol{A}_1||\boldsymbol{A}_2|=\begin{vmatrix}5&2\\2&1\end{vmatrix}\begin{vmatrix}8&3\\5&2\end{vmatrix}=1.$$

又

$$\boldsymbol{A}_1^{-1}=\begin{pmatrix}1&-2\\-2&5\end{pmatrix},\quad \boldsymbol{A}_2^{-1}=\begin{pmatrix}2&-3\\-5&8\end{pmatrix},$$

所以

$$A^{-1}=\begin{pmatrix}A_1^{-1} & O\\ O & A_2^{-1}\end{pmatrix}=\begin{pmatrix}1 & -2 & 0 & 0\\ -2 & 5 & 0 & 0\\ 0 & 0 & 2 & -3\\ 0 & 0 & -5 & 8\end{pmatrix}.$$

习 题 2.4

1. 选择题：

(1) 设分块矩阵 $A=\begin{pmatrix}B & C\\ D & H\end{pmatrix}$，则 A^{T} 等于(　　)；

A. $\begin{pmatrix}B & D\\ C & H\end{pmatrix}$　　B. $\begin{pmatrix}H & C\\ D & B\end{pmatrix}$　　C. $\begin{pmatrix}B^{\mathrm{T}} & C^{\mathrm{T}}\\ D^{\mathrm{T}} & H^{\mathrm{T}}\end{pmatrix}$　　D. $\begin{pmatrix}B^{\mathrm{T}} & D^{\mathrm{T}}\\ C^{\mathrm{T}} & H^{\mathrm{T}}\end{pmatrix}$

(2) 设方阵 $A=\begin{pmatrix}1 & 0 & 0\\ 0 & 2 & 0\\ 0 & 0 & 3\end{pmatrix}$，则 A^{-1} 等于(　　).

A. $\begin{pmatrix}\frac{1}{3} & 0 & 0\\ 0 & \frac{1}{2} & 0\\ 0 & 0 & 1\end{pmatrix}$　　B. $\begin{pmatrix}1 & 0 & 0\\ 0 & \frac{1}{2} & 0\\ 0 & 0 & \frac{1}{3}\end{pmatrix}$　　C. $\begin{pmatrix}\frac{1}{3} & 0 & 0\\ 0 & 1 & 0\\ 0 & 0 & \frac{1}{2}\end{pmatrix}$　　D. $\begin{pmatrix}\frac{1}{2} & 0 & 0\\ 0 & \frac{1}{3} & 0\\ 0 & 0 & 1\end{pmatrix}$

2. 利用分块矩阵计算下列矩阵的乘积：

(1) $\begin{pmatrix}1 & 2 & 1 & 0\\ 0 & 1 & 0 & 1\\ 0 & 0 & 2 & 1\\ 0 & 0 & 0 & 3\end{pmatrix}\begin{pmatrix}1 & 0 & 3 & 1\\ 0 & 1 & 2 & -1\\ 0 & 0 & -2 & 3\\ 0 & 0 & 0 & -3\end{pmatrix}$；　　(2) $\begin{pmatrix}a & 0 & 1 & 0\\ 0 & a & 0 & 1\\ 1 & 0 & b & 0\\ 0 & 1 & 0 & b\end{pmatrix}\begin{pmatrix}0 & c\\ c & 0\\ d & 0\\ 0 & d\end{pmatrix}$.

3. 设 A,B 都是可逆矩阵，求下列分块矩阵的逆矩阵：

(1) $\begin{pmatrix}O & A\\ B & O\end{pmatrix}$；　　(2) $\begin{pmatrix}A & O\\ C & B\end{pmatrix}$.

4. 利用分块矩阵求下列矩阵的逆矩阵：

(1) $\begin{pmatrix}5 & 2 & 0 & 0\\ 2 & 1 & 0 & 0\\ 0 & 0 & 1 & -2\\ 0 & 0 & 1 & 1\end{pmatrix}$；　　(2) $\begin{pmatrix}1 & 0 & 0 & 0\\ 1 & 2 & 0 & 0\\ 2 & 1 & 3 & 0\\ 1 & 2 & 1 & 4\end{pmatrix}$；

(3) $\begin{pmatrix}0 & a_1 & 0 & \cdots & 0\\ 0 & 0 & a_2 & \cdots & 0\\ \vdots & \vdots & \vdots & & \vdots\\ 0 & 0 & 0 & \cdots & a_{n-1}\\ a_n & 0 & 0 & \cdots & 0\end{pmatrix}$，其中 $a_1,a_2,\cdots,a_n$ 为非零常数.

5. 设方阵 $A=\begin{pmatrix}3 & 4 & 0 & 0\\ 4 & -3 & 0 & 0\\ 0 & 0 & 2 & 0\\ 0 & 0 & 2 & 2\end{pmatrix}$，求 $|A^8|$ 和 A^4.

2.5 矩阵的初等变换与初等矩阵

矩阵的初等变换是处理矩阵问题的一种基本方法，在矩阵理论及解线性方程组等方面应用广泛. 本节将介绍矩阵的初等变换及初等矩阵的概念，并研究它们之间的联系.

2.5.1 行阶梯形矩阵

微课视频

行阶梯形矩阵

在对矩阵进行初等变换后，常要求将矩阵化为以下几种特殊形式的矩阵.

(1) 行阶梯形矩阵.

定义 2.16 如果一个矩阵满足下列两个条件：

(a) 若存在零行(即元素全为 0 的行)，各零行都位于非零行(即元素不全为 0 的行) 的下方，

(b) 各非零行左起的首个非零元素位于上一行首个非零元素的右侧，

则称该矩阵为**行阶梯形矩阵**.

例如，矩阵

$$\begin{pmatrix} 1 & 2 & 3 & 1 \\ 0 & 0 & 1 & 4 \\ 0 & 0 & 0 & 2 \\ 0 & 0 & 0 & 0 \end{pmatrix}, \quad \begin{pmatrix} 0 & 1 & 0 & 0 & 1 \\ 0 & 0 & 2 & 3 & 2 \\ 0 & 0 & 0 & 1 & 3 \\ 0 & 0 & 0 & 0 & 4 \end{pmatrix}, \quad \begin{pmatrix} 2 & 1 & 2 & 1 \\ 0 & 1 & 1 & 1 \\ 0 & 0 & 1 & 2 \\ 0 & 0 & 0 & 5 \end{pmatrix}, \quad \begin{pmatrix} 1 & 2 & 3 & 1 \\ 0 & 6 & 1 & 4 \\ 0 & 0 & 0 & 2 \\ 0 & 0 & 0 & 0 \end{pmatrix}$$

都是行阶梯形矩阵，而矩阵

$$\begin{pmatrix} 0 & 1 & 2 & 1 \\ 0 & 2 & 0 & 5 \\ 0 & 0 & 0 & 0 \end{pmatrix}, \quad \begin{pmatrix} 0 & 0 & 0 & 0 & 1 \\ 0 & 0 & 0 & 0 & 0 \\ 0 & 0 & 0 & 1 & 2 \end{pmatrix}, \quad \begin{pmatrix} 1 & 2 & 3 & 1 \\ 0 & 0 & 1 & 4 \\ 0 & 0 & 3 & 2 \\ 0 & 0 & 0 & 0 \end{pmatrix}$$

都不是行阶梯形矩阵.

(2) 行最简形矩阵.

定义 2.17 如果一个矩阵满足下列三个条件：

(a) 此矩阵为行阶梯形矩阵，

(b) 各非零行左起的首个非零元素均为 1，

(c) 各非零行左起的首个非零元素所在列的其余元素全为 0，

则称该矩阵为**行最简形矩阵**.

例如，矩阵

$$\begin{pmatrix} 1 & 2 & 0 & 0 \\ 0 & 0 & 1 & 0 \\ 0 & 0 & 0 & 1 \\ 0 & 0 & 0 & 0 \end{pmatrix}, \quad \begin{pmatrix} 0 & 1 & 0 & 0 & 0 \\ 0 & 0 & 1 & 0 & 0 \\ 0 & 0 & 0 & 1 & 0 \\ 0 & 0 & 0 & 0 & 1 \end{pmatrix}, \quad \begin{pmatrix} 1 & 0 & 0 & 0 \\ 0 & 1 & 0 & 0 \\ 0 & 0 & 1 & 0 \\ 0 & 0 & 0 & 1 \end{pmatrix}, \quad \begin{pmatrix} 1 & 0 & 0 & 0 \\ 0 & 1 & 5 & 0 \\ 0 & 0 & 0 & 1 \\ 0 & 0 & 0 & 0 \end{pmatrix}$$

都是行最简形矩阵，而矩阵

$$\begin{pmatrix}0&1&2&1\\0&2&0&5\\0&0&0&0\end{pmatrix},\quad\begin{pmatrix}0&1&2&0\\0&0&0&5\\0&0&0&0\end{pmatrix},\quad\begin{pmatrix}1&0&2&0\\0&0&1&0\\0&0&0&1\\0&0&0&0\end{pmatrix}$$

都不是行最简形矩阵.

(3) 标准形矩阵.

定义 2.18 如果一个非零矩阵可以分块成

$$\begin{pmatrix}\boldsymbol{E}_r&\boldsymbol{O}\\\boldsymbol{O}&\boldsymbol{O}\end{pmatrix},$$

则称这个矩阵为**标准形矩阵**，其中 $\boldsymbol{E}_r$ 是 r 阶单位矩阵.

例如，矩阵

$$\left(\begin{array}{cc:cc}1&0&0&0\\0&1&0&0\\\hdashline0&0&0&0\end{array}\right),\quad\left(\begin{array}{ccc:cc}1&0&0&0&0\\0&1&0&0&0\\0&0&1&0&0\end{array}\right),\quad\begin{pmatrix}1&0&0&0\\0&1&0&0\\0&0&1&0\\0&0&0&1\end{pmatrix}$$

都是标准形矩阵.

2.5.2 初等变换

在利用消元法解线性方程组的过程中，常用到下面的三种变换：

微课视频

矩阵的初等变换

(1) 交换线性方程组中某两个方程的位置；

(2) 以一个非零常数 k 同时乘以线性方程组中某个方程的两边；

(3) 将线性方程组中某个方程的 k 倍加到另一个方程.

把这种变换的思想方法引入处理矩阵的问题中，就得到了矩阵的初等变换.

定义 2.19 下面三种对矩阵的变换，统称为矩阵的**初等变换**：

(1) 交换矩阵的第 i 行(或列) 与第 j 行(或列)，记作 $r_i\leftrightarrow r_j$(或 $c_i\leftrightarrow c_j$)；

(2) 以数 $k\neq0$ 乘以矩阵的第 i 行(或列)，记作 kr_i(或 kc_i)；

(3) 将矩阵的第 i 行(或列) 的 k 倍加到矩阵的第 j 行(或列)，其中 k 为任意常数，记作 r_j+kr_i(或 c_j+kc_i).

对矩阵的行施行的初等变换称为**初等行变换**，对矩阵的列施行的初等变换称为**初等列变换**. 本书中用符号 $\boldsymbol{A}\to\boldsymbol{B}$ 表示矩阵 $\boldsymbol{A}$ 经过有限次初等变换化为矩阵 $\boldsymbol{B}$，用符号 $\boldsymbol{A}\xrightarrow{\text{初等行变换}}\boldsymbol{B}$ 表示矩阵 $\boldsymbol{A}$ 经过有限次初等行变换化为矩阵 $\boldsymbol{B}$.

例 2.23 将矩阵 $\boldsymbol{A}=\begin{pmatrix}0&0&0&0\\0&2&6&10\\0&3&8&13\\0&1&2&3\end{pmatrix}$ 用初等变换化为：(1) 行阶梯形矩阵，(2) 行最简形矩阵，(3) 标准形矩阵.

解 (1) 施行初等行变换将矩阵 $\boldsymbol{A}$ 化为行阶梯形矩阵：

$$\boldsymbol{A}=\begin{pmatrix}0&0&0&0\\0&2&6&10\\0&3&8&13\\0&1&2&3\end{pmatrix}\xrightarrow{r_1\leftrightarrow r_4}\begin{pmatrix}0&1&2&3\\0&2&6&10\\0&3&8&13\\0&0&0&0\end{pmatrix}$$

$$\xrightarrow[r_3-3r_1]{r_2-2r_1}\begin{pmatrix}0&1&2&3\\0&0&2&4\\0&0&2&4\\0&0&0&0\end{pmatrix}\xrightarrow{r_3-r_2}\begin{pmatrix}0&1&2&3\\0&0&2&4\\0&0&0&0\\0&0&0&0\end{pmatrix}=\boldsymbol{B}_1.$$

(2) 进一步施行初等行变换将矩阵 $\boldsymbol{B}_1$ 化为行最简形矩阵：

$$\boldsymbol{B}_1\xrightarrow[\frac{1}{2}r_2]{r_1-r_2}\begin{pmatrix}0&1&0&-1\\0&0&1&2\\0&0&0&0\\0&0&0&0\end{pmatrix}=\boldsymbol{B}_2.$$

(3) 要将 $\boldsymbol{B}_2$ 化为标准形矩阵，注意到只施行初等行变换不能实现，故改施行初等列变换继续将 $\boldsymbol{B}_2$ 化为标准形矩阵：

$$\boldsymbol{B}_2\xrightarrow[c_4-2c_3]{c_4+c_2}\begin{pmatrix}0&1&0&0\\0&0&1&0\\0&0&0&0\\0&0&0&0\end{pmatrix}$$

$$\xrightarrow[c_2\leftrightarrow c_3]{c_1\leftrightarrow c_2}\begin{pmatrix}1&0&0&0\\0&1&0&0\\0&0&0&0\\0&0&0&0\end{pmatrix}=\begin{pmatrix}\boldsymbol{E}_2&\boldsymbol{O}\\\boldsymbol{O}&\boldsymbol{O}\end{pmatrix}.$$

定义 2.20 如果矩阵 $\boldsymbol{A}$ 经过有限次初等变换化为矩阵 $\boldsymbol{B}$，则称矩阵 $\boldsymbol{A}$ 与 $\boldsymbol{B}$ 等价，记作 $\boldsymbol{A}\cong\boldsymbol{B}$.

等价作为矩阵之间的一种关系，具有下面三条性质.

(1) 反身性：任意矩阵 $\boldsymbol{A}$ 与自身等价.

(2) 对称性：若矩阵 $\boldsymbol{A}$ 与 $\boldsymbol{B}$ 等价，则矩阵 $\boldsymbol{B}$ 与 $\boldsymbol{A}$ 等价.

(3) 传递性：若矩阵 $\boldsymbol{A}$ 与 $\boldsymbol{B}$ 等价，$\boldsymbol{B}$ 与 $\boldsymbol{C}$ 等价，则矩阵 $\boldsymbol{A}$ 与 $\boldsymbol{C}$ 等价.

从例 2.23 中可以看到，利用矩阵的初等变换可以把矩阵化为更简单特殊的形式. 事实上，有下面的定理成立.

定理 2.4 **对任意非零矩阵 $\boldsymbol{A}$，**

(1) 施行有限次初等行变换可以将其化为行阶梯形矩阵；

(2) 施行有限次初等行变换可以将其化为行最简形矩阵；

(3) 施行有限次初等变换可以将其化为标准形矩阵.

定理 2.4 的证明过程与例 2.23 类似.

由此可见，要将某个矩阵化为标准形矩阵，可以先施行初等行变换将它化为行阶梯形矩阵，然后施行初等行变换化为行最简形矩阵，最后施行初等列变换化为标准形矩阵.

2.5.3 初等矩阵

定义 2.21 单位矩阵 $\boldsymbol{E}$ 经过一次初等变换后所得到的矩阵称为**初等矩阵**.

三种初等变换对应三种初等矩阵.

(1) 交换单位矩阵 $\boldsymbol{E}$ 的第 i 行(列) 与第 j 行(列) 所得到的矩阵，记作 $\boldsymbol{E}(i,j)$ 或 $\boldsymbol{E}_{ij}$，即

微课视频

初等矩阵

$$\boldsymbol{E}(i,j)=\begin{pmatrix} 1 &&&&&&&& \\ &\ddots&&&&&&& \\ &&0&\cdots&\cdots&\cdots&1&& \\ &&\vdots&1&&&\vdots&& \\ &&\vdots&&\ddots&&\vdots&& \\ &&\vdots&&&1&\vdots&& \\ &&1&\cdots&\cdots&\cdots&0&& \\ &&&&&&&\ddots& \\ &&&&&&&&1 \end{pmatrix}\begin{matrix} \\ \\ \leftarrow r_i \\ \\ \\ \\ \leftarrow r_j \\ \\ \\ \end{matrix}.$$

$$\uparrow c_i \qquad\qquad \uparrow c_j$$

(2) 单位矩阵 $\boldsymbol{E}$ 的第 i 行(列) 元素乘以非零常数 k 所得到的矩阵，记作 $\boldsymbol{E}(i(k))$ 或 $\boldsymbol{E}_i(k)$，即

$$\boldsymbol{E}(i(k))=\begin{pmatrix} 1 &&&& \\ &\ddots&&& \\ &&k&& \\ &&&\ddots& \\ &&&&1 \end{pmatrix}\begin{matrix} \\ \\ \leftarrow r_i. \\ \\ \\ \end{matrix}$$

$$\uparrow c_i$$

(3) 单位矩阵 $\boldsymbol{E}$ 的第 j 行(第 i 列) 元素乘以常数 k 加到第 i 行(第 j 列) 所得到的矩阵，记作 $\boldsymbol{E}(i,j(k))$ 或 $\boldsymbol{E}_{ij}(k)$，即

$$\boldsymbol{E}(i,j(k))=\begin{pmatrix} 1 &&&&&& \\ &\ddots&&&&& \\ &&1&\cdots&k&& \\ &&&\ddots&\vdots&& \\ &&&&1&& \\ &&&&&\ddots& \\ &&&&&&1 \end{pmatrix}\begin{matrix} \\ \\ \leftarrow r_i \\ \\ \leftarrow r_j \\ \\ \\ \end{matrix}.$$

$$\uparrow c_i \qquad \uparrow c_j$$

容易验证，初等矩阵都是可逆矩阵，且其转置矩阵和逆矩阵仍然是同一类型的初等矩阵. 事实上，有

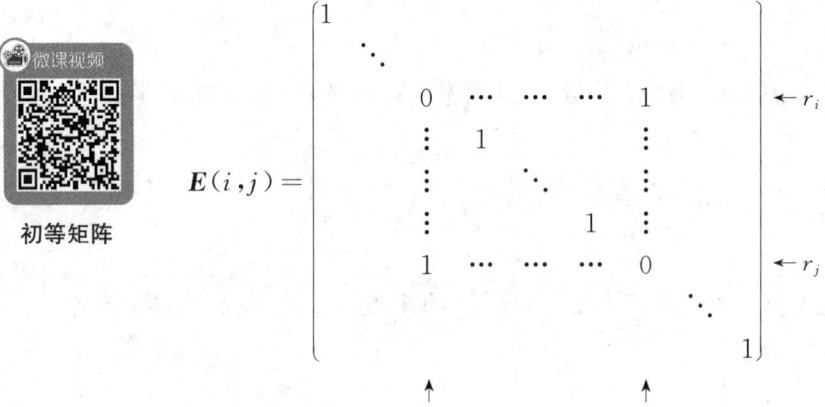

$$E(i,j)E(i,j)=E,\quad E\left(i\left(\frac{1}{k}\right)\right)E(i(k))=E,\quad E(i,j(-k))E(i,j(k))=E.$$

2.5.4 初等变换与初等矩阵的关系

初等变换将一个矩阵变成了另一个矩阵，前后两个矩阵之间不是相等的关系，为了建立它们之间的变化关系式，就要研究初等变换与初等矩阵之间的关系.

微课视频

初等变换与初等矩阵的关系

例如，设矩阵 $A=\begin{pmatrix} a_{11} & a_{12} \\ a_{21} & a_{22} \\ a_{31} & a_{32} \end{pmatrix}$，任意常数 $k\neq 0$，则有

$$A=\begin{pmatrix} a_{11} & a_{12} \\ a_{21} & a_{22} \\ a_{31} & a_{32} \end{pmatrix}\xrightarrow{kr_2}\begin{pmatrix} a_{11} & a_{12} \\ ka_{21} & ka_{22} \\ a_{31} & a_{32} \end{pmatrix}=B, \tag{2.14}$$

以及

$$E(2(k))A=\begin{pmatrix} 1 & 0 & 0 \\ 0 & k & 0 \\ 0 & 0 & 1 \end{pmatrix}\begin{pmatrix} a_{11} & a_{12} \\ a_{21} & a_{22} \\ a_{31} & a_{32} \end{pmatrix}=\begin{pmatrix} a_{11} & a_{12} \\ ka_{21} & ka_{22} \\ a_{31} & a_{32} \end{pmatrix}=B. \tag{2.15}$$

比较式(2.14)和式(2.15)发现，矩阵 B 是对 A 施行一次第二种初等行变换的结果，同样也是在 A 的左边乘以一个第二种初等矩阵的结果. 另有

$$A=\begin{pmatrix} a_{11} & a_{12} \\ a_{21} & a_{22} \\ a_{31} & a_{32} \end{pmatrix}\xrightarrow{kc_2}\begin{pmatrix} a_{11} & ka_{12} \\ a_{21} & ka_{22} \\ a_{31} & ka_{32} \end{pmatrix}=C, \tag{2.16}$$

以及

$$AE(2(k))=\begin{pmatrix} a_{11} & a_{12} \\ a_{21} & a_{22} \\ a_{31} & a_{32} \end{pmatrix}\begin{pmatrix} 1 & 0 \\ 0 & k \end{pmatrix}=\begin{pmatrix} a_{11} & ka_{12} \\ a_{21} & ka_{22} \\ a_{31} & ka_{32} \end{pmatrix}=C. \tag{2.17}$$

比较式(2.16)和式(2.17)发现，矩阵 C 是对 A 施行一次第二种初等列变换的结果，同样也是在 A 的右边乘以一个第二种初等矩阵的结果.

一般地，有以下结论.

定理 2.5 **设 A 是一个 $m\times n$ 矩阵.**

(1) 对 A 施行一次初等行变换，相当于在 A 的左边乘以一个同一类型的 m 阶初等矩阵；

(2) 对 A 施行一次初等列变换，相当于在 A 的右边乘以一个同一类型的 n 阶初等矩阵.

证 我们只证对 A 施行初等列变换的情形，施行初等行变换的情形可同样证明. 设 $B=(b_{ij})$ 是任意一个 n 阶方阵，将 A 按列分块成 $A=(A_1,A_2,\cdots,A_n)$，由分块矩阵的乘法得

$$AB=\left(\sum_{k=1}^{n}b_{k1}A_k,\sum_{k=1}^{n}b_{k2}A_k,\cdots,\sum_{k=1}^{n}b_{kn}A_k\right).$$

特别地，若 $B=E(i,j)$，则

$$AB=AE(i,j)=(A_1,\cdots,\underset{\substack{\uparrow\\ \text{第 } i \text{ 列}}}{A_j},\cdots,\underset{\substack{\uparrow\\ \text{第 } j \text{ 列}}}{A_i},\cdots,A_n),$$

这相当于把 $\boldsymbol{A}$ 的第 i 列与第 j 列互换. 类似地可以证明矩阵 $\boldsymbol{B}$ 为另外两种初等矩阵的情况.

结合定理 2.4 和定理 2.5, 可得到下面的结论.

定理 2.6 **设 $\boldsymbol{A}$ 是一个 $m\times n$ 矩阵, 则存在有限多个 m 阶初等矩阵 $\boldsymbol{P}_1,\boldsymbol{P}_2,\cdots,\boldsymbol{P}_s$ 和 n 阶初等矩阵 $\boldsymbol{Q}_1,\boldsymbol{Q}_2,\cdots,\boldsymbol{Q}_t$, 使得**

$$\boldsymbol{P}_s\cdots\boldsymbol{P}_2\boldsymbol{P}_1\boldsymbol{A}\boldsymbol{Q}_1\boldsymbol{Q}_2\cdots\boldsymbol{Q}_t=\begin{pmatrix}\boldsymbol{E}_r & \boldsymbol{O}\\ \boldsymbol{O} & \boldsymbol{O}\end{pmatrix}_{m\times n}.$$

例 2.23 中将矩阵 $\boldsymbol{A}$ 化为标准形矩阵的初等变换过程可利用下列关系式表示:

$$\boldsymbol{E}\left(2\left(\frac{1}{2}\right)\right)\boldsymbol{E}(1,2(-1))\boldsymbol{E}(3,2(-1))\boldsymbol{E}(3,1(-3))\boldsymbol{E}(2,1(-2))\boldsymbol{E}(1,4)\cdot$$

$$\boldsymbol{A}\boldsymbol{E}(2,4(1))\boldsymbol{E}(3,4(-2))\boldsymbol{E}(1,2)\boldsymbol{E}(2,3)=\begin{pmatrix}\boldsymbol{E}_2 & \boldsymbol{O}\\ \boldsymbol{O} & \boldsymbol{O}\end{pmatrix}.$$

推论 1 设 $\boldsymbol{A}$ 为 $m\times n$ 矩阵, 则存在 m 阶可逆矩阵 $\boldsymbol{P}$ 和 n 阶可逆矩阵 $\boldsymbol{Q}$, 使得

$$\boldsymbol{PAQ}=\begin{pmatrix}\boldsymbol{E}_r & \boldsymbol{O}\\ \boldsymbol{O} & \boldsymbol{O}\end{pmatrix}_{m\times n}.$$

证 在定理 2.6 中, 令 $\boldsymbol{P}=\boldsymbol{P}_s\cdots\boldsymbol{P}_2\boldsymbol{P}_1$, $\boldsymbol{Q}=\boldsymbol{Q}_1\boldsymbol{Q}_2\cdots\boldsymbol{Q}_t$, 显然 $\boldsymbol{P},\boldsymbol{Q}$ 都是可逆矩阵, 则上述结论成立.

推论 2 设 $\boldsymbol{A}$ 和 $\boldsymbol{B}$ 都是 $m\times n$ 矩阵, 则 $\boldsymbol{A}$ 与 $\boldsymbol{B}$ 等价的充要条件是存在 m 阶可逆矩阵 $\boldsymbol{P}$ 和 n 阶可逆矩阵 $\boldsymbol{Q}$, 使得

$$\boldsymbol{PAQ}=\boldsymbol{B}.$$

该推论的证明请读者自行完成.

推论 3 n 阶方阵 $\boldsymbol{A}$ 可逆的充要条件是 $\boldsymbol{A}$ 的标准形矩阵为单位矩阵 $\boldsymbol{E}_n$.

证 **必要性** 由推论 1 知, 对 n 阶可逆矩阵 $\boldsymbol{A}$, 存在 n 阶可逆矩阵 $\boldsymbol{P}$ 和 $\boldsymbol{Q}$, 使得

$$\boldsymbol{PAQ}=\begin{pmatrix}\boldsymbol{E}_r & \boldsymbol{O}\\ \boldsymbol{O} & \boldsymbol{O}\end{pmatrix}.$$

在上式两边同时取行列式, 有

$$|\boldsymbol{PAQ}|=\left|\begin{pmatrix}\boldsymbol{E}_r & \boldsymbol{O}\\ \boldsymbol{O} & \boldsymbol{O}\end{pmatrix}\right|.$$

若 $r<n$, 则有

$$\left|\begin{pmatrix}\boldsymbol{E}_r & \boldsymbol{O}\\ \boldsymbol{O} & \boldsymbol{O}\end{pmatrix}\right|=0,$$

这与 $|\boldsymbol{P}|\neq 0$, $|\boldsymbol{Q}|\neq 0$, $|\boldsymbol{A}|\neq 0$ 矛盾, 故 $r=n$.

充分性 若 n 阶方阵 $\boldsymbol{A}$ 的标准形矩阵为 $\boldsymbol{E}_n$, 则由定理 2.6 知, 存在有限多个 n 阶初等矩阵 $\boldsymbol{P}_1,\boldsymbol{P}_2,\cdots,\boldsymbol{P}_s$ 和 $\boldsymbol{Q}_1,\boldsymbol{Q}_2,\cdots,\boldsymbol{Q}_t$, 使得

$$\boldsymbol{P}_s\cdots\boldsymbol{P}_2\boldsymbol{P}_1\boldsymbol{A}\boldsymbol{Q}_1\boldsymbol{Q}_2\cdots\boldsymbol{Q}_t=\boldsymbol{E}_n,$$

则有

$$\boldsymbol{A}=\boldsymbol{P}_1^{-1}\boldsymbol{P}_2^{-1}\cdots\boldsymbol{P}_s^{-1}\boldsymbol{E}_n\boldsymbol{Q}_t^{-1}\cdots\boldsymbol{Q}_2^{-1}\boldsymbol{Q}_1^{-1}.$$

显然, $\boldsymbol{A}$ 是可逆矩阵.

推论 4 n 阶可逆矩阵 $\boldsymbol{A}$ 可以表示成有限多个初等矩阵的乘积.

证 由推论 3 的证明过程易得.

2.5.5 求逆矩阵的初等变换法

本章 2.3.3 小节中给出了利用伴随矩阵求可逆矩阵的逆矩阵的方法，但当遇到较高阶的矩阵求逆矩阵时，该方法计算量太大. 下面介绍一种更为简便的方法，即用初等变换求逆矩阵的方法，称为**初等变换法**.

微课视频

求逆矩阵的初等变换法

设 n 阶方阵 $\boldsymbol{A}$ 可逆，则 $\boldsymbol{A}^{-1}$ 也是可逆的，根据定理 2.6 的推论 4，存在有限多个 n 阶初等矩阵 $\boldsymbol{G}_1,\boldsymbol{G}_2,\cdots,\boldsymbol{G}_k$，使得

$$\boldsymbol{A}^{-1}=\boldsymbol{G}_1\boldsymbol{G}_2\cdots\boldsymbol{G}_k. \tag{2.18}$$

用 $\boldsymbol{A}$ 右乘式(2.18) 两边，得

$$\boldsymbol{A}^{-1}\boldsymbol{A}=(\boldsymbol{G}_1\boldsymbol{G}_2\cdots\boldsymbol{G}_k)\boldsymbol{A},$$

即

$$(\boldsymbol{G}_1\boldsymbol{G}_2\cdots\boldsymbol{G}_k)\boldsymbol{A}=\boldsymbol{E}. \tag{2.19}$$

由式(2.18)，又有

$$(\boldsymbol{G}_1\boldsymbol{G}_2\cdots\boldsymbol{G}_k)\boldsymbol{E}=\boldsymbol{A}^{-1}. \tag{2.20}$$

比较式(2.19) 和式(2.20) 可发现，左乘初等矩阵 $\boldsymbol{G}_1\boldsymbol{G}_2\cdots\boldsymbol{G}_k$ 可以将矩阵 $\boldsymbol{A}$ 转化为 $\boldsymbol{E}$，同时也可以将矩阵 $\boldsymbol{E}$ 转化为 $\boldsymbol{A}^{-1}$. 根据定理 2.5，上述两式也表明：当用一系列初等行变换将可逆矩阵 $\boldsymbol{A}$ 化为单位矩阵 $\boldsymbol{E}$ 时，利用相同的初等行变换也能将单位矩阵 $\boldsymbol{E}$ 化为矩阵 $\boldsymbol{A}^{-1}$. 于是，可设计出如下一种求逆矩阵的方法：

(1) 构造一个 $n\times 2n$ 矩阵 $(\boldsymbol{A}\mid\boldsymbol{E})$；

(2) 利用初等行变换将 $(\boldsymbol{A}\mid\boldsymbol{E})$ 中的子块 $\boldsymbol{A}$ 化为 $\boldsymbol{E}$，同时子块 $\boldsymbol{E}$ 就化为 $\boldsymbol{A}^{-1}$；

(3) 写出 $\boldsymbol{A}$ 的逆矩阵 $\boldsymbol{A}^{-1}$.

特别要注意的是，对 $(\boldsymbol{A}\mid\boldsymbol{E})$ 施行的初等变换仅限于初等行变换. 这个方法可以简单地表示为

$$(\boldsymbol{A}\mid\boldsymbol{E})\xrightarrow{\text{初等行变换}}(\boldsymbol{E}\mid\boldsymbol{A}^{-1}).$$

同理，也可以仅利用初等列变换求逆矩阵，简单表示为

$$\begin{pmatrix}\boldsymbol{A}\\ \hdashline \boldsymbol{E}\end{pmatrix}\xrightarrow{\text{初等列变换}}\begin{pmatrix}\boldsymbol{E}\\ \hdashline \boldsymbol{A}^{-1}\end{pmatrix}.$$

例 2.24 利用初等变换法求矩阵 $\boldsymbol{A}=\begin{pmatrix}3&-1&0\\-2&1&1\\2&-1&4\end{pmatrix}$ 的逆矩阵.

解 因为

$$(\boldsymbol{A}\mid\boldsymbol{E})=\left(\begin{array}{ccc:ccc}3&-1&0&1&0&0\\-2&1&1&0&1&0\\2&-1&4&0&0&1\end{array}\right)\xrightarrow[r_3+r_2]{r_1+r_2}\left(\begin{array}{ccc:ccc}1&0&1&1&1&0\\-2&1&1&0&1&0\\0&0&5&0&1&1\end{array}\right)$$

$$\xrightarrow{r_2+2r_1}\left(\begin{array}{ccc:ccc}1&0&1&1&1&0\\0&1&3&2&3&0\\0&0&5&0&1&1\end{array}\right)\xrightarrow{\frac{1}{5}r_3}\left(\begin{array}{ccc:ccc}1&0&1&1&1&0\\0&1&3&2&3&0\\0&0&1&0&\frac{1}{5}&\frac{1}{5}\end{array}\right)$$

$$\xrightarrow[r_1-r_3]{r_2-3r_3}\left(\begin{array}{ccc:ccc}1&0&0&1&\frac{4}{5}&-\frac{1}{5}\\0&1&0&2&\frac{12}{5}&-\frac{3}{5}\\0&0&1&0&\frac{1}{5}&\frac{1}{5}\end{array}\right)=(\boldsymbol{E}\,\vdots\,\boldsymbol{A}^{-1}),$$

所以

$$\boldsymbol{A}^{-1}=\begin{pmatrix}1&\frac{4}{5}&-\frac{1}{5}\\2&\frac{12}{5}&-\frac{3}{5}\\0&\frac{1}{5}&\frac{1}{5}\end{pmatrix}.$$

下面介绍利用初等变换法求解矩阵方程.

对于矩阵方程 $\boldsymbol{AX}=\boldsymbol{B}$,若 n 阶方阵 $\boldsymbol{A}$ 可逆,则存在有限多个 n 阶初等矩阵 $\boldsymbol{G}_1,\boldsymbol{G}_2,\cdots,\boldsymbol{G}_k$,使得 $\boldsymbol{A}^{-1}=\boldsymbol{G}_1\boldsymbol{G}_2\cdots\boldsymbol{G}_k$,故

$$\boldsymbol{E}=\boldsymbol{A}^{-1}\boldsymbol{A}=(\boldsymbol{G}_1\boldsymbol{G}_2\cdots\boldsymbol{G}_k)\boldsymbol{A}. \tag{2.21}$$

又

$$\boldsymbol{X}=\boldsymbol{A}^{-1}\boldsymbol{B}=(\boldsymbol{G}_1\boldsymbol{G}_2\cdots\boldsymbol{G}_k)\boldsymbol{B}, \tag{2.22}$$

比较式(2.21)和式(2.22)可知,当用一系列初等行变换将方阵 $\boldsymbol{A}$ 化为 $\boldsymbol{E}$ 时,利用相同的初等行变换同时也能将方阵 $\boldsymbol{B}$ 化为 $\boldsymbol{X}$,即

$$(\boldsymbol{A}\,\vdots\,\boldsymbol{B})\xrightarrow{\text{初等行变换}}(\boldsymbol{E}\,\vdots\,\boldsymbol{X}).$$

类似地,对于矩阵方程 $\boldsymbol{XA}=\boldsymbol{B}$,若方阵 $\boldsymbol{A}$ 可逆,则 $\boldsymbol{X}=\boldsymbol{BA}^{-1}$,仅用初等列变换可求得矩阵 $\boldsymbol{X}$,即

$$\begin{pmatrix}\boldsymbol{A}\\\hdashline\boldsymbol{B}\end{pmatrix}\xrightarrow{\text{初等列变换}}\begin{pmatrix}\boldsymbol{E}\\\hdashline\boldsymbol{X}\end{pmatrix}.$$

例 2.25 利用初等变换法求解矩阵方程 $\boldsymbol{AX}=\boldsymbol{B}$,其中矩阵

$$\boldsymbol{A}=\begin{pmatrix}1&2&3\\2&2&1\\3&4&3\end{pmatrix},\quad \boldsymbol{B}=\begin{pmatrix}2&5\\3&1\\4&3\end{pmatrix}.$$

解 $(\boldsymbol{A}\,\vdots\,\boldsymbol{B})=\left(\begin{array}{ccc:cc}1&2&3&2&5\\2&2&1&3&1\\3&4&3&4&3\end{array}\right)\xrightarrow[r_3-3r_1]{r_2-2r_1}\left(\begin{array}{ccc:cc}1&2&3&2&5\\0&-2&-5&-1&-9\\0&-2&-6&-2&-12\end{array}\right)$

$$\xrightarrow[r_3-r_2]{r_1+r_2}\left(\begin{array}{ccc:cc}1&0&-2&1&-4\\0&-2&-5&-1&-9\\0&0&-1&-1&-3\end{array}\right)\xrightarrow[r_2-5r_3]{r_1-2r_3}\left(\begin{array}{ccc:cc}1&0&0&3&2\\0&-2&0&4&6\\0&0&-1&-1&-3\end{array}\right)$$

$$\xrightarrow[-r_3]{\frac{1}{2}r_2}\left(\begin{array}{ccc|cc}1&0&0&3&2\\0&1&0&-2&-3\\0&0&1&1&3\end{array}\right),$$

由此可知 $\boldsymbol{A}$ 可逆,且

$$\boldsymbol{X}=\boldsymbol{A}^{-1}\boldsymbol{B}=\begin{pmatrix}3&2\\-2&-3\\1&3\end{pmatrix}.$$

习 题 2.5

1. 选择题:

(1) 下列结论中必定成立的是(　　);

A. 用有限次初等行变换可以将非零矩阵化为行最简形矩阵

B. 用有限次初等行变换可以将非零矩阵化为标准形矩阵

C. 用有限次初等行变换可以将非零矩阵化为单位矩阵

D. 仅用有限次初等行变换不能将非零矩阵化为行阶梯形矩阵

(2) 下列矩阵中为初等矩阵的是(　　).

A. $\begin{pmatrix}0&0&1\\0&1&0\\1&0&0\end{pmatrix}$　　B. $\begin{pmatrix}1&0&0\\0&1&2\\0&1&2\end{pmatrix}$　　C. $\begin{pmatrix}3&1&2\\1&2&3\\2&3&1\end{pmatrix}$　　D. $\begin{pmatrix}1&0&1\\0&-1&0\\0&0&1\end{pmatrix}$

2. 利用初等变换将下列矩阵化为标准形矩阵:

(1) $\begin{pmatrix}2&1&2&3\\4&1&3&5\\2&0&1&2\end{pmatrix}$;　　(2) $\begin{pmatrix}1&0&1\\2&1&0\\-3&2&-5\end{pmatrix}$;

(3) $\begin{pmatrix}1&-1&2\\3&-3&1\\-2&2&-4\end{pmatrix}$;　　(4) $\begin{pmatrix}1&3\\-1&-3\\2&1\end{pmatrix}$.

3. 利用初等变换法求下列矩阵的逆矩阵:

(1) $\begin{pmatrix}1&2&3\\-1&0&1\\3&3&4\end{pmatrix}$;　　(2) $\begin{pmatrix}2&1&-1\\1&1&1\\3&2&1\end{pmatrix}$;

(3) $\begin{pmatrix}1&0&0&0\\1&2&0&0\\1&2&3&0\\1&2&3&4\end{pmatrix}$;　　(4) $\begin{pmatrix}1&1&1&1\\1&1&-1&-1\\1&-1&1&-1\\1&-1&-1&1\end{pmatrix}$.

4. 利用初等变换法求解矩阵方程 $\boldsymbol{AX}=\boldsymbol{B}$,其中矩阵

$$\boldsymbol{A}=\begin{pmatrix}0&0&-1\\-2&0&0\\3&-2&6\end{pmatrix},\quad \boldsymbol{B}=\begin{pmatrix}1&0&1\\2&1&0\\-3&2&-5\end{pmatrix}.$$

2.6 矩阵的秩

本节研究矩阵的秩,它是一个反映矩阵内在特性的重要数值.

2.6.1 矩阵的秩的概念

定义 2.22 设 $\boldsymbol{A}$ 为 $m\times n$ 矩阵,在 $\boldsymbol{A}$ 中任取 k 行 k 列($1\leqslant k\leqslant \min\{m,n\}$),它们行列交叉处的 k^2 个元素按原来的顺序构成的一个 k 阶行列式,称为矩阵 $\boldsymbol{A}$ 的一个 k **阶子式**.

微课视频

矩阵的秩的概念

例如,在矩阵 $\boldsymbol{A}=\begin{pmatrix}1 & -1 & 2 & 0\\ 1 & -3 & 0 & 4\\ 1 & 1 & 2 & 5\end{pmatrix}$ 中选第 1 行、第 2 行和第 2 列、第 4 列,它们交叉位置上的元素按原来的顺序构成的行列式 $\begin{vmatrix}-1 & 0\\ -3 & 4\end{vmatrix}$ 就是 $\boldsymbol{A}$ 的一个二阶子式. 不难发现,$m\times n$ 矩阵 $\boldsymbol{A}$ 共有 $C_m^k C_n^k$ 个 k 阶子式.

定义 2.23 设 $\boldsymbol{A}$ 为 $m\times n$ 矩阵. 如果 $\boldsymbol{A}$ 中存在一个 r 阶子式不为 0,而所有 $r+1$ 阶子式(如果存在的话)全为 0,那么称数 r 为矩阵 $\boldsymbol{A}$ 的**秩**,记作 $R(\boldsymbol{A})$,即 $R(\boldsymbol{A})=r$.

微课视频

矩阵的秩的求法

规定零矩阵的秩为 0.

根据矩阵的秩的定义,矩阵 $\boldsymbol{A}$ 的秩就是 $\boldsymbol{A}$ 中不为 0 的子式的最高阶数.

设 $\boldsymbol{A}$ 为 $m\times n$ 矩阵,则矩阵 $\boldsymbol{A}$ 的秩满足下列性质:

(1) $0\leqslant R(\boldsymbol{A})\leqslant \min\{m,n\}$;

(2) $R(\boldsymbol{A}^{\mathrm{T}})=R(\boldsymbol{A})$;

(3) $R(\lambda\boldsymbol{A})=R(\boldsymbol{A})$,其中 $\lambda\neq 0$ 为常数.

特别地,对于 n 阶方阵 $\boldsymbol{A}$,若 $R(\boldsymbol{A})=n$,则称 $\boldsymbol{A}$ 为**满秩矩阵**;若 $R(\boldsymbol{A})<n$,则称 $\boldsymbol{A}$ 为**降秩矩阵**. 显然,可逆矩阵是满秩矩阵,也是非奇异矩阵;不可逆矩阵是降秩矩阵,也是奇异矩阵.

例 2.26 设矩阵 $\boldsymbol{A}=\begin{pmatrix}1 & 3 & -2 & 2\\ 0 & 2 & -1 & 3\\ -2 & 0 & 1 & 5\end{pmatrix}$,利用矩阵的秩的定义,求 $\boldsymbol{A}$ 的秩.

解 矩阵 $\boldsymbol{A}$ 中存在二阶子式 $\begin{vmatrix}1 & 3\\ 0 & 2\end{vmatrix}=2\neq 0$,而更高阶的 4 个三阶子式

$$\begin{vmatrix}1 & 3 & -2\\ 0 & 2 & -1\\ -2 & 0 & 1\end{vmatrix}=\begin{vmatrix}1 & 3 & 2\\ 0 & 2 & 3\\ -2 & 0 & 5\end{vmatrix}=\begin{vmatrix}1 & -2 & 2\\ 0 & -1 & 3\\ -2 & 1 & 5\end{vmatrix}=\begin{vmatrix}3 & -2 & 2\\ 2 & -1 & 3\\ 0 & 1 & 5\end{vmatrix}=0,$$

所以 $R(\boldsymbol{A})=2$.

例 2.27 设矩阵 $\boldsymbol{A}=\begin{pmatrix}2 & -1 & 0 & 3 & -2\\ 0 & 3 & 1 & -2 & 5\\ 0 & 0 & 0 & 4 & -3\\ 0 & 0 & 0 & 0 & 0\end{pmatrix}$,利用矩阵的秩的定义,求 $\boldsymbol{A}$ 的秩.

解　矩阵$\boldsymbol{A}$中存在三阶子式$\begin{vmatrix} 2 & -1 & 3 \\ 0 & 3 & -2 \\ 0 & 0 & 4 \end{vmatrix}=24\neq 0$，因第4行为零行，故四阶子式全为0，所以$\mathrm{R}(\boldsymbol{A})=3$.

比较例2.26和例2.27，可以发现：

(1) 相对一般矩阵而言，行阶梯形矩阵的秩更容易求得；

(2) 行阶梯形矩阵的秩就等于其非零行的行数.

因此，考虑是否能借助初等变换将一般矩阵的求秩问题转化为行阶梯形矩阵的求秩问题. 这一转化的关键在于研究矩阵的初等变换对矩阵的秩的影响.

2.6.2　用初等变换法求矩阵的秩

定理2.7　**初等变换不改变矩阵的秩.**

证　由于对矩阵施行初等列变换就相当于对其转置矩阵施行初等行变换，因此只须证明施行一次初等行变换不改变矩阵的秩即可.

由于k阶子式是行列式，因此利用行列式的性质，不难证明第一种与第二种初等行变换不改变矩阵的秩，下面仅就第三种初等行变换给出证明. 设$\boldsymbol{A}$为$m\times n$矩阵，且$\mathrm{R}(\boldsymbol{A})=r$. $\boldsymbol{A}$按行分块，对$\boldsymbol{A}$施行第三种初等行变换，有

$$\boldsymbol{A}=\begin{pmatrix} \boldsymbol{\alpha}_1 \\ \vdots \\ \boldsymbol{\alpha}_i \\ \vdots \\ \boldsymbol{\alpha}_j \\ \vdots \\ \boldsymbol{\alpha}_m \end{pmatrix} \xrightarrow{r_j+kr_i} \boldsymbol{B}=\begin{pmatrix} \boldsymbol{\alpha}_1 \\ \vdots \\ \boldsymbol{\alpha}_i \\ \vdots \\ \boldsymbol{\alpha}_j+k\boldsymbol{\alpha}_i \\ \vdots \\ \boldsymbol{\alpha}_m \end{pmatrix}.$$

先证明$\mathrm{R}(\boldsymbol{B})\leqslant\mathrm{R}(\boldsymbol{A})$. 只须证明矩阵$\boldsymbol{B}$的所有$r+1$阶子式$M_{r+1}=0$. 分以下三种情况：

(1) M_{r+1}不含矩阵$\boldsymbol{B}$的第j行元素，则M_{r+1}也是矩阵$\boldsymbol{A}$的$r+1$阶子式，故$M_{r+1}=0$.

(2) M_{r+1}既含矩阵$\boldsymbol{B}$的第j行元素，同时也含矩阵$\boldsymbol{B}$的第i行元素，则由行列式的性质得$M_{r+1}=0$.

(3) M_{r+1}含矩阵$\boldsymbol{B}$的第j行元素，不含矩阵$\boldsymbol{B}$的第i行元素，则由行列式的性质有

$$M_{r+1}=M_1+kM_2,$$

其中M_1是矩阵$\boldsymbol{A}$的$r+1$阶子式，M_2经过交换行的顺序也是矩阵$\boldsymbol{A}$的$r+1$阶子式. 故由行列式的性质得$M_1=M_2=0$，所以$M_{r+1}=0$.

综上，$\mathrm{R}(\boldsymbol{B})\leqslant\mathrm{R}(\boldsymbol{A})$.

初等变换是可逆的，类似可证$\mathrm{R}(\boldsymbol{A})\leqslant\mathrm{R}(\boldsymbol{B})$. 于是$\mathrm{R}(\boldsymbol{A})=\mathrm{R}(\boldsymbol{B})$，所以初等变换不改变矩

阵的秩.

推论 1 若矩阵 $\boldsymbol{A}$ 与 $\boldsymbol{B}$ 等价,则 $\mathrm{R}(\boldsymbol{A})=\mathrm{R}(\boldsymbol{B})$.

推论 2 设 $\boldsymbol{A}$ 为 $m\times n$ 矩阵,$\boldsymbol{P}$ 为 m 阶可逆矩阵,$\boldsymbol{Q}$ 为 n 阶可逆矩阵,则

$$\mathrm{R}(\boldsymbol{PA})=\mathrm{R}(\boldsymbol{AQ})=\mathrm{R}(\boldsymbol{PAQ})=\mathrm{R}(\boldsymbol{A}).$$

证 由于矩阵 $\boldsymbol{P}$ 可逆,因此存在有限多个初等矩阵 $\boldsymbol{P}_1,\boldsymbol{P}_2,\cdots,\boldsymbol{P}_s$,使得 $\boldsymbol{P}=\boldsymbol{P}_1\boldsymbol{P}_2\cdots\boldsymbol{P}_s$. 而 $\boldsymbol{PA}=\boldsymbol{P}_1\boldsymbol{P}_2\cdots\boldsymbol{P}_s\boldsymbol{A}$,即矩阵 $\boldsymbol{PA}$ 是由 $\boldsymbol{A}$ 经过 s 次初等变换得出的,故 $\mathrm{R}(\boldsymbol{PA})=\mathrm{R}(\boldsymbol{A})$.

同理可证,$\mathrm{R}(\boldsymbol{AQ})=\mathrm{R}(\boldsymbol{PAQ})=\mathrm{R}(\boldsymbol{A})$.

由定理 2.7 可知,尽管初等变换改变了矩阵的外在形式,但是矩阵的一些最本质的内在性质却没有随之改变,矩阵的秩正是反映了矩阵固有的这种性质.

利用定理 2.7,可归纳出利用初等变换求矩阵的秩的方法,即把矩阵用初等行变换化为行阶梯形矩阵,则行阶梯形矩阵中非零行的行数就是该矩阵的秩.

例 2.28 利用初等变换求矩阵 $\boldsymbol{A}=\begin{pmatrix}-2&0&1&3\\1&2&2&-1\\0&4&5&1\end{pmatrix}$ 的秩.

解 因为

$$\boldsymbol{A}=\begin{pmatrix}-2&0&1&3\\1&2&2&-1\\0&4&5&1\end{pmatrix}\xrightarrow{r_1\leftrightarrow r_2}\begin{pmatrix}1&2&2&-1\\-2&0&1&3\\0&4&5&1\end{pmatrix}$$

$$\xrightarrow{r_2+2r_1}\begin{pmatrix}1&2&2&-1\\0&4&5&1\\0&4&5&1\end{pmatrix}\xrightarrow{r_3-r_2}\begin{pmatrix}1&2&2&-1\\0&4&5&1\\0&0&0&0\end{pmatrix},$$

所以 $\mathrm{R}(\boldsymbol{A})=2$.

例 2.29 利用初等变换求矩阵 $\boldsymbol{A}=\begin{bmatrix}1&1&-2&3&0\\2&1&-6&4&-1\\3&2&a&7&-1\\1&-1&-6&-1&b\end{bmatrix}$ 的秩,其中 a,b 为未知常数.

解 $$\boldsymbol{A}=\begin{bmatrix}1&1&-2&3&0\\2&1&-6&4&-1\\3&2&a&7&-1\\1&-1&-6&-1&b\end{bmatrix}\xrightarrow[r_4-r_1]{\substack{r_2-2r_1\\r_3-3r_1}}\begin{bmatrix}1&1&-2&3&0\\0&-1&-2&-2&-1\\0&-1&a+6&-2&-1\\0&-2&-4&-4&b\end{bmatrix}$$

$$\xrightarrow[r_4-2r_2]{r_3-r_2}\begin{bmatrix}1&1&-2&3&0\\0&-1&-2&-2&-1\\0&0&a+8&0&0\\0&0&0&0&b+2\end{bmatrix}=\boldsymbol{B}.$$

(1) 当 $a=-8$ 且 $b=-2$ 时，$\boldsymbol{B}=\begin{pmatrix}1 & 1 & -2 & 3 & 0\\ 0 & -1 & -2 & -2 & -1\\ 0 & 0 & 0 & 0 & 0\\ 0 & 0 & 0 & 0 & 0\end{pmatrix}$，所以 $\mathrm{R}(\boldsymbol{A})=2$.

(2) 当 $a\neq-8$ 且 $b=-2$ 时，$\boldsymbol{B}=\begin{pmatrix}1 & 1 & -2 & 3 & 0\\ 0 & -1 & -2 & -2 & -1\\ 0 & 0 & a+8 & 0 & 0\\ 0 & 0 & 0 & 0 & 0\end{pmatrix}$，所以 $\mathrm{R}(\boldsymbol{A})=3$.

(3) 当 $a=-8$ 且 $b\neq-2$ 时，$\boldsymbol{B}\xrightarrow{r_4\leftrightarrow r_3}\begin{pmatrix}1 & 1 & -2 & 3 & 0\\ 0 & -1 & -2 & -2 & -1\\ 0 & 0 & 0 & 0 & b+2\\ 0 & 0 & 0 & 0 & 0\end{pmatrix}$，所以 $\mathrm{R}(\boldsymbol{A})=3$.

(4) 当 $a\neq-8$ 且 $b\neq-2$ 时，$\boldsymbol{B}=\begin{pmatrix}1 & 1 & -2 & 3 & 0\\ 0 & -1 & -2 & -2 & -1\\ 0 & 0 & a+8 & 0 & 0\\ 0 & 0 & 0 & 0 & b+2\end{pmatrix}$，所以 $\mathrm{R}(\boldsymbol{A})=4$.

例 2.30　求矩阵 $\boldsymbol{A}=\begin{pmatrix}\lambda & 1 & 1\\ 1 & \lambda & 1\\ 1 & 1 & \lambda\end{pmatrix}$ 的秩，其中 λ 为未知常数.

解　$|\boldsymbol{A}|=\begin{vmatrix}\lambda & 1 & 1\\ 1 & \lambda & 1\\ 1 & 1 & \lambda\end{vmatrix}=(\lambda+2)\begin{vmatrix}1 & 1 & 1\\ 1 & \lambda & 1\\ 1 & 1 & \lambda\end{vmatrix}=(\lambda-1)^2(\lambda+2)$.

(1) 当 $\lambda\neq1$ 且 $\lambda\neq-2$ 时，$|\boldsymbol{A}|\neq0$，则 $\mathrm{R}(\boldsymbol{A})=3$.

(2) 当 $\lambda=1$ 时，$\boldsymbol{A}=\begin{pmatrix}1 & 1 & 1\\ 1 & 1 & 1\\ 1 & 1 & 1\end{pmatrix}\xrightarrow{\text{初等行变换}}\begin{pmatrix}1 & 1 & 1\\ 0 & 0 & 0\\ 0 & 0 & 0\end{pmatrix}$，则 $\mathrm{R}(\boldsymbol{A})=1$.

(3) 当 $\lambda=-2$ 时，$\boldsymbol{A}=\begin{pmatrix}-2 & 1 & 1\\ 1 & -2 & 1\\ 1 & 1 & -2\end{pmatrix}\xrightarrow{\text{初等行变换}}\begin{pmatrix}1 & 1 & -2\\ 0 & -3 & 3\\ 0 & 0 & 0\end{pmatrix}$，则 $\mathrm{R}(\boldsymbol{A})=2$.

例 2.31　设 4×3 矩阵 $\boldsymbol{A}$ 的秩 $\mathrm{R}(\boldsymbol{A})=2$，$\boldsymbol{B}=\begin{pmatrix}6 & 0 & 2\\ 0 & 3 & 0\\ -6 & 0 & 7\end{pmatrix}$，试求 $\mathrm{R}(\boldsymbol{AB})$.

解　由

$$\boldsymbol{B}=\begin{pmatrix}6 & 0 & 2\\ 0 & 3 & 0\\ -6 & 0 & 7\end{pmatrix}\xrightarrow{\text{初等行变换}}\begin{pmatrix}6 & 0 & 2\\ 0 & 3 & 0\\ 0 & 0 & 9\end{pmatrix},$$

得 $\mathrm{R}(\boldsymbol{B})=3$，故 $\boldsymbol{B}$ 为可逆矩阵. 由定理 2.7 的推论 2 得 $\mathrm{R}(\boldsymbol{AB})=\mathrm{R}(\boldsymbol{A})=2$.

例 2.32 证明：若矩阵添加一行(或一列)，则其秩不变或增加 1.

证 因 $\mathrm{R}(\boldsymbol{A}^{\mathrm{T}})=\mathrm{R}(\boldsymbol{A})$，故只须证明增加一行的情形即可.

设矩阵 $\boldsymbol{A}_{m\times n}$ 的秩为 r，矩阵 $\boldsymbol{A}_{m\times n}$ 增加一行后的矩阵为 $\boldsymbol{B}_{(m+1)\times n}$.

(1) 若矩阵 $\boldsymbol{B}$ 的第 $m+1$ 行能被其前 m 行经初等行变换后化为零行，则 $\mathrm{R}(\boldsymbol{B})=r$；

(2) 若矩阵 $\boldsymbol{B}$ 的第 $m+1$ 行不能被其前 m 行经初等行变换后化为零行，则 $\mathrm{R}(\boldsymbol{B})=r+1$.

综上，结论成立.

由例 2.32 还可得到一个推广的结论：

如果矩阵 $\boldsymbol{A}$ 是矩阵 $\boldsymbol{B}$ 的一个子块，则 $\mathrm{R}(\boldsymbol{A})\leqslant\mathrm{R}(\boldsymbol{B})$.

习 题 2.6

1. 选择题：

(1) 下列结论中必定成立的是(　　)；

A. 初等列变换改变矩阵的秩

B. 若矩阵添加一行(或一列)，则其秩增加 1

C. 初等行变换不改变矩阵的秩

D. 两个等价矩阵的秩不一定相等

(2) 设矩阵 $\boldsymbol{A}$ 的秩为 5，则 $\boldsymbol{A}$ 中(　　).

A. 所有四阶子式都不为 0　　B. 所有五阶子式都为 0

C. 至少有一个五阶子式不为 0　　D. 所有五阶子式都不为 0

2. 求下列矩阵的秩：

(1) $\begin{pmatrix} 2 & 1 & 3 & 4 \\ -2 & 1 & 4 & 5 \\ 10 & 1 & 1 & 2 \end{pmatrix}$；　(2) $\begin{pmatrix} 1 & -1 & 0 & 0 \\ 0 & 1 & -1 & 0 \\ 0 & 0 & 1 & -1 \\ -1 & 0 & 0 & -1 \end{pmatrix}$；

(3) $\begin{pmatrix} 3 & 2 & -1 & -3 & -2 \\ 2 & -1 & 3 & 1 & -3 \\ 7 & 0 & 5 & -1 & -8 \end{pmatrix}$；　(4) $\begin{pmatrix} 0 & -1 & 3 & 0 & 2 \\ 2 & -4 & 1 & 5 & 3 \\ -4 & 5 & 7 & -10 & 0 \end{pmatrix}$.

3. 利用初等变换求矩阵 $\boldsymbol{A}=\begin{pmatrix} 1 & 1 & \lambda^2 & -2 \\ 1 & -2 & \lambda & 1 \\ -2 & 1 & -2 & \lambda \end{pmatrix}$ 的秩，其中 λ 为未知常数.

4. 设矩阵 $\boldsymbol{A}=\begin{pmatrix} \lambda & 1 & 1 \\ -1 & 1 & 0 \\ 1 & 2 & 1 \end{pmatrix}$，$\boldsymbol{B}=\begin{pmatrix} 1 & 2 & 0 \\ 2 & 1 & 0 \\ 0 & 0 & 1 \end{pmatrix}$，且 $\mathrm{R}(\boldsymbol{AB})=2$，求 λ 的值.

5. 设矩阵 $\boldsymbol{A}=\begin{pmatrix}1 & -1 & 2 & 1\\ -1 & a & 2 & 1\\ 3 & 1 & b & -1\end{pmatrix}$，且 $\mathrm{R}(\boldsymbol{A})=2$，求 a,b 的值.

思维导图

- 矩阵
  - 矩阵的概念
    - 矩阵的定义
    - 复矩阵、实矩阵、零矩阵
    - 行矩阵、列矩阵
    - 方阵、三角矩阵、对角矩阵、数量矩阵、单位矩阵
    - 行阶梯形矩阵、行最简形矩阵、标准形矩阵
    - 满秩矩阵、降秩矩阵
    - 奇异矩阵、非奇异矩阵
  - 矩阵的运算
    - 线性运算 —— 数乘运算、加法运算
    - 乘法运算
      - 定义
      - 运算规律
        - 满足的运算规律
        - 一般不满足的运算规律
      - 应用 —— 矩阵方程
    - 矩阵的转置
      - 满足的运算规律
      - 对称矩阵与反对称矩阵
      - 方阵的行列式 —— 定义和性质
      - 方阵的幂的定义和运算特点 —— 方阵的 n 次多项式
  - 逆矩阵
    - 伴随矩阵的定义及特性
    - 逆矩阵的定义、性质及求法(伴随矩阵法)
    - 矩阵可逆的等价条件
  - 分块矩阵
    - 定义 —— 分块对角矩阵
    - 运算
      - 加法、数乘、乘积、转置
      - 分块可逆矩阵求逆矩阵
  - 矩阵的初等变换与初等矩阵
    - 三种初等变换的定义、三种初等矩阵的定义 → 初等变换与初等矩阵的关系及相关结论
    - 矩阵等价的概念及性质
    - 初等变换法求逆矩阵
  - 矩阵的秩
    - 定义
    - 求法
      - 利用定义求秩
      - 利用初等变换法求秩
    - 重要性质和结论

拓展阅读

数学家——吴文俊

图 2.2

吴文俊(1919—2017,见图2.2),上海人,祖籍浙江嘉兴,数学家,中国科学院院士,曾获第一届国家自然科学奖一等奖、第一届国家最高科学技术奖,被授予"人民科学家"国家荣誉称号.

拓展阅读

吴文俊

复习题二

(A)

一、判断题(正确的在括号里打"√",错误的打"×")

1. 零矩阵一定是相等的. (　　)
2. 设 n 阶方阵 $\boldsymbol{A}$ 与 $\boldsymbol{B}$ 等价. 若 $|\boldsymbol{A}|>0$,则必定有 $|\boldsymbol{B}|>0$. (　　)
3. 设 n 阶方阵 $\boldsymbol{A}$ 与 $\boldsymbol{B}$ 等价,则 $R(\boldsymbol{A})=R(\boldsymbol{B})$. (　　)
4. 设矩阵 $\boldsymbol{A}$ 的秩为 r,则 $\boldsymbol{A}$ 中任意 r 阶子式不等于0. (　　)

二、填空题

1. 设矩阵 $\boldsymbol{A}=\begin{pmatrix}1 & 2\\ 2 & 7\end{pmatrix}$,则 $\boldsymbol{A}^{-1}=$__________.
2. 若 n 阶方阵 $\boldsymbol{A},\boldsymbol{B}$ 满足 $\boldsymbol{AB}=\boldsymbol{E}$,其中 $\boldsymbol{E}$ 为 n 阶单位矩阵,则 $\boldsymbol{B}^{-1}=$__________.
3. 设矩阵 $\boldsymbol{B}=\begin{pmatrix}1 & 0 & 2\\ 0 & 2 & 0\\ -1 & 0 & 3\end{pmatrix}$,则 $R(\boldsymbol{B})=$__________.
4. 设 $\boldsymbol{A}$ 是 4×3 矩阵,且 $R(\boldsymbol{A})=2$,$\boldsymbol{B}$ 是三阶满秩矩阵,则 $R(\boldsymbol{AB})=$__________.
5. 设 $\boldsymbol{A},\boldsymbol{B}$ 均为五阶方阵,且 $|\boldsymbol{A}|=\dfrac{1}{2}$,$|\boldsymbol{B}|=2$,则 $|-\boldsymbol{B}^{\mathrm{T}}\boldsymbol{A}^{-1}|=$__________.

三、选择题

1. 设 $\boldsymbol{A}$ 为三阶方阵,且 $|\boldsymbol{A}|=2$,则 $|2\boldsymbol{A}^{-1}|=$(　　).

A. -4　　B. -1　　C. 1　　D. 4

2. 设 $\boldsymbol{A},\boldsymbol{B}$ 均为 n 阶方阵,则必有(　　).

A. $|\boldsymbol{A}+\boldsymbol{B}|=|\boldsymbol{A}|+|\boldsymbol{B}|$　　B. $\boldsymbol{AB}=\boldsymbol{BA}$

C. $|\boldsymbol{AB}|=|\boldsymbol{BA}|$　　D. $(\boldsymbol{A}+\boldsymbol{B})^{-1}=\boldsymbol{A}^{-1}+\boldsymbol{B}^{-1}$

3. 设 $\boldsymbol{A},\boldsymbol{B}$ 均为 n 阶可逆矩阵，则下列结论中必定正确的是（　　）.

A. $(\boldsymbol{AB})^{-1}=\boldsymbol{B}^{-1}\boldsymbol{A}^{-1}$　　B. $(\boldsymbol{A}^{-1}\boldsymbol{B}^{-1})^{-1}=\boldsymbol{AB}$

C. $(\boldsymbol{A}+\boldsymbol{B})(\boldsymbol{A}-\boldsymbol{B})=\boldsymbol{A}^2-\boldsymbol{B}^2$　　D. $(k\boldsymbol{A})^{-1}=k\boldsymbol{A}^{-1}\quad(k\neq 0)$

4. 设 $\boldsymbol{A}$ 是 n 阶可逆矩阵，$\boldsymbol{A}^*$ 是 $\boldsymbol{A}$ 的伴随矩阵，则必有（　　）.

A. $|\boldsymbol{A}^*|=|\boldsymbol{A}|$　　B. $|\boldsymbol{A}^*|=|\boldsymbol{A}|^{n-1}$

C. $|\boldsymbol{A}^*|=|\boldsymbol{A}|^n$　　D. $|\boldsymbol{A}^*|=|\boldsymbol{A}^{-1}|$

5. 设 $\boldsymbol{A},\boldsymbol{B}$ 均为 n 阶方阵，且 $(\boldsymbol{A}+\boldsymbol{B})(\boldsymbol{A}-\boldsymbol{B})=\boldsymbol{A}^2-\boldsymbol{B}^2$，则必有（　　）.

A. $\boldsymbol{B}=\boldsymbol{E}$　　B. $\boldsymbol{A}=\boldsymbol{E}$　　C. $\boldsymbol{A}=\boldsymbol{B}$　　D. $\boldsymbol{AB}=\boldsymbol{BA}$

四、计算题

1. 设矩阵 $\boldsymbol{A}=\begin{pmatrix}2&2&3\\1&-1&0\\-1&2&1\end{pmatrix}$，求 $\boldsymbol{A}^{-1}$.

2. 设 $\boldsymbol{A}$ 是三阶可逆矩阵，将 $\boldsymbol{A}$ 的第 1 行、第 3 行互换后所得矩阵记为 $\boldsymbol{B}$，求 $\boldsymbol{AB}^{-1}$.

(B)

一、判断题（正确的在括号里打“√”，错误的打“×”）

1. 矩阵 $\begin{pmatrix}0&0&1\\0&-1&0\\1&0&0\end{pmatrix}$ 是一个初等矩阵.（　　）

2. 若矩阵的秩等于 0，则该矩阵一定是零矩阵.（　　）

3. 设 $\boldsymbol{A},\boldsymbol{B}$ 均为 n 阶非零矩阵，且 $\boldsymbol{AB}=\boldsymbol{O}$，则 $\mathrm{R}(\boldsymbol{A})$ 和 $\mathrm{R}(\boldsymbol{B})$ 都小于 n.（　　）

4. 设矩阵 $\boldsymbol{A},\boldsymbol{B},\boldsymbol{C}$ 满足 $\boldsymbol{AB}=\boldsymbol{AC}$，且 $\boldsymbol{A}\neq\boldsymbol{O}$，则必有 $\boldsymbol{B}=\boldsymbol{C}$.（　　）

二、填空题

1. 设矩阵 $\boldsymbol{A}=\begin{pmatrix}0&1&0&0\\1&0&0&0\\0&0&1&1\\0&0&1&2\end{pmatrix}$，则 $\boldsymbol{A}^{-1}=$________.

2. 设 $\boldsymbol{A}^*$ 为 n 阶方阵 $\boldsymbol{A}$ 的伴随矩阵，则 $||\boldsymbol{A}|\boldsymbol{A}^*|=$________.

3. 设 $\boldsymbol{A}^{-1}$ 为 n 阶方阵 $\boldsymbol{A}$ 的逆矩阵，则 $||\boldsymbol{A}^{-1}|\boldsymbol{A}^{\mathrm{T}}|=$________.

4. 设矩阵 $\boldsymbol{A}=(1,2,3)$，$\boldsymbol{B}=(1,1,1)$，则 $\mathrm{R}(\boldsymbol{A}^{\mathrm{T}}\boldsymbol{B})=$________.

5. 设 $\boldsymbol{A}$ 是 5×6 矩阵，$\mathrm{R}(\boldsymbol{A})=4$，$\boldsymbol{P}$ 是六阶可逆矩阵，$\boldsymbol{Q}$ 是五阶初等矩阵，则 $\mathrm{R}(\boldsymbol{QAP})=$________.

三、选择题

1. 设 $\boldsymbol{C}$ 是 $m\times n$ 矩阵 $(m\neq n)$. 若存在矩阵 $\boldsymbol{A},\boldsymbol{B}$，使得 $\boldsymbol{AC}=\boldsymbol{C}^{\mathrm{T}}\boldsymbol{B}$，则 $\boldsymbol{A}$ 的行数×列数为（　　）.

A. $m\times n$　　B. $n\times m$　　C. $m\times m$　　D. $n\times n$

2. 设 $\boldsymbol{A}$ 为 n 阶方阵，则下列命题中必定成立的是（　　）.

A. 若 $\boldsymbol{A}^2=\boldsymbol{O}$，则 $\boldsymbol{A}=\boldsymbol{O}$　　B. 若 $\boldsymbol{A}^2=\boldsymbol{A}$，则 $\boldsymbol{A}=\boldsymbol{O}$ 或 $\boldsymbol{A}=\boldsymbol{E}$

C. 若 $\boldsymbol{A}\neq\boldsymbol{O}$，则 $|\boldsymbol{A}|\neq 0$　　D. 若 $|\boldsymbol{A}|\neq 0$，则 $\boldsymbol{A}\neq\boldsymbol{O}$

3. 设矩阵 $A=\begin{pmatrix}1&1&1\\1&2&1\\2&3&\lambda+1\end{pmatrix}$ 的秩为 2,则 $\lambda=$(　　).

A. 2　　B. 1　　C. 0　　D. -1

4. 设 A 为三阶方阵,$|A|=2$,其伴随矩阵为 A^*,则 $(A^*)^*=$(　　).

A. $2A$　　B. $4A$　　C. $16A$　　D. $32A$

5. 设矩阵

$$A=\begin{pmatrix}a_{11}&a_{12}&a_{13}\\a_{21}&a_{22}&a_{23}\\a_{31}&a_{32}&a_{33}\end{pmatrix},\quad B=\begin{pmatrix}a_{21}&a_{22}&a_{23}\\a_{11}&a_{12}&a_{13}\\a_{31}+a_{11}&a_{32}+a_{12}&a_{33}+a_{13}\end{pmatrix},$$

$$P_1=\begin{pmatrix}0&1&0\\1&0&0\\0&0&1\end{pmatrix},\quad P_2=\begin{pmatrix}1&0&0\\0&1&0\\1&0&1\end{pmatrix},$$

则必有(　　).

A. $AP_1P_2=B$　　B. $AP_2P_1=B$

C. $P_1P_2A=B$　　D. $P_2P_1A=B$

四、计算题

1. 设矩阵 $A=\begin{pmatrix}1&-1&0\\2&2&0\\3&4&5\end{pmatrix}$,求 $(A^*)^{-1}$.

2. 设矩阵 $A=\begin{pmatrix}\frac{1}{2}&-\frac{\sqrt{3}}{2}\\\frac{\sqrt{3}}{2}&\frac{1}{2}\end{pmatrix}$,且 $A^6=E$,求 A^{11}.

3. 设矩阵 $A=\begin{pmatrix}0&3&3\\1&1&0\\-1&2&3\end{pmatrix}$,且矩阵 A,B 满足 $AB=A+2B$,求 B.

五、证明题

1. 设 A 为反对称矩阵,B 为对称矩阵,证明:

(1) A^2 是对称矩阵;

(2) AB 是反对称矩阵的充要条件为 $AB=BA$.

2. 设 A 是可逆矩阵,且 $AB=BA$,证明:$A^{-1}B=BA^{-1}$.

3. 设 A,B,C 为同阶方阵,C 为可逆矩阵,且 $C^{-1}AC=B$,证明:$C^{-1}A^mC=B^m$(m 是正整数).

(C)

一、填空题

1. 设 A,B 为三阶方阵,且 $|A|=1$,$|B|=2$,则 $|2(A^TB^{-2})^2|=$__________.

2. 设矩阵 $\boldsymbol{A}=\begin{pmatrix}1 & -2\\ 2 & 1\end{pmatrix}$，$\boldsymbol{E}$ 为二阶单位矩阵，矩阵 $\boldsymbol{B}$ 满足 $\boldsymbol{AB}=\boldsymbol{B}+\boldsymbol{E}$，则 $\boldsymbol{B}=$________.

3. 设矩阵 $\boldsymbol{A}=\begin{pmatrix}1 & 2 & 2\\ -2 & 0 & 1\\ 0 & 4 & x\end{pmatrix}$ 是不可逆矩阵，则 $x=$________.

二、选择题

1. 设 $\boldsymbol{A},\boldsymbol{B}$ 为 n 阶可逆矩阵，$\boldsymbol{O}$ 为 n 阶零矩阵，则 $\left|-2\begin{pmatrix}\boldsymbol{A}^{\mathrm{T}} & \boldsymbol{O}\\ \boldsymbol{O} & \boldsymbol{B}^{-1}\end{pmatrix}\right|=$(　　).

A. $\dfrac{4^n|\boldsymbol{A}|}{|\boldsymbol{B}|}$　　B. $\dfrac{(-2)^n|\boldsymbol{A}|}{|\boldsymbol{B}|}$

C. $4^n|\boldsymbol{A}||\boldsymbol{B}|$　　D. $(-2)^n|\boldsymbol{A}||\boldsymbol{B}|$

2. 设 $\boldsymbol{A}$ 为 n 阶可逆矩阵，则下列结论中必定正确的是(　　).

A. 若 $\boldsymbol{AB}=\boldsymbol{CB}$，则 $\boldsymbol{A}=\boldsymbol{C}$

B. $\boldsymbol{A}$ 总可以经过初等变换化为 $\boldsymbol{E}$

C. 对矩阵 $(\boldsymbol{A}\ \vdots\ \boldsymbol{E})$ 施行若干次初等变换，当 $\boldsymbol{A}$ 变为 $\boldsymbol{E}$ 时，相应地 $\boldsymbol{E}$ 变为 $\boldsymbol{A}^{-1}$

D. 对矩阵 $\begin{pmatrix}\boldsymbol{A}\\ \cdots\\ \boldsymbol{E}\end{pmatrix}$ 施行若干次初等变换，当 $\boldsymbol{A}$ 变为 $\boldsymbol{E}$ 时，相应地 $\boldsymbol{E}$ 变为 $\boldsymbol{A}^{-1}$

3. 设 $\boldsymbol{A},\boldsymbol{B}$ 都是 n 阶可逆矩阵，且满足 $(\boldsymbol{AB})^2=\boldsymbol{E}$，则下列等式中不一定成立的是(　　).

A. $\boldsymbol{A}=\boldsymbol{B}^{-1}$　　B. $\boldsymbol{ABA}=\boldsymbol{B}^{-1}$

C. $\boldsymbol{BAB}=\boldsymbol{A}^{-1}$　　D. $(\boldsymbol{BA})^2=\boldsymbol{E}$

4. 设 $\boldsymbol{A},\boldsymbol{B}$ 为同阶可逆矩阵，则下列结论中必定成立的是(　　).

A. $\boldsymbol{AB}=\boldsymbol{BA}$

B. 存在可逆矩阵 $\boldsymbol{P}$，使得 $\boldsymbol{P}^{-1}\boldsymbol{AP}=\boldsymbol{B}$

C. 存在可逆矩阵 $\boldsymbol{C}$，使得 $\boldsymbol{C}^{\mathrm{T}}\boldsymbol{AC}=\boldsymbol{B}$

D. 存在可逆矩阵 $\boldsymbol{P}$ 和 $\boldsymbol{Q}$，使得 $\boldsymbol{P}^{-1}\boldsymbol{AQ}=\boldsymbol{B}$

三、计算题

1. 设矩阵 $\boldsymbol{A}=\begin{pmatrix}1 & 0 & 1\\ 0 & 2 & 0\\ 1 & 0 & 1\end{pmatrix}$，且矩阵 $\boldsymbol{A},\boldsymbol{B}$ 满足 $\boldsymbol{AB}+\boldsymbol{E}=\boldsymbol{A}^2+\boldsymbol{B}$，求 $\boldsymbol{B}$.

2. 设矩阵 $\boldsymbol{A}=\begin{pmatrix}1 & 0 & 0\\ 0 & -2 & 0\\ 0 & 0 & 1\end{pmatrix}$，且矩阵 $\boldsymbol{A},\boldsymbol{B}$ 满足 $\boldsymbol{A}^*\boldsymbol{BA}=2\boldsymbol{BA}-8\boldsymbol{E}$，求 $\boldsymbol{B}$.

3. 设矩阵 $\boldsymbol{\alpha}=(1,0,1)^{\mathrm{T}}$，$\boldsymbol{\beta}=(0,1,1)^{\mathrm{T}}$，$\boldsymbol{P}=\begin{pmatrix}1 & 0 & 0\\ 1 & 1 & 0\\ 0 & 0 & 1\end{pmatrix}$，$\boldsymbol{A}=\boldsymbol{P}^{-1}\boldsymbol{\alpha}\boldsymbol{\beta}^{\mathrm{T}}\boldsymbol{P}$，求 $\boldsymbol{A}^n$.

4. 设矩阵 $\boldsymbol{A}=\begin{pmatrix}1 & -2 & 3k\\ -1 & 2k & -3\\ k & -2 & 3\end{pmatrix}$，求(1) $\mathrm{R}(\boldsymbol{A})=1$，(2) $\mathrm{R}(\boldsymbol{A})=2$，(3) $\mathrm{R}(\boldsymbol{A})=3$ 时所对应的 k 值.

5. 设四阶方阵$\boldsymbol{A}$的秩为2,求$\boldsymbol{A}$的伴随矩阵$\boldsymbol{A}^*$的秩.

四、证明题

1. 设$\boldsymbol{A},\boldsymbol{B}$均为$n$阶方阵,且$\boldsymbol{B}=\boldsymbol{B}^2$,$\boldsymbol{A}=\boldsymbol{E}+\boldsymbol{B}$,证明:$\boldsymbol{A}$可逆,并求其逆矩阵.

2. 设n阶方阵$\boldsymbol{A}$满足关系式$\boldsymbol{A}^3+\boldsymbol{A}^2-\boldsymbol{A}-\boldsymbol{E}=\boldsymbol{O}$,且$|\boldsymbol{A}-\boldsymbol{E}|\neq 0$,证明:$\boldsymbol{A}$可逆,且

$$\boldsymbol{A}^{-1}=-(\boldsymbol{A}+2\boldsymbol{E}).$$

第3章　线性方程组与向量组的线性相关性

在第 1 章中，我们利用行列式这个工具，得到了当方程个数与未知量个数相等且方程组的系数行列式不为 0 时的线性方程组的求解方法(克拉默法则). 但当方程个数与未知量个数不相等或方程组的系数行列式为 0 时，线性方程组该利用哪种工具求解呢? 在本章中，我们将利用向量组的线性相关性来解决线性方程组的有解、无解问题，并讨论在有解时，是有唯一解还是无穷多解；在有无穷多解时，解如何表示及相互间又有怎样的关系.

3.1 线性方程组

3.1.1　一般形式的线性方程组

微课视频
高斯消元法解线性方程组

一般形式的线性方程组为

$$\begin{cases} a_{11}x_1 + a_{12}x_2 + \cdots + a_{1n}x_n = b_1, \\ a_{21}x_1 + a_{22}x_2 + \cdots + a_{2n}x_n = b_2, \\ \cdots\cdots \\ a_{m1}x_1 + a_{m2}x_2 + \cdots + a_{mn}x_n = b_m, \end{cases} \tag{3.1}$$

此方程组中含有 n 个未知量 $x_1, x_2, \cdots, x_n$ 和 m 个方程.

若记矩阵 $\boldsymbol{A} = (a_{ij})_{m\times n}$，$\boldsymbol{X} = (x_1, x_2, \cdots, x_n)^{\mathrm{T}}$，$\boldsymbol{b} = (b_1, b_2, \cdots, b_m)^{\mathrm{T}}$，则方程组(3.1)的矩阵形式为

$$\boldsymbol{AX} = \boldsymbol{b}, \tag{3.2}$$

其中 $m \times n$ 矩阵 $\boldsymbol{A}$ 称为方程组(3.1)的**系数矩阵**，$m \times (n+1)$ 矩阵 $\widetilde{\boldsymbol{A}} = (\boldsymbol{A} \mid \boldsymbol{b})$ 称为方程组(3.1)的**增广矩阵**. 显然，线性方程组与它的增广矩阵是一一对应的，且增广矩阵的第 i 行表示方程组第 i 个方程的未知量前的系数及常数项($i = 1, 2, \cdots, m$).

当方程组(3.1)中的常数项 $b_1, b_2, \cdots, b_m$ 全为 0 时，这样的方程组称为**齐次线性方程组**；常数项 $b_1, b_2, \cdots, b_m$ 不全为 0 的方程组称为**非齐次线性方程组**.

3.1.2　线性方程组的同解变换

解线性方程组最基本的方法是消元法.

定义 3.1　在用消元法求解线性方程组的过程中，称以下三种变换：

(1) 交换两个方程的位置，

(2) 用一个非零常数乘以某一个方程，

(3) 一个方程乘以某个常数再加到另一个方程上

为线性方程组的**同解变换**.

为表述方便，对线性方程组的同解变换使用如下常用记号：

(1) 交换第 i 个方程与第 j 个方程的位置，记作 $r_i \leftrightarrow r_j$；

(2) 用一个非零常数 k 乘以第 i 个方程，记作 kr_i；

(3) 第 j 个方程乘以常数 k 再加到第 i 个方程上，记作 $r_i + kr_j$.

由初等代数知识，显然可得下面的结论.

定理 3.1 **若方程组(3.1)经同解变换后得到另一个线性方程组，则这两个线性方程组必同解.**

3.1.3 用矩阵的初等行变换解线性方程组

因为线性方程组与其增广矩阵是一一对应的，所以对线性方程组进行上述三种同解变换相当于对该线性方程组的增广矩阵进行对应的三种初等行变换. 当线性方程组经过若干次消元(即同解变换)得到同解的另一个线性方程组时，其过程相当于线性方程组的增广矩阵经过若干次初等行变换得到另一个线性方程组的增广矩阵，详见下例左右的对照.

例 3.1 求解线性方程组

$$\begin{cases} 2x_1 + x_2 + x_3 = 2, \\ x_1 + 3x_2 + x_3 = 5, \\ x_1 + x_2 + 5x_3 = -7, \\ 2x_1 + 3x_2 - 3x_3 = 14. \end{cases}$$

解 对原线性方程组进行同解变换，右侧是增广矩阵对应的初等行变换.

$$\begin{cases} 2x_1 + x_2 + x_3 = 2, \\ x_1 + 3x_2 + x_3 = 5, \\ x_1 + x_2 + 5x_3 = -7, \\ 2x_1 + 3x_2 - 3x_3 = 14 \end{cases} \qquad \widetilde{\boldsymbol{A}} = \left(\begin{array}{ccc:c} 2 & 1 & 1 & 2 \\ 1 & 3 & 1 & 5 \\ 1 & 1 & 5 & -7 \\ 2 & 3 & -3 & 14 \end{array}\right)$$

$$\xrightarrow{r_1 \leftrightarrow r_2} \begin{cases} x_1 + 3x_2 + x_3 = 5, \\ 2x_1 + x_2 + x_3 = 2, \\ x_1 + x_2 + 5x_3 = -7, \\ 2x_1 + 3x_2 - 3x_3 = 14 \end{cases} \qquad \xrightarrow{r_1 \leftrightarrow r_2} \left(\begin{array}{ccc:c} 1 & 3 & 1 & 5 \\ 2 & 1 & 1 & 2 \\ 1 & 1 & 5 & -7 \\ 2 & 3 & -3 & 14 \end{array}\right)$$

$$\xrightarrow[r_4 - 2r_1]{\substack{r_2 - 2r_1 \\ r_3 - r_1}} \begin{cases} x_1 + 3x_2 + x_3 = 5, \\ -5x_2 - x_3 = -8, \\ -2x_2 + 4x_3 = -12, \\ -3x_2 - 5x_3 = 4 \end{cases} \qquad \xrightarrow[r_4 - 2r_1]{\substack{r_2 - 2r_1 \\ r_3 - r_1}} \left(\begin{array}{ccc:c} 1 & 3 & 1 & 5 \\ 0 & -5 & -1 & -8 \\ 0 & -2 & 4 & -12 \\ 0 & -3 & -5 & 4 \end{array}\right)$$

$$\xrightarrow[r_2 \leftrightarrow r_3]{-\frac{1}{2}r_3}\begin{cases}x_1+3x_2+x_3=5,\\ x_2-2x_3=6,\\ -5x_2-x_3=-8,\\ -3x_2-5x_3=4\end{cases} \qquad \xrightarrow[r_2 \leftrightarrow r_3]{-\frac{1}{2}r_3}\left(\begin{array}{ccc:c}1 & 3 & 1 & 5\\ 0 & 1 & -2 & 6\\ 0 & -5 & -1 & -8\\ 0 & -3 & -5 & 4\end{array}\right)$$

$$\xrightarrow[r_4+3r_2]{r_3+5r_2}\begin{cases}x_1+3x_2+x_3=5,\\ x_2-2x_3=6,\\ -11x_3=22,\\ -11x_3=22\end{cases} \qquad \xrightarrow[r_4+3r_2]{r_3+5r_2}\left(\begin{array}{ccc:c}1 & 3 & 1 & 5\\ 0 & 1 & -2 & 6\\ 0 & 0 & -11 & 22\\ 0 & 0 & -11 & 22\end{array}\right)$$

$$\xrightarrow[-\frac{1}{11}r_3]{r_4-r_3}\begin{cases}x_1+3x_2+x_3=5,\\ x_2-2x_3=6,\\ x_3=-2\end{cases} \qquad \xrightarrow[-\frac{1}{11}r_3]{r_4-r_3}\left(\begin{array}{ccc:c}1 & 3 & 1 & 5\\ 0 & 1 & -2 & 6\\ 0 & 0 & 1 & -2\\ 0 & 0 & 0 & 0\end{array}\right)$$

$$\xrightarrow[r_1-r_3]{r_2+2r_3}\begin{cases}x_1+3x_2=7,\\ x_2=2,\\ x_3=-2\end{cases} \qquad \xrightarrow[r_1-r_3]{r_2+2r_3}\left(\begin{array}{ccc:c}1 & 3 & 0 & 7\\ 0 & 1 & 0 & 2\\ 0 & 0 & 1 & -2\\ 0 & 0 & 0 & 0\end{array}\right)$$

$$\xrightarrow{r_1-3r_2}\begin{cases}x_1=1,\\ x_2=2,\\ x_3=-2.\end{cases} \qquad \xrightarrow{r_1-3r_2}\left(\begin{array}{ccc:c}1 & 0 & 0 & 1\\ 0 & 1 & 0 & 2\\ 0 & 0 & 1 & -2\\ 0 & 0 & 0 & 0\end{array}\right)$$

因此，方程组有唯一解 $x_1=1, x_2=2, x_3=-2$.

由于线性方程组的解与未知量的符号无关，因此利用消元法求解线性方程组完全可用其对应的增广矩阵的初等行变换过程来替代，这样既简单又明了.

例 3.2　求解线性方程组

$$\begin{cases}x_1+3x_2-3x_3=2,\\ 4x_1+2x_2-x_3=5,\\ 4x_1+2x_2-x_3=2.\end{cases}$$

解　对原方程组的增广矩阵施行初等行变换：

$$\widetilde{\boldsymbol{A}}=\left(\begin{array}{ccc:c}1 & 3 & -3 & 2\\ 4 & 2 & -1 & 5\\ 4 & 2 & -1 & 2\end{array}\right)\xrightarrow[r_3-4r_1]{r_2-4r_1}\left(\begin{array}{ccc:c}1 & 3 & -3 & 2\\ 0 & -10 & 11 & -3\\ 0 & -10 & 11 & -6\end{array}\right)\xrightarrow{r_3-r_2}\left(\begin{array}{ccc:c}1 & 3 & -3 & 2\\ 0 & -10 & 11 & -3\\ 0 & 0 & 0 & -3\end{array}\right).$$

上面矩阵的最后一行对应的方程为 $0=-3$，明显矛盾，故原方程组无解.

例 3.3　求解线性方程组

$$\begin{cases}x_1-x_2-x_3-3x_4=-2,\\ x_1-x_2+x_3+5x_4=4,\\ -3x_1+3x_2+2x_3+5x_4=3.\end{cases}$$

解 对原方程组的增广矩阵施行初等行变换：

$$\widetilde{\boldsymbol{A}}=\left(\begin{array}{cccc:c}1&-1&-1&-3&-2\\1&-1&1&5&4\\-3&3&2&5&3\end{array}\right)\xrightarrow[r_3+3r_1]{r_2-r_1}\left(\begin{array}{cccc:c}1&-1&-1&-3&-2\\0&0&2&8&6\\0&0&-1&-4&-3\end{array}\right)$$

$$\xrightarrow[r_3+r_2]{\frac{1}{2}r_2}\left(\begin{array}{cccc:c}1&-1&-1&-3&-2\\0&0&1&4&3\\0&0&0&0&0\end{array}\right)\xrightarrow{r_1+r_2}\left(\begin{array}{cccc:c}1&-1&0&1&1\\0&0&1&4&3\\0&0&0&0&0\end{array}\right).$$

原方程组的同解方程组为

$$\begin{cases}x_1-x_2\qquad\quad+\ x_4=1,\\ \qquad\qquad\quad x_3+4x_4=3,\end{cases}$$

则原方程组的解为

$$\begin{cases}x_1=x_2-x_4+1,\\x_3=-4x_4+3.\end{cases}$$

上式中，未知量 x_2,x_4 称为**自由未知量**，x_1,x_3 称为**非自由未知量**. 一般取行最简形矩阵各非零行的首个非零元素对应的未知量为非自由未知量，此时原方程组有无穷多解. 令自由未知量 $x_2=c_1,x_4=c_2$，则原方程组的解可表示为

$$\begin{cases}x_1=1+c_1-c_2,\\x_2=c_1,\\x_3=3-4c_2,\\x_4=c_2,\end{cases}$$

其中 c_1,c_2 为任意常数. 用此形式表示的线性方程组的解习惯上称为**一般解**或**通解**.

例 3.4 例 3.3 也可用下述方式求解：原方程组的同解方程组为

$$\begin{cases}x_1-x_2\qquad\quad+\ x_4=1,\\ \qquad\qquad\quad x_3+4x_4=3,\end{cases}$$

令

$$\begin{cases}y_1=x_1,\\y_2=x_3,\\y_3=x_2,\\y_4=x_4,\end{cases}$$

得

$$\begin{cases}y_1\qquad -y_3+\ y_4=1,\\ \qquad y_2\qquad +4y_4=3.\end{cases}$$

上述过程相当于交换矩阵

$$\left(\begin{array}{cccc:c}1&-1&0&1&1\\0&0&1&4&3\\0&0&0&0&0\end{array}\right)$$

的第 2 列与第 3 列,得

$$\left(\begin{array}{cccc:c} 1 & 0 & -1 & 1 & 1 \\ 0 & 1 & 0 & 4 & 3 \\ 0 & 0 & 0 & 0 & 0 \end{array}\right),$$

于是此增广矩阵对应的方程组的解为

$$\begin{cases} y_1 = 1 + y_3 - y_4, \\ y_2 = 3 - 4y_4, \\ y_3 = y_3, \\ y_4 = y_4. \end{cases}$$

将变量回代,得原方程组的解为

$$\begin{cases} x_1 = 1 + x_2 - x_4, \\ x_2 = x_2, \\ x_3 = 3 - 4x_4, \\ x_4 = x_4. \end{cases}$$

令自由未知量 $x_2 = c_1, x_4 = c_2$,得原方程组的通解为

$$\begin{cases} x_1 = 1 + c_1 - c_2, \\ x_2 = c_1, \\ x_3 = 3 - 4c_2, \\ x_4 = c_2, \end{cases}$$

其中 c_1, c_2 为任意常数.

从前面的几个实例可以看出,用消元法解线性方程组,实质上就是对该方程组的增广矩阵施行初等行变换,并将其化为行最简形矩阵.

微课视频

非齐次线性方程组有解的充要条件

综上所述,用消元法解线性方程组的一般步骤如下.

(1) 写出方程组(3.1) 的增广矩阵 $\widetilde{\boldsymbol{A}}$.

(2) 对增广矩阵 $\widetilde{\boldsymbol{A}}$ 施行初等行变换将其化为行最简形矩阵. 不妨设 $\widetilde{\boldsymbol{A}}$ 的行最简形矩阵为(必要的话可重新安排方程中未知量的次序,类似例 3.4)

$$\left(\begin{array}{cccccccc:c} 1 & 0 & \cdots & 0 & c_{1,r+1} & c_{1,r+2} & \cdots & c_{1n} & d_1 \\ 0 & 1 & \cdots & 0 & c_{2,r+1} & c_{2,r+2} & \cdots & c_{2n} & d_2 \\ \vdots & \vdots & & \vdots & \vdots & \vdots & & \vdots & \vdots \\ 0 & 0 & \cdots & 1 & c_{r,r+1} & c_{r,r+2} & \cdots & c_{rn} & d_r \\ 0 & 0 & \cdots & 0 & 0 & 0 & \cdots & 0 & d_{r+1} \\ 0 & 0 & \cdots & 0 & 0 & 0 & \cdots & 0 & 0 \\ \vdots & \vdots & & \vdots & \vdots & \vdots & & \vdots & \vdots \\ 0 & 0 & \cdots & 0 & 0 & 0 & \cdots & 0 & 0 \end{array}\right). \tag{3.3}$$

此时,该增广矩阵对应的线性方程组为

$$\begin{cases} x_1 \qquad\qquad + c_{1,r+1}x_{r+1} + c_{1,r+2}x_{r+2} + \cdots + c_{1n}x_n = d_1, \\ \quad x_2 \qquad + c_{2,r+1}x_{r+1} + c_{2,r+2}x_{r+2} + \cdots + c_{2n}x_n = d_2, \\ \qquad\qquad \cdots\cdots \\ \qquad\quad x_r + c_{r,r+1}x_{r+1} + c_{r,r+2}x_{r+2} + \cdots + c_{rn}x_n = d_r, \\ \qquad\qquad\qquad\qquad 0 = d_{r+1}, \\ \qquad\qquad\qquad\qquad 0 = 0, \\ \qquad\qquad\qquad\qquad \cdots\cdots \\ \qquad\qquad\qquad\qquad 0 = 0, \end{cases} \tag{3.4}$$

且方程组(3.4)与方程组(3.1)是同解方程组.

从行阶梯形方程组(3.4)可得方程组(3.1)的解具有以下三种情形.

(1) 如果方程组(3.4)中的$d_{r+1} \neq 0$(如例3.2),则方程组(3.4)无解,从而方程组(3.1)也无解.

(2) 如果方程组(3.4)中的$d_{r+1} = 0$,则当$r = n$时,方程组(3.4)为

$$\begin{cases} x_1 = d_1, \\ x_2 = d_2, \\ \cdots\cdots \\ x_n = d_n, \end{cases}$$

此时方程组(3.4)有唯一解,从而方程组(3.1)也有唯一解(如例3.1).

当$r < n$时,方程组(3.4)可化为

$$\begin{cases} x_1 = d_1 - c_{1,r+1}x_{r+1} - c_{1,r+2}x_{r+2} - \cdots - c_{1n}x_n, \\ x_2 = d_2 - c_{2,r+1}x_{r+1} - c_{2,r+2}x_{r+2} - \cdots - c_{2n}x_n, \\ \qquad\qquad \cdots\cdots \\ x_r = d_r - c_{r,r+1}x_{r+1} - c_{r,r+2}x_{r+2} - \cdots - c_{rn}x_n, \end{cases}$$

其中$x_{r+1}, x_{r+2}, \cdots, x_n$为自由未知量,此时方程组(3.4)有无穷多解,从而方程组(3.1)也有无穷多解. 令自由未知量$x_{r+1} = k_1, x_{r+2} = k_2, \cdots, x_n = k_{n-r}$,则方程组(3.4)的通解为

$$\begin{cases} x_1 = d_1 - c_{1,r+1}k_1 - c_{1,r+2}k_2 - \cdots - c_{1n}k_{n-r}, \\ x_2 = d_2 - c_{2,r+1}k_1 - c_{2,r+2}k_2 - \cdots - c_{2n}k_{n-r}, \\ \qquad\qquad \cdots\cdots \\ x_r = d_r - c_{r,r+1}k_1 - c_{r,r+2}k_2 - \cdots - c_{rn}k_{n-r}, \\ x_{r+1} = k_1, \\ x_{r+2} = k_2, \\ \cdots\cdots \\ x_n = k_{n-r}, \end{cases}$$

其中$k_1, k_2, \cdots, k_{n-r}$为任意常数,这也是方程组(3.1)的通解(如例3.3).

结合线性方程组的系数矩阵及增广矩阵的秩,可有下述结论:

当$d_{r+1} \neq 0$时,方程组(3.1)的系数矩阵的秩$R(\boldsymbol{A}) = r$,增广矩阵的秩$R(\widetilde{\boldsymbol{A}}) = r + 1$,此时$R(\widetilde{\boldsymbol{A}}) \neq R(\boldsymbol{A})$,且方程组(3.1)无解.

当$d_{r+1} = 0$时,方程组(3.1)的系数矩阵的秩$R(\boldsymbol{A}) = r$,增广矩阵的秩$R(\widetilde{\boldsymbol{A}}) = r$,此时

$R(\widetilde{A})=R(A)$，且方程组(3.1)有解. 当 $r=n$ 时，方程组(3.1)有唯一解；当 $r<n$ 时，方程组(3.1)有无穷多解.

由以上讨论可得下述定理.

定理 3.2　**线性方程组(3.1)有解的充要条件是 $R(A)=R(\widetilde{A})$，且当 $R(A)=n$ 时，方程组有唯一解；当 $R(A)<n$ 时，方程组有无穷多解，其中 n 为未知量的个数.**

推论 1　线性方程组(3.1)无解的充要条件是 $R(A)\neq R(\widetilde{A})$.

例 3.5　当 a,b 取何值时，线性方程组

$$\begin{cases}x_1+x_2+x_3+x_4=1,\\ x_2-x_3+2x_4=1,\\ 2x_1+3x_2+(a+2)x_3+4x_4=b+3,\\ 3x_1+5x_2+x_3+(a+8)x_4=5\end{cases}$$

(1) 有唯一解，(2) 无解，(3) 有无穷多解？并求通解.

解　对原方程组的增广矩阵施行初等行变换将其化为行阶梯形矩阵：

$$\widetilde{A}=\left(\begin{array}{cccc:c}1&1&1&1&1\\0&1&-1&2&1\\2&3&a+2&4&b+3\\3&5&1&a+8&5\end{array}\right)\xrightarrow[r_4-3r_1]{r_3-2r_1}\left(\begin{array}{cccc:c}1&1&1&1&1\\0&1&-1&2&1\\0&1&a&2&b+1\\0&2&-2&a+5&2\end{array}\right)$$

$$\xrightarrow[r_4-2r_2]{r_3-r_2}\left(\begin{array}{cccc:c}1&1&1&1&1\\0&1&-1&2&1\\0&0&a+1&0&b\\0&0&0&a+1&0\end{array}\right).$$

(1) 当 $a\neq-1$ 时，因 $R(\widetilde{A})=R(A)=4=n$，故原方程组有唯一解.

(2) 当 $a=-1,b\neq0$ 时，因 $R(A)=2\neq R(\widetilde{A})=3$，故原方程组无解.

(3) 当 $a=-1,b=0$ 时，因 $R(\widetilde{A})=R(A)=2<n=4$，故原方程组有无穷多解. 为求通解，对增广矩阵再施行初等行变换将其化为行最简形矩阵：

$$\widetilde{A}\xrightarrow{\text{初等行变换}}\left(\begin{array}{cccc:c}1&0&2&-1&0\\0&1&-1&2&1\\0&0&0&0&0\\0&0&0&0&0\end{array}\right).$$

故原方程组的同解方程组为

$$\begin{cases}x_1+2x_3-x_4=0,\\ x_2-x_3+2x_4=1,\end{cases}\quad\text{即}\quad\begin{cases}x_1=-2x_3+x_4,\\ x_2=1+x_3-2x_4,\end{cases}$$

令自由未知量 $x_3=c_1,x_4=c_2$，则原方程组的通解为

$$\begin{cases}x_1=-2c_1+c_2,\\ x_2=1+c_1-2c_2,\\ x_3=c_1,\\ x_4=c_2,\end{cases}$$

其中 c_1, c_2 为任意常数.

微课视频

齐次线性方程组有非零解的充要条件

对于一般形式的齐次线性方程组

$$\begin{cases} a_{11}x_1 + a_{12}x_2 + \cdots + a_{1n}x_n = 0, \\ a_{21}x_1 + a_{22}x_2 + \cdots + a_{2n}x_n = 0, \\ \cdots\cdots \\ a_{m1}x_1 + a_{m2}x_2 + \cdots + a_{mn}x_n = 0, \end{cases} \tag{3.5}$$

其矩阵形式为

$$\boldsymbol{AX} = \boldsymbol{O}. \tag{3.6}$$

显然,方程组(3.5)至少有零解(未知量全为 0 的解). 由定理 3.2 易得以下结论.

定理 3.3 **齐次线性方程组(3.5)有非零解的充要条件是** $\mathrm{R}(\boldsymbol{A}) < n$.

推论 2 当 $m < n$ 时,齐次线性方程组(3.5)有非零解.

例 3.6 求解齐次线性方程组

$$\begin{cases} x_1 + 2x_2 + x_3 - x_4 = 0, \\ 3x_1 + 6x_2 - x_3 - 3x_4 = 0, \\ 5x_1 + 10x_2 + x_3 - 5x_4 = 0. \end{cases}$$

解 对原方程组的系数矩阵施行初等行变换将其化为行最简形矩阵:

$$\boldsymbol{A} = \begin{pmatrix} 1 & 2 & 1 & -1 \\ 3 & 6 & -1 & -3 \\ 5 & 10 & 1 & -5 \end{pmatrix} \xrightarrow[r_3 - 5r_1]{r_2 - 3r_1} \begin{pmatrix} 1 & 2 & 1 & -1 \\ 0 & 0 & -4 & 0 \\ 0 & 0 & -4 & 0 \end{pmatrix}$$

$$\xrightarrow[-\frac{1}{4} \times r_2]{r_3 - r_2} \begin{pmatrix} 1 & 2 & 1 & -1 \\ 0 & 0 & 1 & 0 \\ 0 & 0 & 0 & 0 \end{pmatrix} \xrightarrow{r_1 - r_2} \begin{pmatrix} 1 & 2 & 0 & -1 \\ 0 & 0 & 1 & 0 \\ 0 & 0 & 0 & 0 \end{pmatrix},$$

可得 $\mathrm{R}(\boldsymbol{A}) = 2 < n = 4$,故原方程组有非零解. 取 x_2, x_4 为自由未知量,得同解方程组为

$$\begin{cases} x_1 + 2x_2 \qquad - x_4 = 0, \\ \qquad\qquad x_3 \qquad = 0, \end{cases} \quad 即 \quad \begin{cases} x_1 = -2x_2 + x_4, \\ x_3 = 0, \end{cases}$$

令 $x_2 = c_1, x_4 = c_2$,则原方程组的通解为

$$\begin{cases} x_1 = -2c_1 + c_2, \\ x_2 = c_1, \\ x_3 = 0, \\ x_4 = c_2, \end{cases}$$

其中 c_1, c_2 为任意常数.

例 3.7 当 λ 取何值时,齐次线性方程组

$$\begin{cases} 3x_1 + x_2 - x_3 = 0, \\ 3x_1 + 2x_2 + 3x_3 = 0, \\ \qquad x_2 + \lambda x_3 = 0 \end{cases}$$

有非零解？

解 对原方程组的系数矩阵施行初等行变换将其化为行阶梯形矩阵：

$$\boldsymbol{A}=\begin{pmatrix}3&1&-1\\3&2&3\\0&1&\lambda\end{pmatrix}\xrightarrow{r_2-r_1}\begin{pmatrix}3&1&-1\\0&1&4\\0&1&\lambda\end{pmatrix}\xrightarrow{r_3-r_2}\begin{pmatrix}3&1&-1\\0&1&4\\0&0&\lambda-4\end{pmatrix}.$$

当 $\lambda=4$ 时，有 $\mathrm{R}(\boldsymbol{A})=2<n=3$，此时原方程组有非零解.

习 题 3.1

1. 判断题（正确的在括号里打"√"，错误的打"×"）：

(1) 当 $m>n$ 时，非齐次线性方程组 $\boldsymbol{A}_{m\times n}\boldsymbol{X}_{n\times 1}=\boldsymbol{b}_{m\times 1}$ 必无解； ( )

(2) 当 $m<n$ 时，非齐次线性方程组 $\boldsymbol{A}_{m\times n}\boldsymbol{X}_{n\times 1}=\boldsymbol{b}_{m\times 1}$ 必有无穷多解； ( )

(3) 当 $m=n$ 时，非齐次线性方程组 $\boldsymbol{A}_{m\times n}\boldsymbol{X}_{n\times 1}=\boldsymbol{b}_{m\times 1}$ 必有唯一解； ( )

(4) 当 $m=n$ 时，齐次线性方程组 $\boldsymbol{A}_{m\times n}\boldsymbol{X}_{n\times 1}=\boldsymbol{O}_{m\times 1}$ 必只有零解； ( )

(5) 当 $m<n$ 时，齐次线性方程组 $\boldsymbol{A}_{m\times n}\boldsymbol{X}_{n\times 1}=\boldsymbol{O}_{m\times 1}$ 必有非零解. ( )

2. 选择题：

(1) 如果齐次线性方程组 $\begin{cases}x_1+x_2+x_3=0,\\ \quad 2x_2-x_3=0,\\ \quad (\lambda-1)x_3=0\end{cases}$ 有无穷多解，则（ ）；

A. $\lambda=1$　　B. $\lambda=0$　　C. $\lambda=3$　　D. $\lambda=10$

(2) 如果非齐次线性方程组 $\begin{cases}x_1+x_2+x_3=1,\\ \quad x_2-x_3=2,\\ \quad (a-1)x_3=b+3\end{cases}$ 有无穷多解，则（ ）.

A. $a=1,b=-3$　　B. $a\neq 1,b=-3$　　C. $a=1,b\neq -3$　　D. $a\neq 1,b\neq -3$

3. 求解下列线性方程组：

(1) $\begin{cases}x_1+2x_2-3x_3=0,\\2x_1+5x_2+2x_3=0,\\3x_1-x_2-4x_3=0,\\4x_1+9x_2-4x_3=0;\end{cases}$　　(2) $\begin{cases}2x_1+x_2-5x_3+x_4=8,\\x_1-3x_2-6x_4=9,\\2x_2-x_3+2x_4=-5,\\x_1+4x_2-7x_3+6x_4=0;\end{cases}$

(3) $\begin{cases}x_1-2x_2+x_3+x_4=1,\\x_1-2x_2+x_3-x_4=-1,\\x_1-2x_2+x_3+5x_4=5;\end{cases}$　　(4) $\begin{cases}x_1+x_2+2x_3+3x_4=1,\\x_2+x_3-4x_4=1,\\x_1+2x_2+3x_3-x_4=4,\\2x_1+3x_2-x_3-x_4=-6;\end{cases}$

(5) $\begin{cases}x_1+x_2-2x_3+3x_4=0,\\x_1+3x_2-9x_3+7x_4=0,\\3x_1-x_2+8x_3+x_4=0,\\x_1-x_2+5x_3-x_4=0;\end{cases}$　　(6) $\begin{cases}x_1+x_2-3x_3-x_4=1,\\3x_1+2x_2-3x_3+4x_4=5,\\x_1+2x_2-9x_3-8x_4=-1.\end{cases}$

4. 已知线性方程组 $\begin{cases}x_1+x_2+x_3+x_4+x_5=a,\\3x_1+2x_2+x_3+x_4-3x_5=0,\\x_2+2x_3+2x_4+6x_5=b,\\5x_1+4x_2+3x_3+3x_4-x_5=2.\end{cases}$

(1) 试确定 a,b 的值,使得该方程组有解;

(2) 当方程组有解时,求该方程组的通解.

5. 当 k 取何值时,线性方程组 $\begin{cases} kx_1+x_2+x_3=1, \\ x_1+kx_2+x_3=k, \\ x_1+x_2+kx_3=k^2 \end{cases}$ (1) 有唯一解,(2) 无解,(3) 有无穷多解? 并在有无穷多解时求通解.

6. 当 a,b 取何值时,线性方程组 $\begin{cases} x_1+2x_2-2x_3+2x_4=2, \\ x_2-x_3-x_4=1, \\ x_1+x_2-x_3+3x_4=a, \\ x_1-x_2+x_3+5x_4=b \end{cases}$ (1) 无解,(2) 有无穷多解? 并在有无穷多解时求通解.

7. 当 a 取何值时,线性方程组 $\begin{cases} x_1+x_2+x_3=a, \\ ax_1+x_2+x_3=1, \\ x_1+x_2+ax_3=1 \end{cases}$ 有解? 并在有解时求出其解.

3.2 向量组的线性相关性

在 3.1 节中,我们利用消元法得到了线性方程组有解的充要条件,以及有解时解的求法,但还不太清楚线性方程组解的结构. 为此,本节引入向量的理论,它是线性代数的核心理论. 利用向量理论可以解决线性方程组解的结构问题.

3.2.1 向量及其线性运算

向量的概念是平面中二维向量及空间中三维向量的自然推广. 我们通过建立坐标系,使一个向量与它的坐标(即有序数组)一一对应,从而把向量的运算转化为有序数组的代数运算,将几何问题代数化.

微课视频

向量及其线性运算

我们先将二元及三元有序数组推广到一般的 n 元有序数组,从而建立 n 元向量的概念.

定义 3.2 由 n 个数 $a_1,a_2,\cdots,a_n$ 所组成的 n 元有序数组称为 n **元向量**或 n **维向量**,其中 a_i 称为 n 维向量的第 i 个**分量**,n 称为向量的**维数**.

常用 $\boldsymbol{\alpha},\boldsymbol{\beta},\boldsymbol{\gamma}$ 等黑体小写字母表示 n 维向量,记作

$$\boldsymbol{\alpha}=(a_1,a_2,\cdots,a_n) \quad 或 \quad \boldsymbol{\alpha}=(a_1 \quad a_2 \quad \cdots \quad a_n),$$

并称以这种形式表示的向量为**行向量**;而以一列的形式表示的 n 维向量

$$\boldsymbol{\alpha}=\begin{pmatrix} a_1 \\ a_2 \\ \vdots \\ a_n \end{pmatrix}$$

称为 n 维**列向量**,也常记为 $\boldsymbol{\alpha}=(a_1,a_2,\cdots,a_n)^{\mathrm{T}}$. 以后若不加特别声明,本书中提到的 n 维向量均指 n 维列向量.

特别地，分量全为 0 的向量称为**零向量**，记作 $\mathbf{0}=(0,0,\cdots,0)^{\mathrm{T}}$；$n$ 维向量

$$(-a_1,-a_2,\cdots,-a_n)^{\mathrm{T}}$$

称为 n 维向量 $\boldsymbol{\alpha}=(a_1,a_2,\cdots,a_n)^{\mathrm{T}}$ 的**负向量**，记作 $-\boldsymbol{\alpha}$.

显然，一个 n 维行向量就是一个 $1\times n$ 矩阵，而一个 n 维列向量就是一个 $n\times 1$ 矩阵.

例如，含有 n 个未知量的线性方程组的解就是一个 n 维列向量 $(x_1,x_2,\cdots,x_n)^{\mathrm{T}}$；线性方程组的第 i 个方程的未知量的系数即组成一个 n 维行向量 $(a_{i1},a_{i2},\cdots,a_{in})$；$m\times n$ 矩阵的每一列都可看作一个 m 维列向量，而其每一行都可看作一个 n 维行向量. 将 m 个 n 维行向量按行排列就可构成一个 $m\times n$ 矩阵；将 n 个 m 维列向量按列排列也可构成一个 $m\times n$ 矩阵.

定义 3.3　设有两个 n 维向量 $\boldsymbol{\alpha}=(a_1,a_2,\cdots,a_n)^{\mathrm{T}}$，$\boldsymbol{\beta}=(b_1,b_2,\cdots,b_n)^{\mathrm{T}}$. 若它们的分量都对应相等，即

$$a_i=b_i\quad(i=1,2,\cdots,n),$$

则称向量 $\boldsymbol{\alpha}$ 与 $\boldsymbol{\beta}$ **相等**，记作 $\boldsymbol{\alpha}=\boldsymbol{\beta}$.

我们熟知的二维与三维向量的加法与数乘运算，当然也可推广至 n 维向量.

定义 3.4　设有两个 n 维向量 $\boldsymbol{\alpha}=(a_1,a_2,\cdots,a_n)^{\mathrm{T}}$，$\boldsymbol{\beta}=(b_1,b_2,\cdots,b_n)^{\mathrm{T}}$，$k$ 为实数，则称 n 维向量

$$\begin{pmatrix} a_1+b_1 \\ a_2+b_2 \\ \vdots \\ a_n+b_n \end{pmatrix}$$

为向量 $\boldsymbol{\alpha}$ 与 $\boldsymbol{\beta}$ 的和，记作 $\boldsymbol{\alpha}+\boldsymbol{\beta}$；称 n 维向量

$$\begin{pmatrix} ka_1 \\ ka_2 \\ \vdots \\ ka_n \end{pmatrix}$$

为**数 k 与向量 $\boldsymbol{\alpha}$ 的乘积**，记作 $k\boldsymbol{\alpha}$.

通常将向量的加法与数乘运算统称为**向量的线性运算**.

规定 $\boldsymbol{\alpha}-\boldsymbol{\beta}=\boldsymbol{\alpha}+(-\boldsymbol{\beta})$，称为向量 $\boldsymbol{\alpha}$ 与 $\boldsymbol{\beta}$ 的**差**. 由向量的加法及负向量的定义，有

$$\boldsymbol{\alpha}-\boldsymbol{\beta}=\begin{pmatrix} a_1-b_1 \\ a_2-b_2 \\ \vdots \\ a_n-b_n \end{pmatrix}.$$

因为 n 维向量其实就是矩阵，且 n 维向量的加法、数乘运算与矩阵的加法、数乘运算一致，所以 n 维向量的线性运算所满足的规律也与矩阵相同，即有

$$\boldsymbol{\alpha}+\boldsymbol{\beta}=\boldsymbol{\beta}+\boldsymbol{\alpha},\quad (\boldsymbol{\alpha}+\boldsymbol{\beta})+\boldsymbol{\gamma}=\boldsymbol{\alpha}+(\boldsymbol{\beta}+\boldsymbol{\gamma}),\quad \boldsymbol{\alpha}+\mathbf{0}=\boldsymbol{\alpha},\quad \boldsymbol{\alpha}+(-\boldsymbol{\alpha})=\mathbf{0},$$

$$1\cdot\boldsymbol{\alpha}=\boldsymbol{\alpha},\quad k(l\boldsymbol{\alpha})=(kl)\boldsymbol{\alpha}=l(k\boldsymbol{\alpha}),\quad k(\boldsymbol{\alpha}+\boldsymbol{\beta})=k\boldsymbol{\alpha}+k\boldsymbol{\beta},\quad (k+l)\boldsymbol{\alpha}=k\boldsymbol{\alpha}+l\boldsymbol{\alpha},$$

其中 $\boldsymbol{\alpha},\boldsymbol{\beta},\boldsymbol{\gamma}$ 是同维数的向量（同维向量），k,l 是常数.

由定义 3.4 及上述向量的线性运算规律易得向量的以下性质.

性质 1 $0 \cdot \boldsymbol{\alpha} = \mathbf{0}$.

性质 2 $k \cdot \mathbf{0} = \mathbf{0}$, k 是任意常数.

性质 3 $(-1) \cdot \boldsymbol{\alpha} = -\boldsymbol{\alpha}$.

性质 4 若 $k \cdot \boldsymbol{\alpha} = \mathbf{0}$,则 $k = 0$ 或 $\boldsymbol{\alpha} = \mathbf{0}$.

3.2.2 向量组的线性组合

将若干个同维向量放在一起可组成一个**向量组**,如 n 维向量 $\boldsymbol{e}_1 = (1,0,\cdots,0)^{\mathrm{T}}$,$\boldsymbol{e}_2 = (0,1,\cdots,0)^{\mathrm{T}}$,$\cdots$,$\boldsymbol{e}_n = (0,0,\cdots,1)^{\mathrm{T}}$ 是一个向量组,习惯上把 $\boldsymbol{e}_1, \boldsymbol{e}_2, \cdots, \boldsymbol{e}_n$ 称为**坐标单位向量组**,简称**单位向量组**. $m \times n$ 矩阵 $\boldsymbol{A} = (a_{ij})_{m\times n}$ 的所有列 $(a_{1j}, a_{2j}, \cdots, a_{mj})^{\mathrm{T}}$ $(j = 1,2,\cdots,n)$ 即组成一个 m 维的向量组,称为矩阵 $\boldsymbol{A}$ 的**列向量组**;矩阵 $\boldsymbol{A} = (a_{ij})_{m\times n}$ 的所有行 $(a_{i1}, a_{i2}, \cdots, a_{in})$ $(i = 1,2,\cdots,m)$ 即组成一个 n 维的向量组,称为矩阵 $\boldsymbol{A}$ 的**行向量组**.

微课视频

向量组的线性组合

依据向量的线性运算,线性方程组(3.1)可表示为以常数项组成的列向量 $\boldsymbol{\beta}$ 与系数矩阵的列向量组 $\boldsymbol{\alpha}_1, \boldsymbol{\alpha}_2, \cdots, \boldsymbol{\alpha}_n$ 的线性关系式

$$x_1\boldsymbol{\alpha}_1 + x_2\boldsymbol{\alpha}_2 + \cdots + x_n\boldsymbol{\alpha}_n = \boldsymbol{\beta},$$

上式称为方程组(3.1)的**向量形式**,其中

$$\boldsymbol{\alpha}_j = \begin{pmatrix} a_{1j} \\ a_{2j} \\ \vdots \\ a_{mj} \end{pmatrix} \quad (j = 1,2,\cdots,n), \quad \boldsymbol{\beta} = \begin{pmatrix} b_1 \\ b_2 \\ \vdots \\ b_m \end{pmatrix}$$

均为 m 维向量. 于是,讨论方程组(3.1)是否有解,相当于讨论是否存在一组数 $x_1 = k_1, x_2 = k_2, \cdots, x_n = k_n$,使得表示式

$$k_1\boldsymbol{\alpha}_1 + k_2\boldsymbol{\alpha}_2 + \cdots + k_n\boldsymbol{\alpha}_n = \boldsymbol{\beta}$$

成立,即常数项组成的列向量 $\boldsymbol{\beta}$ 是否可表示成方程组(3.1)的系数矩阵的列向量组 $\boldsymbol{\alpha}_1, \boldsymbol{\alpha}_2, \cdots, \boldsymbol{\alpha}_n$ 的线性表示式. 若可以,则方程组(3.1)有解;否则,方程组(3.1)无解. 基于此,我们有如下定义.

定义 3.5 设 $\boldsymbol{\beta}, \boldsymbol{\alpha}_1, \boldsymbol{\alpha}_2, \cdots, \boldsymbol{\alpha}_s$ 为一组 n 维向量. 若存在一组常数 $k_1, k_2, \cdots, k_s$,使得

$$\boldsymbol{\beta} = k_1\boldsymbol{\alpha}_1 + k_2\boldsymbol{\alpha}_2 + \cdots + k_s\boldsymbol{\alpha}_s \tag{3.7}$$

成立,则称向量 $\boldsymbol{\beta}$ 是向量组 $\boldsymbol{\alpha}_1, \boldsymbol{\alpha}_2, \cdots, \boldsymbol{\alpha}_s$ 的**线性组合**,或称向量 $\boldsymbol{\beta}$ 可由向量组 $\boldsymbol{\alpha}_1, \boldsymbol{\alpha}_2, \cdots, \boldsymbol{\alpha}_s$ **线性表示(或线性表出)**.

例 3.8 (1) 零向量可由任意一个同维向量组线性表示,因为

$$\mathbf{0} = 0 \cdot \boldsymbol{\alpha}_1 + 0 \cdot \boldsymbol{\alpha}_2 + \cdots + 0 \cdot \boldsymbol{\alpha}_s.$$

(2) 任一 n 维向量 $\boldsymbol{\alpha} = (a_1, a_2, \cdots, a_n)^{\mathrm{T}}$ 可由 n 维单位向量组 $\boldsymbol{e}_1 = (1,0,\cdots,0)^{\mathrm{T}}$,$\boldsymbol{e}_2 = (0,1,\cdots,0)^{\mathrm{T}}$,$\cdots$,$\boldsymbol{e}_n = (0,0,\cdots,1)^{\mathrm{T}}$ 线性表示,因为

$$\boldsymbol{\alpha} = a_1\boldsymbol{e}_1 + a_2\boldsymbol{e}_2 + \cdots + a_n\boldsymbol{e}_n.$$

(3) 向量组 $\boldsymbol{\alpha}_1, \boldsymbol{\alpha}_2, \cdots, \boldsymbol{\alpha}_s$ 中的任一向量 $\boldsymbol{\alpha}_j$ $(j = 1,2,\cdots,s)$ 都是该向量组的一个线性组合,因为

$$\boldsymbol{\alpha}_j=0\cdot\boldsymbol{\alpha}_1+0\cdot\boldsymbol{\alpha}_2+\cdots+1\cdot\boldsymbol{\alpha}_j+\cdots+0\cdot\boldsymbol{\alpha}_s.$$

(4) 设有向量组 $\boldsymbol{\alpha}_1=(1,0,2,-1)^{\mathrm{T}}$，$\boldsymbol{\alpha}_2=(3,0,4,1)^{\mathrm{T}}$，$\boldsymbol{\beta}=(-1,0,0,-3)^{\mathrm{T}}$，因为 $\boldsymbol{\beta}=2\boldsymbol{\alpha}_1-\boldsymbol{\alpha}_2$，所以向量 $\boldsymbol{\beta}$ 可由向量组 $\boldsymbol{\alpha}_1,\boldsymbol{\alpha}_2$ 线性表示.

如何判别向量 $\boldsymbol{\beta}$ 能否由向量组 $\boldsymbol{\alpha}_1,\boldsymbol{\alpha}_2,\cdots,\boldsymbol{\alpha}_s$ 线性表示呢？从定义 3.5 不难得到下列结论.

定理 3.4 **设有向量 $\boldsymbol{\beta}$ 和向量组 $\boldsymbol{\alpha}_1,\boldsymbol{\alpha}_2,\cdots,\boldsymbol{\alpha}_n$，记矩阵**

$$\boldsymbol{A}=(\boldsymbol{\alpha}_1,\boldsymbol{\alpha}_2,\cdots,\boldsymbol{\alpha}_n),\quad \widetilde{\boldsymbol{A}}=(\boldsymbol{A}\ \vdots\ \boldsymbol{\beta}),$$

则向量 $\boldsymbol{\beta}$ 可由向量组 $\boldsymbol{\alpha}_1,\boldsymbol{\alpha}_2,\cdots,\boldsymbol{\alpha}_n$ 线性表示的充要条件为

$$\mathrm{R}(\boldsymbol{A})=\mathrm{R}(\widetilde{\boldsymbol{A}}).$$

当 $\mathrm{R}(\boldsymbol{A})=\mathrm{R}(\widetilde{\boldsymbol{A}})$ 时，要求向量 $\boldsymbol{\beta}$ 由向量组 $\boldsymbol{\alpha}_1,\boldsymbol{\alpha}_2,\cdots,\boldsymbol{\alpha}_n$ 线性表示的表示式，只须求解线性方程组

$$x_1\boldsymbol{\alpha}_1+x_2\boldsymbol{\alpha}_2+\cdots+x_n\boldsymbol{\alpha}_n=\boldsymbol{\beta},$$

如果解是唯一的，则说明表示式唯一；如果解不唯一，则说明表示式不唯一.

例 3.9 设有向量 $\boldsymbol{\beta}_1=(2,6,8,7)^{\mathrm{T}}$，$\boldsymbol{\beta}_2=(2,6,4,5)^{\mathrm{T}}$，$\boldsymbol{\alpha}_1=(1,3,2,0)^{\mathrm{T}}$，$\boldsymbol{\alpha}_2=(-2,-1,1,5)^{\mathrm{T}}$，$\boldsymbol{\alpha}_3=(3,5,2,-4)^{\mathrm{T}}$，$\boldsymbol{\alpha}_4=(-1,-3,-2,5)^{\mathrm{T}}$. 问：向量 $\boldsymbol{\beta}_1,\boldsymbol{\beta}_2$ 能否由向量组 $\boldsymbol{\alpha}_1,\boldsymbol{\alpha}_2,\boldsymbol{\alpha}_3,\boldsymbol{\alpha}_4$ 线性表示？

解 记矩阵 $\boldsymbol{A}=(\boldsymbol{\alpha}_1,\boldsymbol{\alpha}_2,\boldsymbol{\alpha}_3,\boldsymbol{\alpha}_4)$，$\widetilde{\boldsymbol{A}}_1=(\boldsymbol{A}\ \vdots\ \boldsymbol{\beta}_1)$. 由

$$\widetilde{\boldsymbol{A}}_1=(\boldsymbol{A}\ \vdots\ \boldsymbol{\beta}_1)=\left(\begin{array}{cccc:c}1&-2&3&-1&2\\3&-1&5&-3&6\\2&1&2&-2&8\\0&5&-4&5&7\end{array}\right)\xrightarrow[r_3-2r_1]{r_2-3r_1}\left(\begin{array}{cccc:c}1&-2&3&-1&2\\0&5&-4&0&0\\0&5&-4&0&4\\0&5&-4&5&7\end{array}\right)$$

$$\xrightarrow[r_3\leftrightarrow r_4]{\substack{r_3-r_2\\r_4-r_2}}\left(\begin{array}{cccc:c}1&-2&3&-1&2\\0&5&-4&0&0\\0&0&0&5&7\\0&0&0&0&4\end{array}\right),$$

可得 $\mathrm{R}(\boldsymbol{A})=3\neq\mathrm{R}(\widetilde{\boldsymbol{A}}_1)=4$，故向量 $\boldsymbol{\beta}_1$ 不能由向量组 $\boldsymbol{\alpha}_1,\boldsymbol{\alpha}_2,\boldsymbol{\alpha}_3,\boldsymbol{\alpha}_4$ 线性表示.

记矩阵 $\widetilde{\boldsymbol{A}}_2=(\boldsymbol{A}\ \vdots\ \boldsymbol{\beta}_2)$. 由

$$\widetilde{\boldsymbol{A}}_2=(\boldsymbol{A}\ \vdots\ \boldsymbol{\beta}_2)=\left(\begin{array}{cccc:c}1&-2&3&-1&2\\3&-1&5&-3&6\\2&1&2&-2&4\\0&5&-4&5&5\end{array}\right)\xrightarrow[r_3-2r_1]{r_2-3r_1}\left(\begin{array}{cccc:c}1&-2&3&-1&2\\0&5&-4&0&0\\0&5&-4&0&0\\0&5&-4&5&5\end{array}\right)$$

$$\xrightarrow[r_3\leftrightarrow r_4]{\substack{r_3-r_2\\r_4-r_2}}\left(\begin{array}{cccc:c}1&-2&3&-1&2\\0&5&-4&0&0\\0&0&0&5&5\\0&0&0&0&0\end{array}\right),$$

可得 $R(\boldsymbol{A})=R(\widetilde{\boldsymbol{A}}_2)=3$,故向量 $\boldsymbol{\beta}_2$ 能由向量组 $\boldsymbol{\alpha}_1,\boldsymbol{\alpha}_2,\boldsymbol{\alpha}_3,\boldsymbol{\alpha}_4$ 线性表示.

定义 3.6 如果向量组 $\boldsymbol{\alpha}_1,\boldsymbol{\alpha}_2,\cdots,\boldsymbol{\alpha}_s$ 中的每一个向量都可以由向量组 $\boldsymbol{\beta}_1,\boldsymbol{\beta}_2,\cdots,\boldsymbol{\beta}_t$ 线性表示,则称向量组 $\boldsymbol{\alpha}_1,\boldsymbol{\alpha}_2,\cdots,\boldsymbol{\alpha}_s$ 可由向量组 $\boldsymbol{\beta}_1,\boldsymbol{\beta}_2,\cdots,\boldsymbol{\beta}_t$ **线性表示**. 如果向量组 $\boldsymbol{\alpha}_1,\boldsymbol{\alpha}_2,\cdots,\boldsymbol{\alpha}_s$ 与向量组 $\boldsymbol{\beta}_1,\boldsymbol{\beta}_2,\cdots,\boldsymbol{\beta}_t$ 可以互相线性表示,则称向量组 $\boldsymbol{\alpha}_1,\boldsymbol{\alpha}_2,\cdots,\boldsymbol{\alpha}_s$ 与向量组 $\boldsymbol{\beta}_1,\boldsymbol{\beta}_2,\cdots,\boldsymbol{\beta}_t$ **等价**.

微课视频

向量组与向量组的线性关系

等价作为向量组之间的一种关系,满足下列性质.

(1) 反身性:任意向量组与自身等价.

(2) 对称性:若向量组 $\boldsymbol{\alpha}_1,\boldsymbol{\alpha}_2,\cdots,\boldsymbol{\alpha}_s$ 与向量组 $\boldsymbol{\beta}_1,\boldsymbol{\beta}_2,\cdots,\boldsymbol{\beta}_t$ 等价,则向量组 $\boldsymbol{\beta}_1,\boldsymbol{\beta}_2,\cdots,\boldsymbol{\beta}_t$ 也与向量组 $\boldsymbol{\alpha}_1,\boldsymbol{\alpha}_2,\cdots,\boldsymbol{\alpha}_s$ 等价.

(3) 传递性:若向量组 $\boldsymbol{\alpha}_1,\boldsymbol{\alpha}_2,\cdots,\boldsymbol{\alpha}_s$ 与向量组 $\boldsymbol{\beta}_1,\boldsymbol{\beta}_2,\cdots,\boldsymbol{\beta}_t$ 等价,且向量组 $\boldsymbol{\beta}_1,\boldsymbol{\beta}_2,\cdots,\boldsymbol{\beta}_t$ 与向量组 $\boldsymbol{\gamma}_1,\boldsymbol{\gamma}_2,\cdots,\boldsymbol{\gamma}_p$ 等价,则向量组 $\boldsymbol{\alpha}_1,\boldsymbol{\alpha}_2,\cdots,\boldsymbol{\alpha}_s$ 也与向量组 $\boldsymbol{\gamma}_1,\boldsymbol{\gamma}_2,\cdots,\boldsymbol{\gamma}_p$ 等价.

3.2.3 线性相关与线性无关

与线性方程组(3.1)相仿,齐次线性方程组(3.5)可表示为

$$x_1\boldsymbol{\alpha}_1+x_2\boldsymbol{\alpha}_2+\cdots+x_n\boldsymbol{\alpha}_n=\boldsymbol{0},$$

上式称为方程组(3.5)的**向量形式**,其中 $\boldsymbol{\alpha}_1,\boldsymbol{\alpha}_2,\cdots,\boldsymbol{\alpha}_n$ 是方程组(3.5)的系数矩阵的列向量组. 因为

$$0\cdot\boldsymbol{\alpha}_1+0\cdot\boldsymbol{\alpha}_2+\cdots+0\cdot\boldsymbol{\alpha}_n=\boldsymbol{0}$$

微课视频

线性相关与线性无关(一)

总成立,即表明方程组(3.5)必有零解,所以我们更关注除了零解以外的解——非零解是否存在,即是否存在一组不全为 0 的常数 $k_1,k_2,\cdots,k_n$,使得

$$k_1\boldsymbol{\alpha}_1+k_2\boldsymbol{\alpha}_2+\cdots+k_n\boldsymbol{\alpha}_n=\boldsymbol{0}$$

成立. 例如,齐次线性方程组

$$\begin{cases} x_1-3x_2=0, \\ -2x_1+6x_2=0 \end{cases}$$

除了有零解外,还有其他的解,如 $x_1=3,x_2=1$,即该方程组的系数矩阵的列向量组 $\boldsymbol{\alpha}_1=\begin{pmatrix}1\\-2\end{pmatrix},\boldsymbol{\alpha}_2=\begin{pmatrix}-3\\6\end{pmatrix}$ 与零向量 $\boldsymbol{0}=\begin{pmatrix}0\\0\end{pmatrix}$ 间,有 $0\cdot\boldsymbol{\alpha}_1+0\cdot\boldsymbol{\alpha}_2=\boldsymbol{0}$ 成立,也有 $3\boldsymbol{\alpha}_1+\boldsymbol{\alpha}_2=\boldsymbol{0}$ 成立,这说明两个向量 $\boldsymbol{\alpha}_1,\boldsymbol{\alpha}_2$ 之间有某种“特殊”关系. 又如,齐次线性方程组

$$\begin{cases} x_1-2x_2=0, \\ -x_1+3x_2=0 \end{cases}$$

只有零解,即该方程组的系数矩阵的列向量组 $\boldsymbol{\alpha}_3=\begin{pmatrix}1\\-1\end{pmatrix},\boldsymbol{\alpha}_4=\begin{pmatrix}-2\\3\end{pmatrix}$ 与零向量 $\boldsymbol{0}=\begin{pmatrix}0\\0\end{pmatrix}$ 间,只有 $0\cdot\boldsymbol{\alpha}_3+0\cdot\boldsymbol{\alpha}_4=\boldsymbol{0}$ 成立,这也说明两个向量 $\boldsymbol{\alpha}_3,\boldsymbol{\alpha}_4$ 之间没有这种“特殊”关系.

定义 3.7 设有向量组 $\boldsymbol{\alpha}_1,\boldsymbol{\alpha}_2,\cdots,\boldsymbol{\alpha}_n$. 若存在一组不全为 0 的常数 $\lambda_1,\lambda_2,\cdots,\lambda_n$,使得

$$\lambda_1\boldsymbol{\alpha}_1+\lambda_2\boldsymbol{\alpha}_2+\cdots+\lambda_n\boldsymbol{\alpha}_n=\boldsymbol{0} \tag{3.8}$$

成立,则称向量组 $\boldsymbol{\alpha}_1,\boldsymbol{\alpha}_2,\cdots,\boldsymbol{\alpha}_n$ **线性相关**;否则,即当且仅当 $\lambda_1=\lambda_2=\cdots=\lambda_n=0$ 时,式(3.8)成立,则称向量组 $\boldsymbol{\alpha}_1,\boldsymbol{\alpha}_2,\cdots,\boldsymbol{\alpha}_n$ **线性无关**.

由定义 3.7 知,前面讨论的向量组 $\boldsymbol{\alpha}_1=\begin{pmatrix}1\\-2\end{pmatrix}$,$\boldsymbol{\alpha}_2=\begin{pmatrix}-3\\6\end{pmatrix}$ 线性相关,而向量组 $\boldsymbol{\alpha}_3=\begin{pmatrix}1\\-1\end{pmatrix}$,$\boldsymbol{\alpha}_4=\begin{pmatrix}-2\\3\end{pmatrix}$ 则线性无关.

例 3.10　设向量 $\boldsymbol{\alpha}_1=(1,0,1)^{\mathrm{T}}$,$\boldsymbol{\alpha}_2=(-1,2,2)^{\mathrm{T}}$,$\boldsymbol{\alpha}_3=(1,2,4)^{\mathrm{T}}$,问:向量组 $\boldsymbol{\alpha}_1,\boldsymbol{\alpha}_2$ 及向量组 $\boldsymbol{\alpha}_1,\boldsymbol{\alpha}_2,\boldsymbol{\alpha}_3$ 的线性相关性如何?

解　对于向量组 $\boldsymbol{\alpha}_1,\boldsymbol{\alpha}_2$,设存在常数 λ_1,λ_2,使得 $\lambda_1\boldsymbol{\alpha}_1+\lambda_2\boldsymbol{\alpha}_2=\mathbf{0}$,即

$$\lambda_1\begin{pmatrix}1\\0\\1\end{pmatrix}+\lambda_2\begin{pmatrix}-1\\2\\2\end{pmatrix}=\begin{pmatrix}0\\0\\0\end{pmatrix}.$$

整理得

$$\begin{cases}\lambda_1-\lambda_2=0,\\2\lambda_2=0,\\\lambda_1+2\lambda_2=0,\end{cases}$$

解得 $\lambda_1=\lambda_2=0$,故向量组 $\boldsymbol{\alpha}_1,\boldsymbol{\alpha}_2$ 线性无关.

对于向量组 $\boldsymbol{\alpha}_1,\boldsymbol{\alpha}_2,\boldsymbol{\alpha}_3$,设存在常数 $\lambda_1,\lambda_2,\lambda_3$,使得 $\lambda_1\boldsymbol{\alpha}_1+\lambda_2\boldsymbol{\alpha}_2+\lambda_3\boldsymbol{\alpha}_3=\mathbf{0}$,即

$$\lambda_1\begin{pmatrix}1\\0\\1\end{pmatrix}+\lambda_2\begin{pmatrix}-1\\2\\2\end{pmatrix}+\lambda_3\begin{pmatrix}1\\2\\4\end{pmatrix}=\begin{pmatrix}0\\0\\0\end{pmatrix}.$$

整理得

$$\begin{cases}\lambda_1-\lambda_2+\lambda_3=0,\\2\lambda_2+2\lambda_3=0,\\\lambda_1+2\lambda_2+4\lambda_3=0,\end{cases}$$

解得

$$\begin{cases}\lambda_1=-2c,\\\lambda_2=-c,\\\lambda_3=c,\end{cases}$$

其中 c 为任意常数.取 $c=-1$,得 $\lambda_1=2,\lambda_2=1,\lambda_3=-1$,则有

$$2\boldsymbol{\alpha}_1+\boldsymbol{\alpha}_2-\boldsymbol{\alpha}_3=\mathbf{0},$$

即向量组 $\boldsymbol{\alpha}_1,\boldsymbol{\alpha}_2,\boldsymbol{\alpha}_3$ 线性相关.

定理 3.5　**(1) m 维向量组 $\boldsymbol{\alpha}_1,\boldsymbol{\alpha}_2,\cdots,\boldsymbol{\alpha}_n$ 线性相关的充要条件是以 $\boldsymbol{\alpha}_1,\boldsymbol{\alpha}_2,\cdots,\boldsymbol{\alpha}_n$ 为列向量组成的矩阵 $\boldsymbol{A}$ 的秩小于向量的个数 n,即 $\mathrm{R}(\boldsymbol{A})<n$.**

(2) m 维向量组 $\boldsymbol{\alpha}_1,\boldsymbol{\alpha}_2,\cdots,\boldsymbol{\alpha}_n$ 线性无关的充要条件是以 $\boldsymbol{\alpha}_1,\boldsymbol{\alpha}_2,\cdots,\boldsymbol{\alpha}_n$ 为列向量组成的矩阵 $\boldsymbol{A}$ 的秩等于向量的个数 n,即 $\mathrm{R}(\boldsymbol{A})=n$.

推论1 n 维向量组$\boldsymbol{\alpha}_1,\boldsymbol{\alpha}_2,\cdots,\boldsymbol{\alpha}_n$ 线性无关的充要条件是$|\boldsymbol{A}|\neq 0$,n 维向量组$\boldsymbol{\alpha}_1,\boldsymbol{\alpha}_2,\cdots,\boldsymbol{\alpha}_n$ 线性相关的充要条件是$|\boldsymbol{A}|=0$,其中矩阵$\boldsymbol{A}=(\boldsymbol{\alpha}_1,\boldsymbol{\alpha}_2,\cdots,\boldsymbol{\alpha}_n)$.

例 3.11 已知向量$\boldsymbol{\alpha}_1=\begin{pmatrix}1\\3\\2\\0\end{pmatrix}$,$\boldsymbol{\alpha}_2=\begin{pmatrix}-2\\-1\\1\\5\end{pmatrix}$,$\boldsymbol{\alpha}_3=\begin{pmatrix}3\\5\\2\\-4\end{pmatrix}$,$\boldsymbol{\alpha}_4=\begin{pmatrix}-1\\-3\\-2\\5\end{pmatrix}$,判别向量组$\boldsymbol{\alpha}_1,\boldsymbol{\alpha}_2,\boldsymbol{\alpha}_4$ 与向量组 $\boldsymbol{\alpha}_1,\boldsymbol{\alpha}_2,\boldsymbol{\alpha}_3,\boldsymbol{\alpha}_4$ 的线性相关性.

解 记矩阵$\boldsymbol{A}=(\boldsymbol{\alpha}_1,\boldsymbol{\alpha}_2,\boldsymbol{\alpha}_4)$,$\boldsymbol{B}=(\boldsymbol{\alpha}_1,\boldsymbol{\alpha}_2,\boldsymbol{\alpha}_3,\boldsymbol{\alpha}_4)$,对矩阵$\boldsymbol{B}$ 施行初等行变换:

$$\boldsymbol{B}=\begin{pmatrix}1&-2&3&-1\\3&-1&5&-3\\2&1&2&-2\\0&5&-4&5\end{pmatrix}\xrightarrow[r_3-2r_1]{r_2-3r_1}\begin{pmatrix}1&-2&3&-1\\0&5&-4&0\\0&5&-4&0\\0&5&-4&5\end{pmatrix}\xrightarrow[r_3\leftrightarrow r_4]{\substack{r_3-r_2\\r_4-r_2}}\begin{pmatrix}1&-2&3&-1\\0&5&-4&0\\0&0&0&5\\0&0&0&0\end{pmatrix}.$$

因为只对矩阵$\boldsymbol{B}$ 施行初等行变换,各列的次序没有改变,观察上述矩阵的第1,2,4列,可得$\mathrm{R}(\boldsymbol{A})=3$,所以向量组$\boldsymbol{\alpha}_1,\boldsymbol{\alpha}_2,\boldsymbol{\alpha}_4$ 线性无关.又因为$\mathrm{R}(\boldsymbol{B})=3<4$,所以向量组$\boldsymbol{\alpha}_1,\boldsymbol{\alpha}_2,\boldsymbol{\alpha}_3,\boldsymbol{\alpha}_4$ 线性相关.

例 3.12 证明下列命题:

(1) 含有零向量的向量组必线性相关;

(2) 一个零向量组成的向量组线性相关,一个非零向量组成的向量组线性无关;

(3) 单位向量组线性无关;

(4) 如果向量组所含向量的个数大于向量组中向量的维数,则该向量组线性相关.

微课视频

线性相关与线性无关(二)

证 (1) 设含有零向量的向量组为$\boldsymbol{\alpha}_1,\boldsymbol{\alpha}_2,\cdots,\boldsymbol{\alpha}_s,\boldsymbol{0}$,因为存在一组不全为0的常数0,0,…,0,1,使得

$$0\cdot\boldsymbol{\alpha}_1+0\cdot\boldsymbol{\alpha}_2+\cdots+0\cdot\boldsymbol{\alpha}_s+1\cdot\boldsymbol{0}=\boldsymbol{0}$$

成立,所以向量组$\boldsymbol{\alpha}_1,\boldsymbol{\alpha}_2,\cdots,\boldsymbol{\alpha}_s,\boldsymbol{0}$ 线性相关.

(2) 因为存在常数$1\neq 0$,使得$1\cdot\boldsymbol{0}=\boldsymbol{0}$成立,所以一个零向量组成的向量组线性相关.而当一个向量$\boldsymbol{\alpha}\neq\boldsymbol{0}$时,当且仅当$k=0$时才有$k\cdot\boldsymbol{\alpha}=\boldsymbol{0}$成立,所以一个非零向量组成的向量组线性无关.

(3) 记矩阵$\boldsymbol{A}=(\boldsymbol{e}_1,\boldsymbol{e}_2,\cdots,\boldsymbol{e}_n)$,因为$\mathrm{R}(\boldsymbol{A})=\mathrm{R}(\boldsymbol{E}_n)=n$,所以单位向量组$\boldsymbol{e}_1,\boldsymbol{e}_2,\cdots,\boldsymbol{e}_n$ 线性无关.

(4) 设有n个m维向量$\boldsymbol{\alpha}_1,\boldsymbol{\alpha}_2,\cdots,\boldsymbol{\alpha}_n$ 所组成的向量组,且$m<n$.记矩阵$\boldsymbol{A}=(\boldsymbol{\alpha}_1,\boldsymbol{\alpha}_2,\cdots,\boldsymbol{\alpha}_n)$,因$\mathrm{R}(\boldsymbol{A})\leqslant\min\{m,n\}=m<n$,故该向量组线性相关.

例 3.13 证明:若向量组$\boldsymbol{\alpha}_1,\boldsymbol{\alpha}_2,\boldsymbol{\alpha}_3$ 线性无关,则向量组$\boldsymbol{\alpha}_1+\boldsymbol{\alpha}_2,\boldsymbol{\alpha}_2+\boldsymbol{\alpha}_3,\boldsymbol{\alpha}_3+\boldsymbol{\alpha}_1$ 也线性无关.

证 设存在一组常数k_1,k_2,k_3,使得

$$k_1(\boldsymbol{\alpha}_1+\boldsymbol{\alpha}_2)+k_2(\boldsymbol{\alpha}_2+\boldsymbol{\alpha}_3)+k_3(\boldsymbol{\alpha}_3+\boldsymbol{\alpha}_1)=\boldsymbol{0} \tag{3.9}$$

成立，整理可得

$$(k_1+k_3)\boldsymbol{\alpha}_1+(k_1+k_2)\boldsymbol{\alpha}_2+(k_2+k_3)\boldsymbol{\alpha}_3=\mathbf{0}.$$

因为向量组 $\boldsymbol{\alpha}_1,\boldsymbol{\alpha}_2,\boldsymbol{\alpha}_3$ 线性无关，则可得

$$\begin{cases} k_1+k_3=0, \\ k_1+k_2=0, \\ k_2+k_3=0. \end{cases}$$

易知该齐次线性方程组仅有零解，即当且仅当 $k_1=k_2=k_3=0$ 时，式(3.9)才成立，所以向量组 $\boldsymbol{\alpha}_1+\boldsymbol{\alpha}_2,\boldsymbol{\alpha}_2+\boldsymbol{\alpha}_3,\boldsymbol{\alpha}_3+\boldsymbol{\alpha}_1$ 也线性无关.

由一个向量组中的部分向量所构成的向量组称为**部分向量组**，简称**部分组**.

定理 3.6 **如果向量组中有一个部分组线性相关，则原向量组线性相关.**

证 不妨设向量组为 $\boldsymbol{\alpha}_1,\boldsymbol{\alpha}_2,\cdots,\boldsymbol{\alpha}_s,\boldsymbol{\alpha}_{s+1},\cdots,\boldsymbol{\alpha}_n$，它的部分组 $\boldsymbol{\alpha}_1,\boldsymbol{\alpha}_2,\cdots,\boldsymbol{\alpha}_s$ 线性相关，其中 $s\leqslant n$. 由向量组线性相关的定义知，存在一组不全为 0 的常数 $k_1,k_2,\cdots,k_s$，使得

$$k_1\boldsymbol{\alpha}_1+k_2\boldsymbol{\alpha}_2+\cdots+k_s\boldsymbol{\alpha}_s=\mathbf{0}$$

成立. 对于向量组 $\boldsymbol{\alpha}_1,\boldsymbol{\alpha}_2,\cdots,\boldsymbol{\alpha}_s,\boldsymbol{\alpha}_{s+1},\cdots,\boldsymbol{\alpha}_n$，则存在一组不全为 0 的常数 $k_1,k_2,\cdots,k_s,0,\cdots,0$，使得

$$k_1\boldsymbol{\alpha}_1+k_2\boldsymbol{\alpha}_2+\cdots+k_s\boldsymbol{\alpha}_s+0\cdot\boldsymbol{\alpha}_{s+1}+\cdots+0\cdot\boldsymbol{\alpha}_n=\mathbf{0}$$

成立，所以向量组 $\boldsymbol{\alpha}_1,\boldsymbol{\alpha}_2,\cdots,\boldsymbol{\alpha}_s,\boldsymbol{\alpha}_{s+1},\cdots,\boldsymbol{\alpha}_n$ 线性相关.

推论 2 线性无关的向量组中的任一部分组必线性无关.

定理 3.6 及推论 2 给出了向量组中向量个数的增加与减少对向量组的线性相关性的影响.

定理 3.7 **若 m 维向量组 $\boldsymbol{\alpha}_j=(a_{1j},a_{2j},\cdots,a_{mj})^{\mathrm{T}}(j=1,2,\cdots,n)$ 线性无关，则该向量组在每个向量上添加 $k(k\geqslant1)$ 个分量后得到的 $m+k$ 维的新向量组(称为接长向量组) $\boldsymbol{\beta}_j=(a_{1j},a_{2j},\cdots,a_{mj},a_{m+1,j},\cdots,a_{m+k,j})^{\mathrm{T}}(j=1,2,\cdots,n)$ 也线性无关.**

* **证** 依题意可得，齐次线性方程组

$$x_1\boldsymbol{\alpha}_1+x_2\boldsymbol{\alpha}_2+\cdots+x_n\boldsymbol{\alpha}_n=\mathbf{0},$$

即

$$\begin{cases} a_{11}x_1+a_{12}x_2+\cdots+a_{1n}x_n=0, \\ a_{21}x_1+a_{22}x_2+\cdots+a_{2n}x_n=0, \\ \cdots\cdots \\ a_{m1}x_1+a_{m2}x_2+\cdots+a_{mn}x_n=0 \end{cases} \tag{3.10}$$

只有唯一零解. 再考虑齐次线性方程组

$$x_1\boldsymbol{\beta}_1+x_2\boldsymbol{\beta}_2+\cdots+x_n\boldsymbol{\beta}_n=0,$$

即

$$\begin{cases} a_{11}x_1+a_{12}x_2+\cdots+a_{1n}x_n=0, \\ a_{21}x_1+a_{22}x_2+\cdots+a_{2n}x_n=0, \\ \cdots\cdots \\ a_{m1}x_1+a_{m2}x_2+\cdots+a_{mn}x_n=0, \\ a_{m+1,1}x_1+a_{m+1,2}x_2+\cdots+a_{m+1,n}x_n=0, \\ \cdots\cdots \\ a_{m+k,1}x_1+a_{m+k,2}x_2+\cdots+a_{m+k,n}x_n=0. \end{cases} \tag{3.11}$$

在方程组(3.11)的$m+k$个方程中，前m个方程即为方程组(3.10). 因为方程组(3.10)只有唯一零解，所以方程组(3.11)也只有唯一零解，从而向量组$\boldsymbol{\beta}_1,\boldsymbol{\beta}_2,\cdots,\boldsymbol{\beta}_n$线性无关.

推论3 若m维向量组$\boldsymbol{\alpha}_1,\boldsymbol{\alpha}_2,\cdots,\boldsymbol{\alpha}_n$线性相关，则将其每个向量去掉$i(i<m)$个分量后得到的$m-i$维的新向量组也线性相关.

定理3.7及推论3给出了向量组中向量维数的增加与减少对向量组的线性相关性的影响.

3.2.4 关于线性组合与线性相关的几个重要定理

定理3.8 **向量组$\boldsymbol{\alpha}_1,\boldsymbol{\alpha}_2,\cdots,\boldsymbol{\alpha}_n(n\geqslant 2)$线性相关的充要条件是该向量组中至少有一个向量可由其余向量线性表示.**

证 先证必要性. 因为向量组$\boldsymbol{\alpha}_1,\boldsymbol{\alpha}_2,\cdots,\boldsymbol{\alpha}_n$线性相关，所以存在一组不全为0的常数$k_1,k_2,\cdots,k_n$，使得

$$k_1\boldsymbol{\alpha}_1+k_2\boldsymbol{\alpha}_2+\cdots+k_n\boldsymbol{\alpha}_n=\mathbf{0}$$

成立. 不妨设$k_1\neq 0$，于是有

$$\boldsymbol{\alpha}_1=\left(-\frac{k_2}{k_1}\right)\boldsymbol{\alpha}_2+\left(-\frac{k_3}{k_1}\right)\boldsymbol{\alpha}_3+\cdots+\left(-\frac{k_n}{k_1}\right)\boldsymbol{\alpha}_n,$$

即向量$\boldsymbol{\alpha}_1$可由向量组$\boldsymbol{\alpha}_2,\boldsymbol{\alpha}_3,\cdots,\boldsymbol{\alpha}_n$线性表示.

微课视频

关于线性组合与线性相关的几个重要定理(一)

再证充分性. 因为向量组$\boldsymbol{\alpha}_1,\boldsymbol{\alpha}_2,\cdots,\boldsymbol{\alpha}_n$中至少有一个向量可由其余向量线性表示，不妨设向量$\boldsymbol{\alpha}_j$可由向量组$\boldsymbol{\alpha}_1,\boldsymbol{\alpha}_2,\cdots,\boldsymbol{\alpha}_{j-1},\boldsymbol{\alpha}_{j+1},\cdots,\boldsymbol{\alpha}_n$线性表示，即

$$\boldsymbol{\alpha}_j=k_1\boldsymbol{\alpha}_1+k_2\boldsymbol{\alpha}_2+\cdots+k_{j-1}\boldsymbol{\alpha}_{j-1}+k_{j+1}\boldsymbol{\alpha}_{j+1}+\cdots+k_n\boldsymbol{\alpha}_n.$$

移项$\boldsymbol{\alpha}_j$后，即存在一组不全为0的常数$k_1,k_2,\cdots,k_{j-1},-1,k_{j+1},\cdots,k_n$，使得

$$k_1\boldsymbol{\alpha}_1+k_2\boldsymbol{\alpha}_2+\cdots+k_{j-1}\boldsymbol{\alpha}_{j-1}+(-1)\boldsymbol{\alpha}_j+k_{j+1}\boldsymbol{\alpha}_{j+1}+\cdots+k_n\boldsymbol{\alpha}_n=\mathbf{0}$$

成立，即向量组$\boldsymbol{\alpha}_1,\boldsymbol{\alpha}_2,\cdots,\boldsymbol{\alpha}_n$线性相关.

定理3.9 **设向量组$\boldsymbol{\alpha}_1,\boldsymbol{\alpha}_2,\cdots,\boldsymbol{\alpha}_n$线性无关，而向量组$\boldsymbol{\alpha}_1,\boldsymbol{\alpha}_2,\cdots,\boldsymbol{\alpha}_n,\boldsymbol{\beta}$线性相关，则向量$\boldsymbol{\beta}$必可由向量组$\boldsymbol{\alpha}_1,\boldsymbol{\alpha}_2,\cdots,\boldsymbol{\alpha}_n$线性表示，且表示式唯一.**

证 先证表示式的存在性. 因向量组$\boldsymbol{\alpha}_1,\boldsymbol{\alpha}_2,\cdots,\boldsymbol{\alpha}_n,\boldsymbol{\beta}$线性相关，故存在一组不全为0的常数$k_1,k_2,\cdots,k_n,k$，使得

$$k_1\boldsymbol{\alpha}_1+k_2\boldsymbol{\alpha}_2+\cdots+k_n\boldsymbol{\alpha}_n+k\boldsymbol{\beta}=\mathbf{0}\tag{3.12}$$

成立. 此时必有$k\neq 0$，因为若$k=0$，则式(3.12)成为

$$k_1\boldsymbol{\alpha}_1+k_2\boldsymbol{\alpha}_2+\cdots+k_n\boldsymbol{\alpha}_n=\mathbf{0},$$

且$k_1,k_2,\cdots,k_n$不全为0，这与已知的向量组$\boldsymbol{\alpha}_1,\boldsymbol{\alpha}_2,\cdots,\boldsymbol{\alpha}_n$线性无关矛盾. 因此$k\neq 0$，从而

$$\boldsymbol{\beta}=\left(-\frac{k_1}{k}\right)\boldsymbol{\alpha}_1+\left(-\frac{k_2}{k}\right)\boldsymbol{\alpha}_2+\cdots+\left(-\frac{k_n}{k}\right)\boldsymbol{\alpha}_n,$$

即向量$\boldsymbol{\beta}$可由向量组$\boldsymbol{\alpha}_1,\boldsymbol{\alpha}_2,\cdots,\boldsymbol{\alpha}_n$线性表示.

再证表示式的唯一性. 假设向量$\boldsymbol{\beta}$可由向量组$\boldsymbol{\alpha}_1,\boldsymbol{\alpha}_2,\cdots,\boldsymbol{\alpha}_n$分别表示为

$$\boldsymbol{\beta}=l_1\boldsymbol{\alpha}_1+l_2\boldsymbol{\alpha}_2+\cdots+l_n\boldsymbol{\alpha}_n \quad 和 \quad \boldsymbol{\beta}=\lambda_1\boldsymbol{\alpha}_1+\lambda_2\boldsymbol{\alpha}_2+\cdots+\lambda_n\boldsymbol{\alpha}_n,$$

两式相减得

$$(l_1-\lambda_1)\boldsymbol{\alpha}_1+(l_2-\lambda_2)\boldsymbol{\alpha}_2+\cdots+(l_n-\lambda_n)\boldsymbol{\alpha}_n=\mathbf{0}.$$

因为向量组$\boldsymbol{\alpha}_1,\boldsymbol{\alpha}_2,\cdots,\boldsymbol{\alpha}_n$线性无关，则必有

$$l_1-\lambda_1=l_2-\lambda_2=\cdots=l_n-\lambda_n=0,$$

即 $l_1=\lambda_1, l_2=\lambda_2, \cdots, l_n=\lambda_n$，所以表示式唯一.

定理 3.10 **若向量组 $\boldsymbol{\alpha}_1, \boldsymbol{\alpha}_2, \cdots, \boldsymbol{\alpha}_s$ 可由向量组 $\boldsymbol{\beta}_1, \boldsymbol{\beta}_2, \cdots, \boldsymbol{\beta}_t$ 线性表示，且 $s>t$，则向量组 $\boldsymbol{\alpha}_1, \boldsymbol{\alpha}_2, \cdots, \boldsymbol{\alpha}_s$ 必线性相关.**

微课视频

关于线性组合与线性相关的几个重要定理(二)

证 向量组 $\boldsymbol{\alpha}_1, \boldsymbol{\alpha}_2, \cdots, \boldsymbol{\alpha}_s$ 可由向量组 $\boldsymbol{\beta}_1, \boldsymbol{\beta}_2, \cdots, \boldsymbol{\beta}_t$ 线性表示，不妨设

$$\boldsymbol{\alpha}_j=c_{1j}\boldsymbol{\beta}_1+c_{2j}\boldsymbol{\beta}_2+\cdots+c_{tj}\boldsymbol{\beta}_t \quad (j=1,2,\cdots,s), \tag{3.13}$$

其中 c_{ij} 是常数$(i=1,2,\cdots,t; j=1,2,\cdots,s)$. 如果存在一组常数 $k_1, k_2, \cdots, k_s$，使得

$$k_1\boldsymbol{\alpha}_1+k_2\boldsymbol{\alpha}_2+\cdots+k_s\boldsymbol{\alpha}_s=\mathbf{0} \tag{3.14}$$

成立，只须证明 $k_1, k_2, \cdots, k_s$ 不全为 0，即得向量组 $\boldsymbol{\alpha}_1, \boldsymbol{\alpha}_2, \cdots, \boldsymbol{\alpha}_s$ 线性相关.

将式(3.13)代入式(3.14)得

$$\begin{aligned}&k_1(c_{11}\boldsymbol{\beta}_1+c_{21}\boldsymbol{\beta}_2+\cdots+c_{t1}\boldsymbol{\beta}_t)+k_2(c_{12}\boldsymbol{\beta}_1+c_{22}\boldsymbol{\beta}_2+\cdots+c_{t2}\boldsymbol{\beta}_t)\\&\quad+\cdots+k_s(c_{1s}\boldsymbol{\beta}_1+c_{2s}\boldsymbol{\beta}_2+\cdots+c_{ts}\boldsymbol{\beta}_t)=\mathbf{0},\end{aligned} \tag{3.15}$$

整理得

$$\begin{aligned}&(c_{11}k_1+c_{12}k_2+\cdots+c_{1s}k_s)\boldsymbol{\beta}_1+(c_{21}k_1+c_{22}k_2+\cdots+c_{2s}k_s)\boldsymbol{\beta}_2\\&\quad+\cdots+(c_{t1}k_1+c_{t2}k_2+\cdots+c_{ts}k_s)\boldsymbol{\beta}_t=\mathbf{0}.\end{aligned} \tag{3.16}$$

要使式(3.16)成立，可取

$$\begin{cases}c_{11}k_1+c_{12}k_2+\cdots+c_{1s}k_s=0,\\c_{21}k_1+c_{22}k_2+\cdots+c_{2s}k_s=0,\\\qquad\cdots\cdots\\c_{t1}k_1+c_{t2}k_2+\cdots+c_{ts}k_s=0,\end{cases} \tag{3.17}$$

考虑以 $k_1, k_2, \cdots, k_s$ 为未知量的齐次线性方程组(3.17)，因为 $s>t$，所以方程组(3.17)有非零解，即存在一组不全为 0 的常数 $k_1, k_2, \cdots, k_s$，使得式(3.17)成立，而式(3.17)成立必有式(3.14)成立. 因此，向量组 $\boldsymbol{\alpha}_1, \boldsymbol{\alpha}_2, \cdots, \boldsymbol{\alpha}_s$ 线性相关.

推论 4 若向量组 $\boldsymbol{\alpha}_1, \boldsymbol{\alpha}_2, \cdots, \boldsymbol{\alpha}_s$ 可由向量组 $\boldsymbol{\beta}_1, \boldsymbol{\beta}_2, \cdots, \boldsymbol{\beta}_t$ 线性表示，且向量组 $\boldsymbol{\alpha}_1, \boldsymbol{\alpha}_2, \cdots, \boldsymbol{\alpha}_s$ 线性无关，则 $s \leqslant t$.

推论 5 若向量组 $\boldsymbol{\alpha}_1, \boldsymbol{\alpha}_2, \cdots, \boldsymbol{\alpha}_s$ 与向量组 $\boldsymbol{\beta}_1, \boldsymbol{\beta}_2, \cdots, \boldsymbol{\beta}_t$ 等价，且两个向量组都线性无关，则 $s=t$.

例 3.14 设向量组 $\boldsymbol{\alpha}_1, \boldsymbol{\alpha}_2, \boldsymbol{\alpha}_3$ 线性相关，向量组 $\boldsymbol{\alpha}_2, \boldsymbol{\alpha}_3, \boldsymbol{\alpha}_4$ 线性无关. 问：

(1) 向量 $\boldsymbol{\alpha}_1$ 能否由向量组 $\boldsymbol{\alpha}_2, \boldsymbol{\alpha}_3$ 线性表示？

(2) 向量 $\boldsymbol{\alpha}_4$ 能否由向量组 $\boldsymbol{\alpha}_1, \boldsymbol{\alpha}_2, \boldsymbol{\alpha}_3$ 线性表示？

解 (1) 能. 因向量组 $\boldsymbol{\alpha}_2, \boldsymbol{\alpha}_3, \boldsymbol{\alpha}_4$ 线性无关，故其部分组 $\boldsymbol{\alpha}_2, \boldsymbol{\alpha}_3$ 线性无关. 又因向量组 $\boldsymbol{\alpha}_1, \boldsymbol{\alpha}_2, \boldsymbol{\alpha}_3$ 线性相关，故由定理 3.9 可得向量 $\boldsymbol{\alpha}_1$ 能由向量组 $\boldsymbol{\alpha}_2, \boldsymbol{\alpha}_3$ 线性表示.

(2) 不能. 因为如果向量 $\boldsymbol{\alpha}_4$ 能由向量组 $\boldsymbol{\alpha}_1, \boldsymbol{\alpha}_2, \boldsymbol{\alpha}_3$ 线性表示，则由(1)问可知向量 $\boldsymbol{\alpha}_1$ 能由向量组 $\boldsymbol{\alpha}_2, \boldsymbol{\alpha}_3$ 线性表示，所以向量 $\boldsymbol{\alpha}_4$ 也能由向量组 $\boldsymbol{\alpha}_2, \boldsymbol{\alpha}_3$ 线性表示，即向量组 $\boldsymbol{\alpha}_2, \boldsymbol{\alpha}_3, \boldsymbol{\alpha}_4$ 线性相关，这与已知矛盾.

习　题　3.2

1. 判断下列说法是否正确，并加以说明：

(1) 若向量组 $\boldsymbol{\alpha}_1,\boldsymbol{\alpha}_2,\boldsymbol{\alpha}_3$ 线性相关，则向量组 $\boldsymbol{\alpha}_1-\boldsymbol{\alpha}_2,\boldsymbol{\alpha}_2-\boldsymbol{\alpha}_3,\boldsymbol{\alpha}_3-\boldsymbol{\alpha}_1$ 线性相关；

(2) 若向量组 $\boldsymbol{\alpha}_1,\boldsymbol{\alpha}_2,\boldsymbol{\alpha}_3$ 线性无关，则向量组 $\boldsymbol{\alpha}_1-\boldsymbol{\alpha}_2,\boldsymbol{\alpha}_2-\boldsymbol{\alpha}_3,\boldsymbol{\alpha}_3-\boldsymbol{\alpha}_1$ 线性无关；

(3) 若向量组 $\boldsymbol{\alpha}_1,\boldsymbol{\alpha}_2,\cdots,\boldsymbol{\alpha}_n$ 线性相关，则向量 $\boldsymbol{\alpha}_1$ 可由向量组 $\boldsymbol{\alpha}_2,\boldsymbol{\alpha}_3,\cdots,\boldsymbol{\alpha}_n$ 线性表示；

(4) 若向量组 $\boldsymbol{\alpha}_1,\boldsymbol{\alpha}_2$ 线性无关，向量组 $\boldsymbol{\beta}_1,\boldsymbol{\beta}_2$ 也线性无关，则向量组 $\boldsymbol{\alpha}_1+\boldsymbol{\beta}_1,\boldsymbol{\alpha}_2+\boldsymbol{\beta}_2$ 也线性无关.

2. 选择题：

(1) 若向量组 $\boldsymbol{\alpha}_1=(\lambda,1,2)^{\mathrm{T}},\boldsymbol{\alpha}_2=(0,1,2)^{\mathrm{T}},\boldsymbol{\alpha}_3=(2,1,4)^{\mathrm{T}}$ 线性相关，则 $\lambda=($　　$)$；

A. 1　　　　B. 0　　　　C. 3　　　　D. 10

(2) 若向量 $\boldsymbol{\beta}=(0,0,\lambda)^{\mathrm{T}}$ 能由向量组 $\boldsymbol{\alpha}_1=(1,1,2)^{\mathrm{T}},\boldsymbol{\alpha}_2=(0,1,1)^{\mathrm{T}},\boldsymbol{\alpha}_3=(2,1,3)^{\mathrm{T}}$ 线性表示，则 $\lambda=($　　$)$；

A. 1　　　　B. 2　　　　C. 3　　　　D. 0

(3) 若向量 $\boldsymbol{\beta}=(0,0,2)^{\mathrm{T}}$ 不能由向量组 $\boldsymbol{\alpha}_1=(1,1,2)^{\mathrm{T}},\boldsymbol{\alpha}_2=(0,1,2)^{\mathrm{T}},\boldsymbol{\alpha}_3=(2,1,\lambda)^{\mathrm{T}}$ 线性表示，则 $\lambda=($　　$)$.

A. 1　　　　B. 0　　　　C. 3　　　　D. 2

3. 已知向量 $\boldsymbol{\alpha}_1=(1,-1,4)^{\mathrm{T}},\boldsymbol{\alpha}_2=(0,1,2)^{\mathrm{T}},\boldsymbol{\alpha}_3=(-2,0,3)^{\mathrm{T}}$，求：

(1) $2\boldsymbol{\alpha}_1-\boldsymbol{\alpha}_2+3\boldsymbol{\alpha}_3$；

(2) $3(2\boldsymbol{\alpha}_1-\boldsymbol{\alpha}_2)-(2\boldsymbol{\alpha}_2+\boldsymbol{\alpha}_3)+2(\boldsymbol{\alpha}_1+\boldsymbol{\alpha}_2-3\boldsymbol{\alpha}_3)$；

(3) $(\boldsymbol{\alpha}_1,\boldsymbol{\alpha}_2,\boldsymbol{\alpha}_3)(2,-1,3)^{\mathrm{T}}$；

(4) $(2\boldsymbol{\alpha}_1-\boldsymbol{\alpha}_2,2\boldsymbol{\alpha}_2+\boldsymbol{\alpha}_3,\boldsymbol{\alpha}_1+\boldsymbol{\alpha}_2-3\boldsymbol{\alpha}_3)(3,-1,2)^{\mathrm{T}}$.

4. 求下列向量 $\boldsymbol{\beta}$ 由其余向量表示的线性组合：

(1) $\boldsymbol{\beta}=(3,5,-6)^{\mathrm{T}},\boldsymbol{\alpha}_1=(1,0,1)^{\mathrm{T}},\boldsymbol{\alpha}_2=(1,1,1)^{\mathrm{T}},\boldsymbol{\alpha}_3=(0,-1,-1)^{\mathrm{T}}$；

(2) $\boldsymbol{\beta}=(4,11,11)^{\mathrm{T}},\boldsymbol{\alpha}_1=(2,3,3)^{\mathrm{T}},\boldsymbol{\alpha}_2=(-1,4,-2)^{\mathrm{T}},\boldsymbol{\alpha}_3=(-1,-2,4)^{\mathrm{T}}$；

(3) $\boldsymbol{\beta}=(1,2,2,1)^{\mathrm{T}},\boldsymbol{\alpha}_1=(2,1,5,-3)^{\mathrm{T}},\boldsymbol{\alpha}_2=(3,0,8,-7)^{\mathrm{T}}$.

5. 判别下列向量组的线性相关性：

(1) $\boldsymbol{\alpha}_1=(2,0,3)^{\mathrm{T}},\boldsymbol{\alpha}_2=(1,-1,-2)^{\mathrm{T}},\boldsymbol{\alpha}_3=(-3,1,0)^{\mathrm{T}}$；

(2) $\boldsymbol{\alpha}_1=(1,0,1)^{\mathrm{T}},\boldsymbol{\alpha}_2=(0,1,1)^{\mathrm{T}},\boldsymbol{\alpha}_3=(0,1,-1)^{\mathrm{T}},\boldsymbol{\alpha}_4=(2,1,-1)^{\mathrm{T}}$；

(3) $\boldsymbol{\alpha}_1=(2,-1,5,-3)^{\mathrm{T}},\boldsymbol{\alpha}_2=(5,2,1,-2)^{\mathrm{T}},\boldsymbol{\alpha}_3=(1,2,-2,1)^{\mathrm{T}},\boldsymbol{\alpha}_4=(2,2,3,-1)^{\mathrm{T}}$；

(4) $\boldsymbol{\alpha}_1=(3,4,2,0)^{\mathrm{T}},\boldsymbol{\alpha}_2=(-2,0,1,4)^{\mathrm{T}},\boldsymbol{\alpha}_3=(1,8,7,-4)^{\mathrm{T}}$.

6. 已知向量组 $\boldsymbol{\alpha}_1,\boldsymbol{\alpha}_2,\boldsymbol{\alpha}_3$ 线性无关，证明：向量组 $\boldsymbol{\alpha}_1,\boldsymbol{\alpha}_1+\boldsymbol{\alpha}_2,\boldsymbol{\alpha}_1+\boldsymbol{\alpha}_2+\boldsymbol{\alpha}_3$ 也线性无关.

7. 已知向量组 $\boldsymbol{\alpha}_1,\boldsymbol{\alpha}_2,\boldsymbol{\alpha}_3,\boldsymbol{\alpha}_4$ 线性相关，而向量组 $\boldsymbol{\alpha}_2,\boldsymbol{\alpha}_3,\boldsymbol{\alpha}_4,\boldsymbol{\alpha}_5$ 线性无关，证明：向量 $\boldsymbol{\alpha}_1$ 可由向量组 $\boldsymbol{\alpha}_2,\boldsymbol{\alpha}_3,\boldsymbol{\alpha}_4$ 线性表示，但向量 $\boldsymbol{\alpha}_5$ 不能由向量组 $\boldsymbol{\alpha}_1,\boldsymbol{\alpha}_2,\boldsymbol{\alpha}_3$ 线性表示.

8. 已知向量 $\boldsymbol{\alpha}_1=(k,2,1)^{\mathrm{T}},\boldsymbol{\alpha}_2=(2,k,0)^{\mathrm{T}},\boldsymbol{\alpha}_3=(1,-1,1)^{\mathrm{T}}$，试讨论向量组 $\boldsymbol{\alpha}_1,\boldsymbol{\alpha}_2,\boldsymbol{\alpha}_3$ 的线性相关性.

9. 已知向量组 $\boldsymbol{\beta}_1,\boldsymbol{\beta}_2,\boldsymbol{\beta}_3$ 可由向量组 $\boldsymbol{\alpha}_1,\boldsymbol{\alpha}_2,\boldsymbol{\alpha}_3$ 线性表示，且表示式为 $\boldsymbol{\beta}_1=\boldsymbol{\alpha}_1-\boldsymbol{\alpha}_2+\boldsymbol{\alpha}_3,\boldsymbol{\beta}_2=\boldsymbol{\alpha}_1+\boldsymbol{\alpha}_2-\boldsymbol{\alpha}_3,\boldsymbol{\beta}_3=-\boldsymbol{\alpha}_1+\boldsymbol{\alpha}_2+\boldsymbol{\alpha}_3$. 证明：向量组 $\boldsymbol{\alpha}_1,\boldsymbol{\alpha}_2,\boldsymbol{\alpha}_3$ 与向量组 $\boldsymbol{\beta}_1,\boldsymbol{\beta}_2,\boldsymbol{\beta}_3$ 等价.

10. 设向量组 $\boldsymbol{\alpha}_1,\boldsymbol{\alpha}_2,\boldsymbol{\alpha}_3$ 线性无关，且已知 $\boldsymbol{\beta}_1=m\boldsymbol{\alpha}_1+\boldsymbol{\alpha}_2+n\boldsymbol{\alpha}_3,\boldsymbol{\beta}_2=\boldsymbol{\alpha}_1+n\boldsymbol{\alpha}_2+(n+1)\boldsymbol{\alpha}_3,\boldsymbol{\beta}_3=\boldsymbol{\alpha}_1+\boldsymbol{\alpha}_2+\boldsymbol{\alpha}_3$. 试问：(1) m,n 满足何种关系时，向量组 $\boldsymbol{\beta}_1,\boldsymbol{\beta}_2,\boldsymbol{\beta}_3$ 线性无关？(2) m,n 满足何种关系时，向量组 $\boldsymbol{\beta}_1,\boldsymbol{\beta}_2,\boldsymbol{\beta}_3$ 线性相关？

3.3 向量组的极大无关组与向量组的秩

一个向量组中可能包含许多个向量，甚至无穷多个向量，我们在研究向量组时，希望能找到向量组的一个部分组,该部分组能够“代表”整个向量组,且能够刻画这个向量组的最根本的性质.而对于给定的一个向量组,只要其中的向量不全是零向量,总能找到该向量组中若干个(暂设为 r 个)向量构成的线性无关的部分组,但所有多于 r 个向量的部分组则一定线性相关.例如,对于所有的 n 维向量,单位向量组就起到了这样代表性的作用:任一 n 维向量都可由单位向量组 $\boldsymbol{e}_1,\boldsymbol{e}_2,\cdots,\boldsymbol{e}_n$ 线性表示,且 $\boldsymbol{e}_1,\boldsymbol{e}_2,\cdots,\boldsymbol{e}_n$ 是线性无关的,如单位向量组中再增加一个 n 维向量,则该向量组必定线性相关.类似这样的部分组就是我们要找的具有代表性的向量组.

微课视频

向量组的极大无关组的概念

定义 3.8　设 $\boldsymbol{\alpha}_1,\boldsymbol{\alpha}_2,\cdots,\boldsymbol{\alpha}_r$ 是向量组 A 的一个部分组,如果它满足:

(1) $\boldsymbol{\alpha}_1,\boldsymbol{\alpha}_2,\cdots,\boldsymbol{\alpha}_r$ 线性无关,

(2) 从向量组 A 中任取一个向量(如果存在的话)加入该部分组,由这 $r+1$ 个向量构成的向量组线性相关,

则称向量组 $\boldsymbol{\alpha}_1,\boldsymbol{\alpha}_2,\cdots,\boldsymbol{\alpha}_r$ 为向量组 A 的一个**极大线性无关组**,简称**极大无关组**.

显然,一个线性无关的向量组的极大无关组就是该向量组本身,全由零向量组成的向量组没有极大无关组.

例如,设向量 $\boldsymbol{\alpha}_1=(1,0)^{\mathrm{T}},\boldsymbol{\alpha}_2=(0,1)^{\mathrm{T}},\boldsymbol{\alpha}_3=(1,1)^{\mathrm{T}}$,易得向量组 $\boldsymbol{\alpha}_1,\boldsymbol{\alpha}_2$ 线性无关,向量组 $\boldsymbol{\alpha}_1,\boldsymbol{\alpha}_2,\boldsymbol{\alpha}_3$ 线性相关,则向量组 $\boldsymbol{\alpha}_1,\boldsymbol{\alpha}_2$ 是向量组 $\boldsymbol{\alpha}_1,\boldsymbol{\alpha}_2,\boldsymbol{\alpha}_3$ 的极大无关组.此外,容易发现向量组 $\boldsymbol{\alpha}_2,\boldsymbol{\alpha}_3$ 及向量组 $\boldsymbol{\alpha}_1,\boldsymbol{\alpha}_3$ 也是向量组 $\boldsymbol{\alpha}_1,\boldsymbol{\alpha}_2,\boldsymbol{\alpha}_3$ 的极大无关组,因此一个向量组的极大无关组一般不唯一.向量组 $\boldsymbol{\alpha}_1,\boldsymbol{\alpha}_2,\boldsymbol{\alpha}_3$ 的三个极大无关组 $\boldsymbol{\alpha}_1,\boldsymbol{\alpha}_2$;$\boldsymbol{\alpha}_2,\boldsymbol{\alpha}_3$ 和 $\boldsymbol{\alpha}_1,\boldsymbol{\alpha}_3$ 中所含向量的个数都是 2,这并不是偶然的.

定理 3.11　**(1) 向量组与它的任意一个极大无关组等价;**

(2) 向量组的任意两个极大无关组等价,且所含向量的个数相等.

证　(1) 设向量组 A 的一个极大无关组为 $\boldsymbol{\alpha}_1,\boldsymbol{\alpha}_2,\cdots,\boldsymbol{\alpha}_s$.由定义 3.8 知,向量组 A 中的任一向量 $\boldsymbol{\gamma}$ 与向量组 $\boldsymbol{\alpha}_1,\boldsymbol{\alpha}_2,\cdots,\boldsymbol{\alpha}_s$ 组成的 $s+1$ 个向量是线性相关的,而向量组 $\boldsymbol{\alpha}_1,\boldsymbol{\alpha}_2,\cdots,\boldsymbol{\alpha}_s$ 线性无关,由定理 3.9 知,向量 $\boldsymbol{\gamma}$ 可由向量组 $\boldsymbol{\alpha}_1,\boldsymbol{\alpha}_2,\cdots,\boldsymbol{\alpha}_s$ 线性表示.由向量 $\boldsymbol{\gamma}$ 的任意性知,向量组 A 可由向量组 $\boldsymbol{\alpha}_1,\boldsymbol{\alpha}_2,\cdots,\boldsymbol{\alpha}_s$ 线性表示.又向量组 $\boldsymbol{\alpha}_1,\boldsymbol{\alpha}_2,\cdots,\boldsymbol{\alpha}_s$ 是向量组 A 的一个部分组,向量组 $\boldsymbol{\alpha}_1,\boldsymbol{\alpha}_2,\cdots,\boldsymbol{\alpha}_s$ 显然能由向量组 A 线性表示.因此,向量组 A 与它的极大无关组 $\boldsymbol{\alpha}_1,\boldsymbol{\alpha}_2,\cdots,\boldsymbol{\alpha}_s$ 等价.

(2) 设向量组 A 有两个极大无关组,分别为向量组 $\boldsymbol{\alpha}_1,\boldsymbol{\alpha}_2,\cdots,\boldsymbol{\alpha}_s$ 及 $\boldsymbol{\beta}_1,\boldsymbol{\beta}_2,\cdots,\boldsymbol{\beta}_t$.由(1)问知,向量组 $\boldsymbol{\alpha}_1,\boldsymbol{\alpha}_2,\cdots,\boldsymbol{\alpha}_s$ 与向量组 A 等价,向量组 A 也与向量组 $\boldsymbol{\beta}_1,\boldsymbol{\beta}_2,\cdots,\boldsymbol{\beta}_t$ 等价,由等价关系的传递性得,向量组 $\boldsymbol{\alpha}_1,\boldsymbol{\alpha}_2,\cdots,\boldsymbol{\alpha}_s$ 与向量组 $\boldsymbol{\beta}_1,\boldsymbol{\beta}_2,\cdots,\boldsymbol{\beta}_t$ 等价.再由上节的推论 5 得 $s=t$.

微课视频

向量组的秩及极大无关组的计算

定义 3.9　向量组 $\boldsymbol{\alpha}_1,\boldsymbol{\alpha}_2,\cdots,\boldsymbol{\alpha}_n$ 的极大无关组中所含向量的个数称为该向量组的**秩**,记作 $\mathrm{R}(\boldsymbol{\alpha}_1,\boldsymbol{\alpha}_2,\cdots,\boldsymbol{\alpha}_n)$.

定理 3.12　**矩阵的秩等于矩阵的列向量组的秩(称为矩阵的列秩),也等于矩阵的行向量组的秩(称为矩阵的行秩).**

证　因为矩阵的秩与其转置矩阵的秩相等,所以只须证明矩阵的秩与其列秩相等即可.

设矩阵 $\boldsymbol{A}=(a_{ij})_{m\times n}$,$\boldsymbol{A}$ 的列向量组记为 $\boldsymbol{\alpha}_1,\boldsymbol{\alpha}_2,\cdots,\boldsymbol{\alpha}_n$,其中

$$\boldsymbol{\alpha}_j=(a_{1j},a_{2j},\cdots,a_{mj})^{\mathrm{T}}\quad(j=1,2,\cdots,n),$$

且 $\mathrm{R}(\boldsymbol{A})=r$，则矩阵 $\boldsymbol{A}$ 中存在 r 阶子式不等于 0 且所有 $r+1$ 阶及以上的子式(如果存在的话)均等于 0. 不妨设矩阵 $\boldsymbol{A}$ 的前 r 行 r 列组成的 r 阶子式

$$D_r=\begin{vmatrix}a_{11}&a_{12}&\cdots&a_{1r}\\a_{21}&a_{22}&\cdots&a_{2r}\\\vdots&\vdots&&\vdots\\a_{r1}&a_{r2}&\cdots&a_{rr}\end{vmatrix}\neq 0,$$

则该子式的 r 列组成的 r 维列向量组 $\boldsymbol{\beta}_1,\boldsymbol{\beta}_2,\cdots,\boldsymbol{\beta}_r$[其中 $\boldsymbol{\beta}_j=(a_{1j},a_{2j},\cdots,a_{rj})^{\mathrm{T}},j=1,2,\cdots,r$]必线性无关，由定理 3.7 可得向量组 $\boldsymbol{\alpha}_1,\boldsymbol{\alpha}_2,\cdots,\boldsymbol{\alpha}_r$ 线性无关. 又矩阵 $\boldsymbol{A}$ 的所有 $r+1$ 阶子式等于 0，则矩阵 $\boldsymbol{A}$ 的任意 $r+1$ 个列向量构成的矩阵的秩小于 $r+1$(若否，假设存在矩阵 $\boldsymbol{A}$ 的 $r+1$ 个列向量构成的矩阵 $\boldsymbol{B}$ 的秩大于等于 $r+1$，则矩阵 $\boldsymbol{B}$ 中必存在 $r+1$ 阶子式 $D_{r+1}\neq 0$，即在矩阵 $\boldsymbol{A}$ 中存在 $r+1$ 阶子式 $D_{r+1}\neq 0$，矛盾)，由定理 3.5 知，矩阵 $\boldsymbol{A}$ 的任意 $r+1$ 个列向量线性相关.

综上，向量组 $\boldsymbol{\alpha}_1,\boldsymbol{\alpha}_2,\cdots,\boldsymbol{\alpha}_r$ 是向量组 $\boldsymbol{\alpha}_1,\boldsymbol{\alpha}_2,\cdots,\boldsymbol{\alpha}_n$ 的一个极大无关组，故

$$\mathrm{R}(\boldsymbol{\alpha}_1,\boldsymbol{\alpha}_2,\cdots,\boldsymbol{\alpha}_n)=r=\mathrm{R}(\boldsymbol{A}).$$

我们还可以得到如下结论：如果对列向量组 $\boldsymbol{\alpha}_1,\boldsymbol{\alpha}_2,\cdots,\boldsymbol{\alpha}_n$ 组成的矩阵 $\boldsymbol{A}$ 施行初等行变换得到矩阵 $\boldsymbol{B}$，记矩阵 $\boldsymbol{B}$ 的列向量组为 $\boldsymbol{\beta}_1,\boldsymbol{\beta}_2,\cdots,\boldsymbol{\beta}_n$，则矩阵 $\boldsymbol{A}$ 与矩阵 $\boldsymbol{B}$ 的列向量组有完全相同的线性关系.

证 因为对矩阵 $\boldsymbol{A}$ 施行初等行变换得到矩阵 $\boldsymbol{B}$，则存在可逆矩阵 $\boldsymbol{P}$，使得 $\boldsymbol{PA}=\boldsymbol{B}$，即

$$\boldsymbol{PA}=\boldsymbol{P}(\boldsymbol{\alpha}_1,\boldsymbol{\alpha}_2,\cdots,\boldsymbol{\alpha}_n)=(\boldsymbol{P\alpha}_1,\boldsymbol{P\alpha}_2,\cdots,\boldsymbol{P\alpha}_n)=(\boldsymbol{\beta}_1,\boldsymbol{\beta}_2,\cdots,\boldsymbol{\beta}_n)=\boldsymbol{B},$$

可得 $\boldsymbol{\beta}_i=\boldsymbol{P\alpha}_i(i=1,2,\cdots,n)$. 假设向量组 $\boldsymbol{\alpha}_1,\boldsymbol{\alpha}_2,\cdots,\boldsymbol{\alpha}_n$ 的线性关系可表示为

$$k_1\boldsymbol{\alpha}_1+k_2\boldsymbol{\alpha}_2+\cdots+k_n\boldsymbol{\alpha}_n=\boldsymbol{0},\tag{3.18}$$

式(3.18)两边左乘矩阵 $\boldsymbol{P}$ 得

$$k_1\boldsymbol{P\alpha}_1+k_2\boldsymbol{P\alpha}_2+\cdots+k_n\boldsymbol{P\alpha}_n=\boldsymbol{0},$$

即

$$k_1\boldsymbol{\beta}_1+k_2\boldsymbol{\beta}_2+\cdots+k_n\boldsymbol{\beta}_n=\boldsymbol{0}.\tag{3.19}$$

式(3.18)与式(3.19)说明向量组 $\boldsymbol{\alpha}_1,\boldsymbol{\alpha}_2,\cdots,\boldsymbol{\alpha}_n$ 与 $\boldsymbol{\beta}_1,\boldsymbol{\beta}_2,\cdots,\boldsymbol{\beta}_n$ 有完全相同的线性关系.

至此，我们可给出求一个列向量组的极大无关组与秩的方法：将列向量组组成矩阵，并对其施行初等行变换，使之成为行阶梯形矩阵，该行阶梯形矩阵的秩即为所求列向量组的秩，此行阶梯形矩阵的非零行左起第一个非零元素所在的列向量组成的向量组即为所求列向量组的一个极大无关组.

例 3.15 求向量组 $\boldsymbol{\alpha}_1=(1,2,2,3)^{\mathrm{T}},\boldsymbol{\alpha}_2=(1,-1,-3,6)^{\mathrm{T}},\boldsymbol{\alpha}_3=(-2,-1,1,-9)^{\mathrm{T}},\boldsymbol{\alpha}_4=(1,1,-1,6)^{\mathrm{T}}$ 的秩和一个极大无关组，并求其余向量用该极大无关组线性表示的表示式.

解 记矩阵 $\boldsymbol{A}=(\boldsymbol{\alpha}_1,\boldsymbol{\alpha}_2,\boldsymbol{\alpha}_3,\boldsymbol{\alpha}_4)$，用初等行变换把 $\boldsymbol{A}$ 化为行阶梯形矩阵：

$$\boldsymbol{A}=\begin{pmatrix}1&1&-2&1\\2&-1&-1&1\\2&-3&1&-1\\3&6&-9&6\end{pmatrix}\longrightarrow\begin{pmatrix}1&1&-2&1\\0&-3&3&-1\\0&-5&5&-3\\0&3&-3&3\end{pmatrix}\longrightarrow\begin{pmatrix}1&1&-2&1\\0&1&-1&1\\0&0&0&2\\0&0&0&0\end{pmatrix},$$

得 $R(\boldsymbol{A})=3$，所以向量组 $\boldsymbol{\alpha}_1,\boldsymbol{\alpha}_2,\boldsymbol{\alpha}_3,\boldsymbol{\alpha}_4$ 的秩为 3，即该向量组的极大无关组包含 3 个向量.

因为矩阵 $\boldsymbol{A}$ 变换后的行阶梯形矩阵非零行左起第一个非零元素所在的列向量为 $\boldsymbol{\alpha}_1$，$\boldsymbol{\alpha}_2,\boldsymbol{\alpha}_4$，所以向量组 $\boldsymbol{\alpha}_1,\boldsymbol{\alpha}_2,\boldsymbol{\alpha}_3,\boldsymbol{\alpha}_4$ 的一个极大无关组为 $\boldsymbol{\alpha}_1,\boldsymbol{\alpha}_2,\boldsymbol{\alpha}_4$.

设 $\boldsymbol{\alpha}_3=k_1\boldsymbol{\alpha}_1+k_2\boldsymbol{\alpha}_2+k_3\boldsymbol{\alpha}_4$. 利用上述矩阵 $\boldsymbol{A}$ 的初等行变换过程，只须将第 3 列与第 4 列交换，再施行初等行变换将其化为行最简形矩阵：

$$\begin{pmatrix}1&1&-2&1\\0&1&-1&1\\0&0&0&2\\0&0&0&0\end{pmatrix}\longrightarrow\begin{pmatrix}1&1&1&-2\\0&1&1&-1\\0&0&2&0\\0&0&0&0\end{pmatrix}\longrightarrow\begin{pmatrix}1&0&0&-1\\0&1&0&-1\\0&0&1&0\\0&0&0&0\end{pmatrix},$$

由此可得 $k_1=-1,k_2=-1,k_3=0$，即 $\boldsymbol{\alpha}_3=-\boldsymbol{\alpha}_1-\boldsymbol{\alpha}_2$.

例 3.16　证明：如果向量组 A 能由向量组 B 线性表示，那么向量组 A 的秩小于或等于向量组 B 的秩.

微课视频

向量组的秩及极大无关组的其他相关结论

证　设向量组 A 的一个极大无关组为 $\boldsymbol{\alpha}_1,\boldsymbol{\alpha}_2,\cdots,\boldsymbol{\alpha}_r$，向量组 B 的秩为 s，只要证 $r\leqslant s$ 即可.

因为向量组 A 的极大无关组 $\boldsymbol{\alpha}_1,\boldsymbol{\alpha}_2,\cdots,\boldsymbol{\alpha}_r$ 能由向量组 A 线性表示，向量组 A 能由向量组 B 线性表示，所以向量组 A 的极大无关组 $\boldsymbol{\alpha}_1$，$\boldsymbol{\alpha}_2,\cdots,\boldsymbol{\alpha}_r$ 能由向量组 B 线性表示，再由 3.2 节的推论 4 可得 $r\leqslant s$.

从例 3.16 不难得出结论：**等价向量组的秩必相等.**

例 3.17　证明：若 $\boldsymbol{A}$ 是 $m\times n$ 矩阵，$\boldsymbol{B}$ 是 $n\times s$ 矩阵，则 $R(\boldsymbol{AB})\leqslant\min\{R(\boldsymbol{A}),R(\boldsymbol{B})\}$.

证　设矩阵 $\boldsymbol{A}=(\boldsymbol{\alpha}_1,\boldsymbol{\alpha}_2,\cdots,\boldsymbol{\alpha}_n)$，$\boldsymbol{B}=(b_{ij})_{n\times s}$，$\boldsymbol{AB}=\boldsymbol{C}=(\boldsymbol{\gamma}_1,\boldsymbol{\gamma}_2,\cdots,\boldsymbol{\gamma}_s)$，则

$$(\boldsymbol{\gamma}_1,\boldsymbol{\gamma}_2,\cdots,\boldsymbol{\gamma}_s)=(\boldsymbol{\alpha}_1,\boldsymbol{\alpha}_2,\cdots,\boldsymbol{\alpha}_n)\begin{pmatrix}b_{11}&b_{12}&\cdots&b_{1s}\\b_{21}&b_{22}&\cdots&b_{2s}\\\vdots&\vdots&&\vdots\\b_{n1}&b_{n2}&\cdots&b_{ns}\end{pmatrix},$$

从而

$$\boldsymbol{\gamma}_j=b_{1j}\boldsymbol{\alpha}_1+b_{2j}\boldsymbol{\alpha}_2+\cdots+b_{nj}\boldsymbol{\alpha}_n,\quad j=1,2,\cdots,s.$$

上式表明，向量组 $\boldsymbol{\gamma}_1,\boldsymbol{\gamma}_2,\cdots,\boldsymbol{\gamma}_s$ 可由向量组 $\boldsymbol{\alpha}_1,\boldsymbol{\alpha}_2,\cdots,\boldsymbol{\alpha}_n$ 线性表示，由例 3.16 得

$$R(\boldsymbol{\gamma}_1,\boldsymbol{\gamma}_2,\cdots,\boldsymbol{\gamma}_s)\leqslant R(\boldsymbol{\alpha}_1,\boldsymbol{\alpha}_2,\cdots,\boldsymbol{\alpha}_n),\quad 即\quad R(\boldsymbol{AB})\leqslant R(\boldsymbol{A}).$$

又 $R(\boldsymbol{AB})=R((\boldsymbol{AB})^{\mathrm{T}})=R(\boldsymbol{B}^{\mathrm{T}}\boldsymbol{A}^{\mathrm{T}})\leqslant R(\boldsymbol{B}^{\mathrm{T}})=R(\boldsymbol{B})$，从而有 $R(\boldsymbol{AB})\leqslant R(\boldsymbol{B})$.

综上可得，$R(\boldsymbol{AB})\leqslant\min\{R(\boldsymbol{A}),R(\boldsymbol{B})\}$.

例 3.18　设 $\boldsymbol{A},\boldsymbol{B}$ 是 $m\times n$ 矩阵，证明：$R(\boldsymbol{A}\pm\boldsymbol{B})\leqslant R(\boldsymbol{A})+R(\boldsymbol{B})$.

证　记矩阵 $\boldsymbol{A}=(\boldsymbol{\alpha}_1,\boldsymbol{\alpha}_2,\cdots,\boldsymbol{\alpha}_n)$，$\boldsymbol{B}=(\boldsymbol{\beta}_1,\boldsymbol{\beta}_2,\cdots,\boldsymbol{\beta}_n)$，则

$$\boldsymbol{A}\pm\boldsymbol{B}=(\boldsymbol{\alpha}_1\pm\boldsymbol{\beta}_1,\boldsymbol{\alpha}_2\pm\boldsymbol{\beta}_2,\cdots,\boldsymbol{\alpha}_n\pm\boldsymbol{\beta}_n).$$

显然，向量组 $\boldsymbol{\alpha}_1\pm\boldsymbol{\beta}_1,\boldsymbol{\alpha}_2\pm\boldsymbol{\beta}_2,\cdots,\boldsymbol{\alpha}_n\pm\boldsymbol{\beta}_n$ 能由向量组 $\boldsymbol{\alpha}_1,\boldsymbol{\alpha}_2,\cdots,\boldsymbol{\alpha}_n,\boldsymbol{\beta}_1,\boldsymbol{\beta}_2,\cdots,\boldsymbol{\beta}_n$ 线性表示，由例 3.16 得

$$R(\boldsymbol{A}\pm\boldsymbol{B})=R(\boldsymbol{\alpha}_1\pm\boldsymbol{\beta}_1,\boldsymbol{\alpha}_2\pm\boldsymbol{\beta}_2,\cdots,\boldsymbol{\alpha}_n\pm\boldsymbol{\beta}_n)\leqslant R(\boldsymbol{\alpha}_1,\boldsymbol{\alpha}_2,\cdots,\boldsymbol{\alpha}_n,\boldsymbol{\beta}_1,\boldsymbol{\beta}_2,\cdots,\boldsymbol{\beta}_n).$$

又显然有

$$R(\boldsymbol{\alpha}_1,\boldsymbol{\alpha}_2,\cdots,\boldsymbol{\alpha}_n,\boldsymbol{\beta}_1,\boldsymbol{\beta}_2,\cdots,\boldsymbol{\beta}_n)\leqslant R(\boldsymbol{\alpha}_1,\boldsymbol{\alpha}_2,\cdots,\boldsymbol{\alpha}_n)+R(\boldsymbol{\beta}_1,\boldsymbol{\beta}_2,\cdots,\boldsymbol{\beta}_n)=R(\boldsymbol{A})+R(\boldsymbol{B})$$

成立，所以 $R(\boldsymbol{A}\pm\boldsymbol{B})\leqslant R(\boldsymbol{A})+R(\boldsymbol{B})$.

习　题　3.3

1. 选择题：

(1) 设 n 阶方阵 $\boldsymbol{A}$ 的秩为 $r<n$，则在 $\boldsymbol{A}$ 的 n 个列向量中（　　）；

A. 必有 r 个列向量线性无关　　B. 任意 r 个列向量均可构成极大无关组

C. 任意 r 个列向量均线性无关　　D. 任一列向量均能由其他 r 个列向量线性表示

(2) 设 $\boldsymbol{A}$ 是 $m\times n$ 矩阵，$\boldsymbol{C}$ 是 n 阶可逆矩阵，且 $\boldsymbol{B}=\boldsymbol{AC}$. 若 $R(\boldsymbol{A})=r$，$R(\boldsymbol{B})=r_1$，则（　　）.

A. $r>r_1$　　B. $r<r_1$　　C. $r=r_1$　　D. r 和 r_1 的关系与矩阵 $\boldsymbol{C}$ 有关

2. 求下列矩阵的列向量组的一个极大无关组：

(1) $\begin{pmatrix}1&1&0\\2&0&4\\2&3&-2\end{pmatrix}$；　　(2) $\begin{pmatrix}1&1&2&2&1\\0&2&1&5&-1\\2&0&3&-1&3\\1&1&0&4&-1\end{pmatrix}$.

3. 求下列向量组的秩及它的一个极大无关组，并将其余向量用极大无关组线性表示：

(1) $\boldsymbol{\alpha}_1=(1,2,1,-1)^{\mathrm{T}}$，$\boldsymbol{\alpha}_2=(-1,1,2,-3)^{\mathrm{T}}$，$\boldsymbol{\alpha}_3=(-1,4,5,-7)^{\mathrm{T}}$；

(2) $\boldsymbol{\alpha}_1=(2,-1,1,3)^{\mathrm{T}}$，$\boldsymbol{\alpha}_2=(1,2,-1,2)^{\mathrm{T}}$，$\boldsymbol{\alpha}_3=(3,-1,-2,4)^{\mathrm{T}}$，$\boldsymbol{\alpha}_4=(7,2,-3,11)^{\mathrm{T}}$；

(3) $\boldsymbol{\alpha}_1=(2,1,-1)^{\mathrm{T}}$，$\boldsymbol{\alpha}_2=(-2,2,4)^{\mathrm{T}}$，$\boldsymbol{\alpha}_3=(1,2,3)^{\mathrm{T}}$；

(4) $\boldsymbol{\alpha}_1=(1,2,3)^{\mathrm{T}}$，$\boldsymbol{\alpha}_2=(2,1,2)^{\mathrm{T}}$，$\boldsymbol{\alpha}_3=(0,3,4)^{\mathrm{T}}$，$\boldsymbol{\alpha}_4=(3,3,5)^{\mathrm{T}}$，$\boldsymbol{\alpha}_5=(-5,-1,-3)^{\mathrm{T}}$.

4. 若向量组 $\boldsymbol{\alpha}_1=(1,2,-1,1)^{\mathrm{T}}$，$\boldsymbol{\alpha}_2=(2,0,t,0)^{\mathrm{T}}$，$\boldsymbol{\alpha}_3=(0,-4,5,-2)^{\mathrm{T}}$ 的秩为 2，求常数 t 的值.

5. 设向量组

$$\boldsymbol{\alpha}_1=\begin{pmatrix}a\\3\\1\end{pmatrix},\quad \boldsymbol{\alpha}_2=\begin{pmatrix}2\\b\\3\end{pmatrix},\quad \boldsymbol{\alpha}_3=\begin{pmatrix}1\\2\\1\end{pmatrix},\quad \boldsymbol{\alpha}_4=\begin{pmatrix}2\\3\\1\end{pmatrix}$$

的秩为 2，求常数 a，b 的值.

6. 已知向量组 $\boldsymbol{\alpha}_1,\boldsymbol{\alpha}_2,\boldsymbol{\alpha}_3$ 与向量组 $\boldsymbol{\alpha}_1,\boldsymbol{\alpha}_2,\boldsymbol{\alpha}_3,\boldsymbol{\alpha}_4$ 的秩均为 3，证明：向量组 $\boldsymbol{\alpha}_1,\boldsymbol{\alpha}_2,\boldsymbol{\alpha}_3,\boldsymbol{\alpha}_4-\boldsymbol{\alpha}_3$ 的秩为 3.

7. 设 $\boldsymbol{A}$ 为 $n(n>1)$ 阶方阵，且 $R(\boldsymbol{A})=1$，证明：矩阵 $\boldsymbol{A}$ 可表示为一个 $n\times 1$ 矩阵与一个 $1\times n$ 矩阵的乘积.

3.4 线性方程组解的结构

对于方程组(3.1)，我们已知道当其增广矩阵 $\widetilde{\boldsymbol{A}}$ 的秩与系数矩阵 $\boldsymbol{A}$ 的秩满足 $R(\widetilde{\boldsymbol{A}})=R(\boldsymbol{A})=r<n$ 时，方程组(3.1)一定有无穷多解，且通过消元法能求得它的解. 但这无穷多解

的关系和结构是怎样的呢？下面我们利用向量的理论来研究线性方程组解的结构.

3.4.1 齐次线性方程组解的结构

齐次线性方程组(3.5)的矩阵形式为

$$\boldsymbol{A}_{m\times n}\boldsymbol{X}_{n\times 1}=\boldsymbol{0}. \tag{3.20}$$

若 $x_1=c_1,x_2=c_2,\cdots,x_n=c_n$ 是方程组(3.20)的解，则称 $\boldsymbol{\xi}=(c_1,c_2,\cdots,c_n)^{\mathrm{T}}$ 为方程组(3.20)的**解向量**，简称**解**.

易得方程组(3.20)的解具有下列性质.

微课视频

齐次线性方程组解的结构

性质1 若 $\boldsymbol{\xi}_1,\boldsymbol{\xi}_2$ 为方程组(3.20)的两个解，则 $\boldsymbol{\xi}_1+\boldsymbol{\xi}_2$ 也是方程组(3.20)的解.

性质2 若 $\boldsymbol{\xi}$ 为方程组(3.20)的解，k 为常数，则 $k\boldsymbol{\xi}$ 也是方程组(3.20)的解.

由性质1和性质2可知，如果方程组(3.20)有解 $\boldsymbol{\xi}_1,\boldsymbol{\xi}_2,\cdots,\boldsymbol{\xi}_t$，则它们的一个线性组合

$$k_1\boldsymbol{\xi}_1+k_2\boldsymbol{\xi}_2+\cdots+k_t\boldsymbol{\xi}_t$$

也是方程组(3.20)的解，其中 $k_1,k_2,\cdots,k_t$ 为任意常数. 因此，我们考虑当方程组(3.20)有非零解时，能否找到解向量组的一个极大无关组，将方程组的全部解由该极大无关组线性表示. 为此，引入齐次线性方程组的基础解系的概念.

定义3.10 设 $\boldsymbol{\xi}_1,\boldsymbol{\xi}_2,\cdots,\boldsymbol{\xi}_t$ 是齐次线性方程组(3.20)的一组解. 若其满足：

(1) $\boldsymbol{\xi}_1,\boldsymbol{\xi}_2,\cdots,\boldsymbol{\xi}_t$ 线性无关，

(2) 齐次线性方程组(3.20)的任一解都能由 $\boldsymbol{\xi}_1,\boldsymbol{\xi}_2,\cdots,\boldsymbol{\xi}_t$ 线性表示，

则称向量组 $\boldsymbol{\xi}_1,\boldsymbol{\xi}_2,\cdots,\boldsymbol{\xi}_t$ 为齐次线性方程组(3.20)的一个**基础解系**.

显然，若齐次线性方程组只有零解，则该齐次线性方程组没有基础解系；若齐次线性方程组有非零解，则其解向量组的极大无关组即为该齐次线性方程组的基础解系，且不唯一.

定理3.13 **如果齐次线性方程组(3.20)的系数矩阵 $\boldsymbol{A}$ 的秩 $\mathrm{R}(\boldsymbol{A})=r<n$，则方程组(3.20)的基础解系一定存在，且每个基础解系中恰含有 $n-r$ 个解向量.**

***证** 因 $\mathrm{R}(\boldsymbol{A})=r<n$，由本章3.1.3节中的讨论知，对齐次线性方程组(3.20)的系数矩阵 $\boldsymbol{A}$ 施行初等行变换(必要时可进行交换两列的变换)，则系数矩阵可化为形如：

$$\begin{pmatrix} 1 & 0 & \cdots & 0 & c_{1,r+1} & c_{1,r+2} & \cdots & c_{1n} \\ 0 & 1 & \cdots & 0 & c_{2,r+1} & c_{2,r+2} & \cdots & c_{2n} \\ \vdots & \vdots & & \vdots & \vdots & \vdots & & \vdots \\ 0 & 0 & \cdots & 1 & c_{r,r+1} & c_{r,r+2} & \cdots & c_{rn} \\ 0 & 0 & \cdots & 0 & 0 & 0 & \cdots & 0 \\ \vdots & \vdots & & \vdots & \vdots & \vdots & & \vdots \\ 0 & 0 & \cdots & 0 & 0 & 0 & \cdots & 0 \end{pmatrix} \tag{3.21}$$

的矩阵，由此得方程组(3.20)的同解方程组为

$$\begin{cases} x_1=-c_{1,r+1}x_{r+1}-c_{1,r+2}x_{r+2}-\cdots-c_{1n}x_n, \\ x_2=-c_{2,r+1}x_{r+1}-c_{2,r+2}x_{r+2}-\cdots-c_{2n}x_n, \\ \cdots\cdots \\ x_r=-c_{r,r+1}x_{r+1}-c_{r,r+2}x_{r+2}-\cdots-c_{rn}x_n. \end{cases} \tag{3.22}$$

取 $x_{r+1},x_{r+2},\cdots,x_n$ 为自由未知量，对它们分别取值

$$\begin{pmatrix} x_{r+1} \\ x_{r+2} \\ \vdots \\ x_n \end{pmatrix} = \begin{pmatrix} 1 \\ 0 \\ \vdots \\ 0 \end{pmatrix}, \begin{pmatrix} 0 \\ 1 \\ \vdots \\ 0 \end{pmatrix}, \cdots, \begin{pmatrix} 0 \\ 0 \\ \vdots \\ 1 \end{pmatrix}, \tag{3.23}$$

将式(3.23)分别代入式(3.22)的右边,可得方程组(3.20)的 $n-r$ 个解向量

$$\boldsymbol{\xi}_1 = \begin{pmatrix} -c_{1,r+1} \\ -c_{2,r+1} \\ \vdots \\ -c_{r,r+1} \\ 1 \\ 0 \\ \vdots \\ 0 \end{pmatrix}, \quad \boldsymbol{\xi}_2 = \begin{pmatrix} -c_{1,r+2} \\ -c_{2,r+2} \\ \vdots \\ -c_{r,r+2} \\ 0 \\ 1 \\ \vdots \\ 0 \end{pmatrix}, \quad \cdots, \quad \boldsymbol{\xi}_{n-r} = \begin{pmatrix} -c_{1n} \\ -c_{2n} \\ \vdots \\ -c_{rn} \\ 0 \\ 0 \\ \vdots \\ 1 \end{pmatrix}.$$

下面证明解向量组 $\boldsymbol{\xi}_1,\boldsymbol{\xi}_2,\cdots,\boldsymbol{\xi}_{n-r}$ 就是方程组(3.20)的一个基础解系.

首先,因为式(3.23)的向量组线性无关,所以由定理3.7知,该向量组的接长向量组 $\boldsymbol{\xi}_1,\boldsymbol{\xi}_2,\cdots,\boldsymbol{\xi}_{n-r}$ 也线性无关.

其次,证明方程组(3.20)的任一解向量

$$\boldsymbol{X} = (d_1,d_2,\cdots,d_n)^{\mathrm{T}}$$

都可由向量组 $\boldsymbol{\xi}_1,\boldsymbol{\xi}_2,\cdots,\boldsymbol{\xi}_{n-r}$ 线性表示.因 $\boldsymbol{X} = (d_1,d_2,\cdots,d_n)^{\mathrm{T}}$ 为方程组(3.20)的一个解向量,故它应满足式(3.22),即

$$\begin{cases} d_1 = -c_{1,r+1}d_{r+1} - c_{1,r+2}d_{r+2} - \cdots - c_{1n}d_n, \\ d_2 = -c_{2,r+1}d_{r+1} - c_{2,r+2}d_{r+2} - \cdots - c_{2n}d_n, \\ \quad\cdots\cdots \\ d_r = -c_{r,r+1}d_{r+1} - c_{r,r+2}d_{r+2} - \cdots - c_{rn}d_n. \end{cases} \tag{3.24}$$

令

$$\widetilde{\boldsymbol{X}} = d_{r+1}\boldsymbol{\xi}_1 + d_{r+2}\boldsymbol{\xi}_2 + \cdots + d_n\boldsymbol{\xi}_{n-r},$$

则 $\widetilde{\boldsymbol{X}}$ 是方程组(3.20)的解,且

$$\boldsymbol{X} - \widetilde{\boldsymbol{X}} = \begin{pmatrix} d_1 + c_{1,r+1}d_{r+1} + c_{1,r+2}d_{r+2} + \cdots + c_{1n}d_n \\ d_2 + c_{2,r+1}d_{r+1} + c_{2,r+2}d_{r+2} + \cdots + c_{2n}d_n \\ \vdots \\ d_r + c_{r,r+1}d_{r+1} + c_{r,r+2}d_{r+2} + \cdots + c_{rn}d_n \\ 0 \\ 0 \\ \vdots \\ 0 \end{pmatrix}.$$

由式(3.24)得 $\boldsymbol{X} - \widetilde{\boldsymbol{X}} = \boldsymbol{0}$,即

$$\boldsymbol{X} = d_{r+1}\boldsymbol{\xi}_1 + d_{r+2}\boldsymbol{\xi}_2 + \cdots + d_n\boldsymbol{\xi}_{n-r}.$$

所以方程组(3.20)的任一解 $\boldsymbol{X}$ 都可由向量组 $\boldsymbol{\xi}_1,\boldsymbol{\xi}_2,\cdots,\boldsymbol{\xi}_{n-r}$ 线性表示,即向量组 $\boldsymbol{\xi}_1,\boldsymbol{\xi}_2,\cdots,\boldsymbol{\xi}_{n-r}$ 是方程组(3.20)的一个基础解系,且含有 $n-r$ 解向量.

对于方程组(3.20)的不同的基础解系,由基础解系的定义知它们是等价的线性无关向量组,故由3.2节的推论5知它们所含向量的个数相等,所以方程组(3.20)的任一基础解系都恰好含有 $n-r$ 个解向量.

至此,齐次线性方程组(3.20)的解的结构就完全清楚了.当方程组(3.20)有非零解时,我们

只须找到方程组(3.20)的基础解系,则方程组(3.20)的任一解都可由基础解系来线性表示.如何找到方程组(3.20)的基础解系呢?定理3.13的证明过程实际已给出了基础解系的求法.

例 3.19　求齐次线性方程组

$$\begin{cases}2x_1+x_2-2x_3+3x_4=0,\\3x_1+2x_2-x_3+2x_4=0,\\x_1+x_2+x_3-x_4=0\end{cases}$$

的基础解系与通解.

解　对原方程组的系数矩阵 $\boldsymbol{A}$ 施行初等行变换:

$$\boldsymbol{A}=\begin{pmatrix}2&1&-2&3\\3&2&-1&2\\1&1&1&-1\end{pmatrix}\xrightarrow[r_3-2r_1]{\substack{r_1\leftrightarrow r_3\\ r_2-3r_1}}\begin{pmatrix}1&1&1&-1\\0&-1&-4&5\\0&-1&-4&5\end{pmatrix}$$

$$\xrightarrow{r_3-r_2}\begin{pmatrix}1&1&1&-1\\0&-1&-4&5\\0&0&0&0\end{pmatrix}\xrightarrow[-r_2]{r_1+r_2}\begin{pmatrix}1&0&-3&4\\0&1&4&-5\\0&0&0&0\end{pmatrix},$$

得同解方程组为

$$\begin{cases}x_1=3x_3-4x_4,\\x_2=-4x_3+5x_4.\end{cases}$$

取 $\begin{pmatrix}x_3\\x_4\end{pmatrix}=\begin{pmatrix}1\\0\end{pmatrix},\begin{pmatrix}0\\1\end{pmatrix}$,得原方程组的基础解系为

$$\boldsymbol{\xi}_1=\begin{pmatrix}3\\-4\\1\\0\end{pmatrix},\quad \boldsymbol{\xi}_2=\begin{pmatrix}-4\\5\\0\\1\end{pmatrix},$$

从而得原方程组的通解为 $\boldsymbol{X}=k_1\boldsymbol{\xi}_1+k_2\boldsymbol{\xi}_2$,其中 k_1,k_2 是任意常数.

例 3.20　求齐次线性方程组

$$\begin{cases}x_1+2x_2-x_3+3x_4=0,\\2x_1+4x_2-2x_3+5x_4=0,\\-x_1-2x_2+x_3-x_4=0\end{cases}$$

的基础解系与通解.

解　对原方程组的系数矩阵 $\boldsymbol{A}$ 施行初等行变换:

$$\boldsymbol{A}=\begin{pmatrix}1&2&-1&3\\2&4&-2&5\\-1&-2&1&-1\end{pmatrix}\xrightarrow[r_3+r_1]{r_2-2r_1}\begin{pmatrix}1&2&-1&3\\0&0&0&-1\\0&0&0&2\end{pmatrix}\xrightarrow[-r_2]{\substack{r_3+2r_2\\ r_1+3r_2}}\begin{pmatrix}1&2&-1&0\\0&0&0&1\\0&0&0&0\end{pmatrix},$$

得同解方程组为

$$\begin{cases}x_1=-2x_2+x_3,\\x_4=0.\end{cases}$$

取$\begin{pmatrix}x_2\\x_3\end{pmatrix}=\begin{pmatrix}1\\0\end{pmatrix},\begin{pmatrix}0\\1\end{pmatrix}$，得原方程组的基础解系为

$$\boldsymbol{\xi}_1=\begin{pmatrix}-2\\1\\0\\0\end{pmatrix},\quad \boldsymbol{\xi}_2=\begin{pmatrix}1\\0\\1\\0\end{pmatrix},$$

从而得原方程组的通解为$\boldsymbol{X}=k_1\boldsymbol{\xi}_1+k_2\boldsymbol{\xi}_2$，其中$k_1,k_2$是任意常数.

例 3.21 设向量组$\boldsymbol{\xi}_1,\boldsymbol{\xi}_2$是齐次线性方程组$\boldsymbol{AX}=\boldsymbol{0}$的一个基础解系，证明：向量组$\boldsymbol{\xi}_1+\boldsymbol{\xi}_2,k\boldsymbol{\xi}_2$也是该方程组的基础解系，其中$k\neq 0$.

证 由齐次线性方程组解的性质知，$\boldsymbol{\xi}_1+\boldsymbol{\xi}_2,k\boldsymbol{\xi}_2$也是方程组$\boldsymbol{AX}=\boldsymbol{0}$的两个解. 又$\boldsymbol{\xi}_1,\boldsymbol{\xi}_2$是该方程组的基础解系，则向量组$\boldsymbol{\xi}_1,\boldsymbol{\xi}_2$线性无关. 而当$k\neq 0$时，向量组$\boldsymbol{\xi}_1+\boldsymbol{\xi}_2,k\boldsymbol{\xi}_2$与向量组$\boldsymbol{\xi}_1,\boldsymbol{\xi}_2$等价，则向量组$\boldsymbol{\xi}_1+\boldsymbol{\xi}_2,k\boldsymbol{\xi}_2$也线性无关，因此$\boldsymbol{\xi}_1+\boldsymbol{\xi}_2,k\boldsymbol{\xi}_2$也是该方程组的基础解系.

例 3.22 设$\boldsymbol{A},\boldsymbol{B}$都是$n$阶方阵，且$\boldsymbol{AB}=\boldsymbol{O}$，证明：$\mathrm{R}(\boldsymbol{A})+\mathrm{R}(\boldsymbol{B})\leqslant n$.

证 当$\mathrm{R}(\boldsymbol{A})=n$时，$\boldsymbol{A}$为可逆矩阵，则有$\boldsymbol{B}=\boldsymbol{O}$，所以$\mathrm{R}(\boldsymbol{A})+\mathrm{R}(\boldsymbol{B})=n$.

当$\mathrm{R}(\boldsymbol{A})=r<n$时，设矩阵$\boldsymbol{B}=(\boldsymbol{\beta}_1,\boldsymbol{\beta}_2,\cdots,\boldsymbol{\beta}_n)$，则

$$\boldsymbol{AB}=\boldsymbol{A}(\boldsymbol{\beta}_1,\boldsymbol{\beta}_2,\cdots,\boldsymbol{\beta}_n)=(\boldsymbol{A\beta}_1,\boldsymbol{A\beta}_2,\cdots,\boldsymbol{A\beta}_n)=\boldsymbol{O},$$

即

$$\boldsymbol{A\beta}_j=\boldsymbol{0}\quad (j=1,2,\cdots,n).$$

上式表明，矩阵$\boldsymbol{B}$的列向量组$\boldsymbol{\beta}_1,\boldsymbol{\beta}_2,\cdots,\boldsymbol{\beta}_n$都是齐次线性方程组$\boldsymbol{AX}=\boldsymbol{0}$的解向量. 因为$\mathrm{R}(\boldsymbol{A})=r<n$，由定理 3.13 知，方程组$\boldsymbol{AX}=\boldsymbol{0}$的基础解系中恰含有$n-r$个解向量，因而有$\mathrm{R}(\boldsymbol{B})\leqslant n-r$，所以$\mathrm{R}(\boldsymbol{A})+\mathrm{R}(\boldsymbol{B})\leqslant n$.

3.4.2 非齐次线性方程组解的结构

非齐次线性方程组(3.1)的矩阵形式为

$$\boldsymbol{A}_{m\times n}\boldsymbol{X}_{n\times 1}=\boldsymbol{b}_{m\times 1}. \tag{3.25}$$

微课视频

非齐次线性方程组解的结构

令方程组(3.25)中的向量$\boldsymbol{b}_{m\times 1}$为零向量，得到的方程组

$$\boldsymbol{A}_{m\times n}\boldsymbol{X}_{n\times 1}=\boldsymbol{0} \tag{3.26}$$

称为非齐次线性方程组(3.25)**相应的齐次线性方程组**.

易得非齐次线性方程组的解具有下列性质.

性质 3 若$\boldsymbol{\eta}_1,\boldsymbol{\eta}_2$为方程组(3.25)的两个解，则$\boldsymbol{\eta}_1-\boldsymbol{\eta}_2$为其相应的齐次线性方程组(3.26)的解.

性质 4 若$\boldsymbol{\eta}_0$为方程组(3.25)的解，$\boldsymbol{\xi}$为其相应的齐次线性方程组(3.26)的解，则$\boldsymbol{\eta}_0+\boldsymbol{\xi}$为方程组(3.25)的解.

定理 3.14 **如果$\boldsymbol{\eta}_0$为非齐次线性方程组(3.25)的一个解，$\boldsymbol{\xi}_1,\boldsymbol{\xi}_2,\cdots,\boldsymbol{\xi}_{n-r}$为其相**

应的齐次线性方程组(3.26)的基础解系，则

$$\boldsymbol{X}=\boldsymbol{\eta}_0+k_1\boldsymbol{\xi}_1+k_2\boldsymbol{\xi}_2+\cdots+k_{n-r}\boldsymbol{\xi}_{n-r} \tag{3.27}$$

为方程组(3.25)的通解，其中 $k_1,k_2,\cdots,k_{n-r}$ 为任意常数.

证　设 $\boldsymbol{X}$ 为方程组(3.25)的任一解，因 $\boldsymbol{\eta}_0$ 为方程组(3.25)的一个解，则 $\boldsymbol{X}-\boldsymbol{\eta}_0$ 为其相应的齐次线性方程组(3.26)的解，故 $\boldsymbol{X}-\boldsymbol{\eta}_0$ 可由齐次线性方程组(3.26)的基础解系 $\boldsymbol{\xi}_1,\boldsymbol{\xi}_2,\cdots,\boldsymbol{\xi}_{n-r}$ 线性表示，即存在常数 $k_1,k_2,\cdots,k_{n-r}$，使得

$$\boldsymbol{X}-\boldsymbol{\eta}_0=k_1\boldsymbol{\xi}_1+k_2\boldsymbol{\xi}_2+\cdots+k_{n-r}\boldsymbol{\xi}_{n-r},$$

亦即

$$\boldsymbol{X}=\boldsymbol{\eta}_0+k_1\boldsymbol{\xi}_1+k_2\boldsymbol{\xi}_2+\cdots+k_{n-r}\boldsymbol{\xi}_{n-r}.$$

至此，非齐次线性方程组(3.25)的解的结构也完全清楚了. 当方程组(3.25)有无穷多解时，我们只须分以下两步解决：

(1) 求非齐次线性方程组(3.25)相应的齐次线性方程组(3.26)的通解，

(2) 求非齐次线性方程组(3.25)的一个解，

则相应的齐次线性方程组(3.26)的通解与非齐次线性方程组(3.25)的一个解之和即为非齐次线性方程组(3.25)的通解.

不难观察到，在本章 3.1 节中利用消元法得到的非齐次线性方程组的通解，将其改写为向量的形式即为式(3.27).

例 3.23　求非齐次线性方程组

$$\begin{cases} x_1+2x_2-x_3+3x_4=2, \\ 2x_1+4x_2-2x_3+5x_4=1, \\ -x_1-2x_2+x_3-x_4=4 \end{cases}$$

的通解(向量形式).

解　对原方程组的增广矩阵 $\widetilde{\boldsymbol{A}}$ 施行初等行变换：

$$\widetilde{\boldsymbol{A}}=(\boldsymbol{A}\,\vdots\,\boldsymbol{b})=\begin{pmatrix} 1 & 2 & -1 & 3 & 2 \\ 2 & 4 & -2 & 5 & 1 \\ -1 & -2 & 1 & -1 & 4 \end{pmatrix}\xrightarrow[r_3+r_1]{r_2-2r_1}\begin{pmatrix} 1 & 2 & -1 & 3 & 2 \\ 0 & 0 & 0 & -1 & -3 \\ 0 & 0 & 0 & 2 & 6 \end{pmatrix}$$

$$\xrightarrow[-r_2]{\substack{r_1+3r_2 \\ r_3+2r_2}}\begin{pmatrix} 1 & 2 & -1 & 0 & -7 \\ 0 & 0 & 0 & 1 & 3 \\ 0 & 0 & 0 & 0 & 0 \end{pmatrix},$$

得 $\mathrm{R}(\widetilde{\boldsymbol{A}})=\mathrm{R}(\boldsymbol{A})=2<4$，所以原方程组有无穷多解，并得同解方程组为

$$\begin{cases} x_1=-2x_2+x_3-7, \\ x_4=3. \end{cases}$$

令 $x_2=k_1,x_3=k_2$，得原方程组的通解为

$$\begin{cases}x_1=-7-2k_1+k_2,\\x_2=k_1,\\x_3=k_2,\\x_4=3.\end{cases}$$

取 $k_1=0,k_2=0$,得原方程组的一个解 $\boldsymbol{\eta}_0=\begin{pmatrix}-7\\0\\0\\3\end{pmatrix}$.

原方程组相应的齐次线性方程组的同解方程组为

$$\begin{cases}x_1=-2x_2+x_3,\\x_4=0.\end{cases}$$

取 $\begin{pmatrix}x_2\\x_3\end{pmatrix}=\begin{pmatrix}1\\0\end{pmatrix},\begin{pmatrix}0\\1\end{pmatrix}$,可得相应的齐次线性方程组的基础解系为

$$\boldsymbol{\xi}_1=\begin{pmatrix}-2\\1\\0\\0\end{pmatrix},\quad \boldsymbol{\xi}_2=\begin{pmatrix}1\\0\\1\\0\end{pmatrix},$$

所以原方程组的通解为 $\boldsymbol{X}=\boldsymbol{\eta}_0+c_1\boldsymbol{\xi}_1+c_2\boldsymbol{\xi}_2$,其中 c_1,c_2 为任意常数.

注 在例 3.23 中得到原方程组的通解后,可直接将通解改写为如下向量形式:

$$\begin{pmatrix}x_1\\x_2\\x_3\\x_4\end{pmatrix}=\begin{pmatrix}-7\\0\\0\\3\end{pmatrix}+k_1\begin{pmatrix}-2\\1\\0\\0\end{pmatrix}+k_2\begin{pmatrix}1\\0\\1\\0\end{pmatrix},$$

其中 k_1,k_2 为任意常数.

例 3.24 设有线性方程组

$$\begin{cases}x_1+x_2+(1+\lambda)x_3=\lambda,\\x_1+x_2+(1-2\lambda-\lambda^2)x_3=3-\lambda-\lambda^2,\\\lambda x_2-\lambda x_3=3-\lambda.\end{cases}$$

试问:当 λ 为何值时,方程组有唯一解、无解、有无穷多解?并在有无穷多解时求其通解.

解 对原方程组的增广矩阵 $\widetilde{\boldsymbol{A}}$ 施行初等行变换:

$$\widetilde{\boldsymbol{A}}=(\boldsymbol{A}\ \vdots\ \boldsymbol{b})=\left(\begin{array}{ccc:c}1&1&1+\lambda&\lambda\\1&1&1-2\lambda-\lambda^2&3-\lambda-\lambda^2\\0&\lambda&-\lambda&3-\lambda\end{array}\right)$$

$$\xrightarrow[r_2 \leftrightarrow r_3]{r_2 - r_1} \left(\begin{array}{ccc:c} 1 & 1 & 1+\lambda & \lambda \\ 0 & \lambda & -\lambda & 3-\lambda \\ 0 & 0 & -\lambda(\lambda+3) & (1-\lambda)(3+\lambda) \end{array}\right).$$

(1) 当 $\lambda \neq 0$ 且 $\lambda \neq -3$ 时，$R(\widetilde{\boldsymbol{A}})=R(\boldsymbol{A})=3$，原方程组有唯一解.

(2) 当 $\lambda=0$ 时，$R(\boldsymbol{A})=1$，$R(\widetilde{\boldsymbol{A}})=2$，$R(\boldsymbol{A}) \neq R(\widetilde{\boldsymbol{A}})$，原方程组无解.

(3) 当 $\lambda=-3$ 时，$R(\boldsymbol{A})=R(\widetilde{\boldsymbol{A}})=2<3$，原方程组有无穷多解. 此时

$$\widetilde{\boldsymbol{A}} \to \begin{pmatrix} 1 & 0 & -1 & -1 \\ 0 & 1 & -1 & -2 \\ 0 & 0 & 0 & 0 \end{pmatrix},$$

得同解方程组为

$$\begin{cases} x_1 = x_3 - 1, \\ x_2 = x_3 - 2. \end{cases}$$

令 $x_3 = k$，得原方程组的通解为

$$\begin{cases} x_1 = -1 + k, \\ x_2 = -2 + k, \\ x_3 = k, \end{cases}$$

写成向量形式为 $\begin{pmatrix} x_1 \\ x_2 \\ x_3 \end{pmatrix} = \begin{pmatrix} -1 \\ -2 \\ 0 \end{pmatrix} + k \begin{pmatrix} 1 \\ 1 \\ 1 \end{pmatrix}$，其中 k 为任意常数.

例 3.25　设 $\boldsymbol{AX}=\boldsymbol{b}$ 是四元非齐次线性方程组，$R(\boldsymbol{A})=3$. 已知 $\boldsymbol{\eta}_1, \boldsymbol{\eta}_2, \boldsymbol{\eta}_3$ 是该方程组的 3 个解，且满足

$$\boldsymbol{\eta}_1 = \begin{pmatrix} 2 \\ 0 \\ 0 \\ 9 \end{pmatrix}, \quad \boldsymbol{\eta}_2 + \boldsymbol{\eta}_3 = \begin{pmatrix} 2 \\ 0 \\ 0 \\ 8 \end{pmatrix},$$

求方程组 $\boldsymbol{AX}=\boldsymbol{b}$ 的通解.

解　因 $R(\boldsymbol{A})=3<n=4$，且方程组 $\boldsymbol{AX}=\boldsymbol{b}$ 有解，故该方程组有无穷多解，且其相应的齐次线性方程组的基础解系含有 $4-3=1$ 个解. 已知非齐次线性方程组的一个解是 $\boldsymbol{\eta}_1$，故只须求得其相应的齐次线性方程组的基础解系 $\boldsymbol{\xi}$. 由线性方程组解的性质，可取

$$\boldsymbol{\xi} = (\boldsymbol{\eta}_1 - \boldsymbol{\eta}_2) + (\boldsymbol{\eta}_1 - \boldsymbol{\eta}_3) = 2\boldsymbol{\eta}_1 - (\boldsymbol{\eta}_2 + \boldsymbol{\eta}_3) = \begin{pmatrix} 2 \\ 0 \\ 0 \\ 10 \end{pmatrix},$$

所以原方程组的通解为 $\boldsymbol{X} = \boldsymbol{\eta}_1 + k\boldsymbol{\xi} = \begin{pmatrix} 2 \\ 0 \\ 0 \\ 9 \end{pmatrix} + k \begin{pmatrix} 2 \\ 0 \\ 0 \\ 10 \end{pmatrix}$，其中 k 为任意常数.

习 题 3.4

1. 选择题：

(1) 已知线性方程组 $\boldsymbol{A}_{2\times3}\boldsymbol{X}_{3\times1}=\boldsymbol{b}_{2\times1}$ 的两个解为 $\boldsymbol{\eta}_1=(1,1,2)^{\mathrm{T}}$ 和 $\boldsymbol{\eta}_2=(2,0,-1)^{\mathrm{T}}$，且 $\mathrm{R}(\boldsymbol{A})=2$，则该方程组的通解为($k_1,k_2$ 为任意常数)(　　)；

A. $k_1\boldsymbol{\eta}_1+k_2\boldsymbol{\eta}_2$　　B. $\boldsymbol{\eta}_1+k_2\boldsymbol{\eta}_2$　　C. $k_1\boldsymbol{\eta}_1+\boldsymbol{\eta}_2$　　D. $k_1(\boldsymbol{\eta}_1-\boldsymbol{\eta}_2)+\boldsymbol{\eta}_2$

(2) 设方程组 $\begin{pmatrix} a & 1 & 1 \\ 1 & a & 1 \\ 1 & 1 & a \end{pmatrix}\begin{pmatrix} x_1 \\ x_2 \\ x_3 \end{pmatrix}=\begin{pmatrix} 1 \\ 1 \\ -2 \end{pmatrix}$ 有无穷多解，则 $a=$(　　).

A. 1　　B. 2　　C. -2　　D. 0

2. 求下列齐次线性方程组的一个基础解系和通解：

(1) $\begin{cases} x_1+x_2-3x_4=0, \\ x_1-x_2-2x_3-x_4=0, \\ 4x_1-2x_2+6x_3+3x_4=0; \end{cases}$　　(2) $\begin{cases} x_1+x_2-2x_3+3x_4=0, \\ x_1+3x_2-9x_3+7x_4=0, \\ 3x_1-x_2+8x_3+x_4=0, \\ x_1-x_2+5x_3-x_4=0; \end{cases}$

(3) $\begin{cases} 2x_1-4x_2+5x_3+3x_4=0, \\ 3x_1-6x_2+4x_3+2x_4=0, \\ 4x_1-8x_2+17x_3+11x_4=0. \end{cases}$

3. 求下列非齐次线性方程组的通解：

(1) $\begin{cases} x_1-2x_2+x_3+x_4=1, \\ x_1-2x_2+x_3-x_4=-1, \\ x_1-2x_2+x_3+5x_4=5; \end{cases}$　　(2) $\begin{cases} x_1-2x_2+3x_3-4x_4=4, \\ x_2-x_3+x_4=-3, \\ x_1+3x_2-3x_4=1, \\ -7x_2+3x_3+x_4=-3; \end{cases}$

(3) $\begin{cases} x_1+x_2+x_3+x_4+x_5=1, \\ 3x_1+2x_2+x_3+x_4-3x_5=0, \\ x_2+2x_3+2x_4+6x_5=3, \\ 5x_1+4x_2+3x_3+3x_4-x_5=2. \end{cases}$

4. 设 $\boldsymbol{\xi}_1,\boldsymbol{\xi}_2,\cdots,\boldsymbol{\xi}_r$ 是齐次线性方程组 $\boldsymbol{AX}=\boldsymbol{0}$ 的一个基础解系，证明：$\boldsymbol{\xi}_1-\boldsymbol{\xi}_2,\boldsymbol{\xi}_2,\boldsymbol{\xi}_3,\cdots,\boldsymbol{\xi}_r$ 也是该方程组的基础解系.

5. 设四元非齐次线性方程组 $\boldsymbol{AX}=\boldsymbol{b}$ 的系数矩阵 $\boldsymbol{A}$ 的秩 $\mathrm{R}(\boldsymbol{A})=3$. 已知 $\boldsymbol{\eta}_1,\boldsymbol{\eta}_2,\boldsymbol{\eta}_3$ 是该方程组的 3 个解，且

$$\boldsymbol{\eta}_1+\boldsymbol{\eta}_2=\begin{pmatrix} 3 \\ 0 \\ 2 \\ 4 \end{pmatrix},\quad \boldsymbol{\eta}_2+\boldsymbol{\eta}_3=\begin{pmatrix} 2 \\ 0 \\ 1 \\ 2 \end{pmatrix},$$

求方程组 $\boldsymbol{AX}=\boldsymbol{b}$ 的通解.

6. 设 $\boldsymbol{\eta}_1,\boldsymbol{\eta}_2,\cdots,\boldsymbol{\eta}_r$ 是非齐次线性方程组 $\boldsymbol{AX}=\boldsymbol{b}$ 的 r 个解，$k_1,k_2,\cdots,k_r$ 为实数且满足 $k_1+k_2+\cdots+k_r=1$，证明：$k_1\boldsymbol{\eta}_1+k_2\boldsymbol{\eta}_2+\cdots+k_r\boldsymbol{\eta}_r$ 也是该方程组的解.

7. 设 $\boldsymbol{A}$ 为 $m\times n$ 矩阵，$\boldsymbol{B}$ 为 n 阶方阵，且 $\mathrm{R}(\boldsymbol{A})=n$，证明：

(1) 若 $\boldsymbol{AB}=\boldsymbol{O}$，则 $\boldsymbol{B}=\boldsymbol{O}$；

(2) 若 $\boldsymbol{AB}=\boldsymbol{A}$，则 $\boldsymbol{B}=\boldsymbol{E}$.

思维导图

- 线性方程组与向量组的线性相关性
  - 线性方程组
    - 初等变换法求线性方程组的通解
    - 判别非齐次线性方程组有唯一解、无解、有无穷多解的充要条件
    - 判别齐次线性方程组只有零解、有非零解的充要条件
  - 向量组的线性相关性
    - 向量由向量组线性表示、向量组间的线性表示、向量组等价的定义
    - 向量能否由向量组线性表示的判别方法
    - 等价向量组的性质
    - 线性相关、线性无关的定义
    - 线性相关、线性无关的相关结论，几个重要的定理及推论
  - 向量组的极大无关组与向量组的秩
    - 极大无关组的概念
    - 极大无关组的性质
    - 向量组的秩的概念
    - 向量组的秩的求法及相关结论
    - 向量组由其极大无关组表示的求法及相关结论
  - 线性方程组解的结构
    - 齐次线性方程组解的结构
      - 齐次线性方程组解的性质
      - 基础解系的概念
      - 基础解系的求法及相关结论
      - 齐次线性方程组解的结构
    - 非齐次线性方程组解的结构
      - 非齐次线性方程组相应的齐次线性方程组的概念
      - 非齐次线性方程组解的性质
      - 非齐次线性方程组解的结构

拓展阅读

《九章算术》与线性方程组

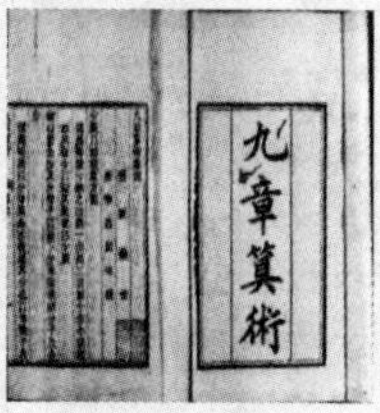

图 3.1

线性代数的核心是线性方程组，大量的科学技术问题，最终往往归结为解线性方程组. 对线性方程组的研究，中国比欧洲至少早1 500年，记载于公元1世纪左右成书的《九章算术》中(见图3.1). 《九章算术》是中国古代的数学专著，是“算经十书”中最重要的一部，被译成日、俄、德、法等多种版本，对世界数学的发展产生了很大的影响.

拓展阅读

九章算术

复习题三

(A)

一、判断题(正确的在括号里打"√",错误的打"×")

1. 若非齐次线性方程组 $\boldsymbol{AX}=\boldsymbol{b}$ 相应的齐次线性方程组 $\boldsymbol{AX}=\boldsymbol{0}$ 只有零解,则方程组 $\boldsymbol{AX}=\boldsymbol{b}$ 有唯一解. ( )

2. 若非齐次线性方程组 $\boldsymbol{AX}=\boldsymbol{b}$ 相应的齐次线性方程组 $\boldsymbol{AX}=\boldsymbol{0}$ 有非零解,则方程组 $\boldsymbol{AX}=\boldsymbol{b}$ 有无穷多解. ( )

3. 设 $\boldsymbol{\eta}_1,\boldsymbol{\eta}_2$ 是非齐次线性方程组 $\boldsymbol{AX}=\boldsymbol{b}$ 的两个解,则 $\frac{1}{2}(\boldsymbol{\eta}_1+\boldsymbol{\eta}_2)$ 也是该方程组的解. ( )

4. 设 $\boldsymbol{A}$ 为 $m\times n$ 矩阵,则齐次线性方程组 $\boldsymbol{AX}=\boldsymbol{0}$ 只有零解的充要条件为矩阵 $\boldsymbol{A}$ 的列向量组线性无关. ( )

5. 设 $\boldsymbol{A}$ 为 $m\times n$ 矩阵,则齐次线性方程组 $\boldsymbol{AX}=\boldsymbol{0}$ 只有零解的充要条件为矩阵 $\boldsymbol{A}$ 的行向量组线性无关. ( )

6. 若向量组 $\boldsymbol{\alpha}_1,\boldsymbol{\alpha}_2,\cdots,\boldsymbol{\alpha}_n$ 线性无关,则 $\boldsymbol{\alpha}_1,\boldsymbol{\alpha}_2,\cdots,\boldsymbol{\alpha}_n$ 中任意两个向量对应的分量不成比例. ( )

7. 若向量组 $\boldsymbol{\alpha}_1,\boldsymbol{\alpha}_2,\cdots,\boldsymbol{\alpha}_n$ 线性相关,则 $\boldsymbol{\alpha}_1,\boldsymbol{\alpha}_2,\cdots,\boldsymbol{\alpha}_n$ 中至少有两个向量对应的分量成比例. ( )

8. 若向量组 $\boldsymbol{\alpha}_1,\boldsymbol{\alpha}_2,\cdots,\boldsymbol{\alpha}_n$ 中任意一个向量都不能由其余向量线性表示,则该向量组线性无关. ( )

9. 若向量组的秩为 r,则该向量组中任意 r 个向量构成的部分组都线性无关. ( )

10. 若向量组 $\boldsymbol{\alpha}_1,\boldsymbol{\alpha}_2,\cdots,\boldsymbol{\alpha}_n$ 和向量组 $\boldsymbol{\beta}_1,\boldsymbol{\beta}_2,\cdots,\boldsymbol{\beta}_m$ 都线性无关,则向量组 $\boldsymbol{\alpha}_1,\boldsymbol{\alpha}_2,\cdots,\boldsymbol{\alpha}_n,\boldsymbol{\beta}_1,\boldsymbol{\beta}_2,\cdots,\boldsymbol{\beta}_m$ 也线性无关. ( )

二、填空题

1. 非齐次线性方程组 $\boldsymbol{A}_{m\times n}\boldsymbol{X}_{n\times 1}=\boldsymbol{b}_{m\times 1}$ 有解的充要条件是__________. 有解的条件下,当__________时,方程组有唯一解;当__________时,方程组有无穷多解.

2. n 元齐次线性方程组 $\boldsymbol{AX}=\boldsymbol{0}$ 只有零解的充要条件是__________,有非零解的充要条件是__________.

3. 设 $m\times n$ 矩阵 $\boldsymbol{A}$ 的秩为 r,则齐次线性方程组 $\boldsymbol{AX}=\boldsymbol{0}$ 的基础解系一定由__________个线性无关的解构成.

4. 若向量组 $\boldsymbol{\alpha}_1=(1,1,1)^{\mathrm{T}},\boldsymbol{\alpha}_2=(1,2,3)^{\mathrm{T}},\boldsymbol{\alpha}_3=(1,3,t)^{\mathrm{T}}$ 线性无关,则 t 满足__________.

5. 已知向量组 $\boldsymbol{\alpha}_1=(1,2,3,4)^{\mathrm{T}},\boldsymbol{\alpha}_2=(2,3,4,5)^{\mathrm{T}},\boldsymbol{\alpha}_3=(3,4,5,6)^{\mathrm{T}},\boldsymbol{\alpha}_4=(4,5,6,7)^{\mathrm{T}}$,则该向量组的秩为__________.

三、选择题

1. 设 $\boldsymbol{A}$ 为 $m\times n$ 矩阵,则齐次线性方程组 $\boldsymbol{AX}=\boldsymbol{0}$ 只有零解的充要条件是( ).

A. $\boldsymbol{A}$ 的列向量组线性无关　　B. $\boldsymbol{A}$ 的列向量组线性相关

C. $\boldsymbol{A}$ 的行向量组线性无关　　D. $\boldsymbol{A}$ 的行向量组线性相关

2. n 维向量组 $\boldsymbol{\alpha}_1,\boldsymbol{\alpha}_2,\cdots,\boldsymbol{\alpha}_m(3\leqslant m\leqslant n)$ 线性无关的充要条件是(　　).

A. 存在一组不全为 0 的常数 $k_1,k_2,\cdots,k_m$，使得 $\sum_{i=1}^{m}k_i\boldsymbol{\alpha}_i\neq\mathbf{0}$

B. $\boldsymbol{\alpha}_1,\boldsymbol{\alpha}_2,\cdots,\boldsymbol{\alpha}_m$ 中至少有一个向量不能由其余向量线性表示

C. $\boldsymbol{\alpha}_1,\boldsymbol{\alpha}_2,\cdots,\boldsymbol{\alpha}_m$ 中任意两个向量都线性无关

D. $\boldsymbol{\alpha}_1,\boldsymbol{\alpha}_2,\cdots,\boldsymbol{\alpha}_m$ 中任何一个向量都不能由其余向量线性表示

3. 设向量 $\boldsymbol{\beta}$ 能由向量组 $\boldsymbol{\alpha}_1,\boldsymbol{\alpha}_2,\cdots,\boldsymbol{\alpha}_m$ 线性表示，但不能由向量组 Ⅰ：$\boldsymbol{\alpha}_1,\boldsymbol{\alpha}_2,\cdots,\boldsymbol{\alpha}_{m-1}$ 线性表示. 记向量组 Ⅱ：$\boldsymbol{\alpha}_1,\boldsymbol{\alpha}_2,\cdots,\boldsymbol{\alpha}_{m-1},\boldsymbol{\beta}$，则(　　).

A. $\boldsymbol{\alpha}_m$ 不能由向量组 Ⅰ 线性表示，也不能由向量组 Ⅱ 线性表示

B. $\boldsymbol{\alpha}_m$ 不能由向量组 Ⅰ 线性表示，但能由向量组 Ⅱ 线性表示

C. $\boldsymbol{\alpha}_m$ 能由向量组 Ⅰ 线性表示，也能由向量组 Ⅱ 线性表示

D. $\boldsymbol{\alpha}_m$ 能由向量组 Ⅰ 线性表示，但不能由向量组 Ⅱ 线性表示

4. 设 $\boldsymbol{A}$ 为 $m\times n$ 矩阵，$\boldsymbol{AX}=\mathbf{0}$ 是非齐次线性方程组 $\boldsymbol{AX}=\boldsymbol{b}$ 相应的齐次线性方程组，则下列结论中正确的是(　　).

A. 若 $\boldsymbol{AX}=\mathbf{0}$ 仅有零解，则 $\boldsymbol{AX}=\boldsymbol{b}$ 有唯一解

B. 若 $\boldsymbol{AX}=\mathbf{0}$ 有非零解，则 $\boldsymbol{AX}=\boldsymbol{b}$ 有无穷多解

C. 若 $\boldsymbol{AX}=\boldsymbol{b}$ 有无穷多解，则 $\boldsymbol{AX}=\mathbf{0}$ 仅有零解

D. 若 $\boldsymbol{AX}=\boldsymbol{b}$ 有无穷多解，则 $\boldsymbol{AX}=\mathbf{0}$ 有非零解

5. 已知向量组 $\boldsymbol{\alpha}_1,\boldsymbol{\alpha}_2,\boldsymbol{\alpha}_3,\boldsymbol{\alpha}_4$ 线性无关，则(　　).

A. 向量组 $\boldsymbol{\alpha}_1+\boldsymbol{\alpha}_2,\boldsymbol{\alpha}_2+\boldsymbol{\alpha}_3,\boldsymbol{\alpha}_3+\boldsymbol{\alpha}_4,\boldsymbol{\alpha}_4+\boldsymbol{\alpha}_1$ 线性无关

B. 向量组 $\boldsymbol{\alpha}_1-\boldsymbol{\alpha}_2,\boldsymbol{\alpha}_2-\boldsymbol{\alpha}_3,\boldsymbol{\alpha}_3-\boldsymbol{\alpha}_4,\boldsymbol{\alpha}_4-\boldsymbol{\alpha}_1$ 线性无关

C. 向量组 $\boldsymbol{\alpha}_1+\boldsymbol{\alpha}_2,\boldsymbol{\alpha}_2+\boldsymbol{\alpha}_3,\boldsymbol{\alpha}_3+\boldsymbol{\alpha}_4,\boldsymbol{\alpha}_4-\boldsymbol{\alpha}_1$ 线性无关

D. 向量组 $\boldsymbol{\alpha}_1+\boldsymbol{\alpha}_2,\boldsymbol{\alpha}_2+\boldsymbol{\alpha}_3,\boldsymbol{\alpha}_3-\boldsymbol{\alpha}_4,\boldsymbol{\alpha}_4-\boldsymbol{\alpha}_1$ 线性无关

四、计算题

1. 求齐次线性方程组

$$\begin{cases}x_1+x_2+x_3+4x_4-3x_5=0,\\ x_1-x_2+3x_3-2x_4-x_5=0,\\ 2x_1+x_2+3x_3+5x_4-5x_5=0,\\ 3x_1+x_2+5x_3+6x_4-7x_5=0\end{cases}$$

的一个基础解系.

2. 求非齐次线性方程组

$$\begin{cases}2x_1-x_2+4x_3-3x_4=-4,\\ x_1+x_3-x_4=-3,\\ 3x_1+x_2+x_3=1,\\ 7x_1+7x_3-3x_4=3\end{cases}$$

的通解.

3. 当 λ 为何值时，线性方程组

$$\begin{cases} x_1+(\lambda^2+1)x_2+ \quad 2x_3=\lambda, \\ \lambda x_1+ \quad \lambda x_2+(2\lambda+1)x_3=0, \\ x_1+(2\lambda+1)x_2+ \quad 2x_3=2 \end{cases}$$

有解？并求其解.

4. 判别向量组 $\boldsymbol{\alpha}_1=(1,0,2,3)^{\mathrm{T}}$，$\boldsymbol{\alpha}_2=(1,1,3,5)^{\mathrm{T}}$，$\boldsymbol{\alpha}_3=(1,-1,2,1)^{\mathrm{T}}$，$\boldsymbol{\alpha}_4=(1,2,4,9)^{\mathrm{T}}$ 的线性相关性.

5. 已知向量组 $\boldsymbol{\alpha}_1=(1,1,2,1)^{\mathrm{T}}$，$\boldsymbol{\alpha}_2=(1,0,0,2)^{\mathrm{T}}$，$\boldsymbol{\alpha}_3=(-1,-4,-8,k)^{\mathrm{T}}$ 线性相关，求常数 k 的值.

(B)

一、填空题

1. 设 $\boldsymbol{\alpha}_1,\boldsymbol{\alpha}_2,\boldsymbol{\alpha}_3$ 为三维列向量，且行列式 $|(\boldsymbol{\alpha}_1,\boldsymbol{\alpha}_2,\boldsymbol{\alpha}_3)|=0$，则方程组 $x_1\boldsymbol{\alpha}_1+x_2\boldsymbol{\alpha}_2+x_3\boldsymbol{\alpha}_3=\mathbf{0}$ 有__________解，而向量组 $\boldsymbol{\alpha}_1,\boldsymbol{\alpha}_2,\boldsymbol{\alpha}_3$ 线性__________.

2. 已知 n 阶方阵 $\boldsymbol{A}$ 的各行元素之和都等于 0，且 $\mathrm{R}(\boldsymbol{A})=n-1$，则齐次线性方程组 $\boldsymbol{AX}=\mathbf{0}$ 的通解为__________.

3. 设 $\boldsymbol{A}$ 为 n 阶方阵，$\boldsymbol{\alpha}_1,\boldsymbol{\alpha}_2,\cdots,\boldsymbol{\alpha}_n$ 为 n 维线性无关的列向量，则 $\mathrm{R}(\boldsymbol{A})=n$ 的充要条件是向量组 $\boldsymbol{A\alpha}_1,\boldsymbol{A\alpha}_2,\cdots,\boldsymbol{A\alpha}_n$ 线性__________.

4. 已知方程组 $\begin{pmatrix}1&2&1\\2&3&a+2\\1&a&-2\end{pmatrix}\begin{pmatrix}x_1\\x_2\\x_3\end{pmatrix}=\begin{pmatrix}1\\3\\0\end{pmatrix}$ 无解，则 $a=$__________.

5. 设矩阵 $\boldsymbol{A}=\begin{pmatrix}1&2&-2\\4&t&3\\3&-1&1\end{pmatrix}$，$\boldsymbol{B}$ 为三阶非零矩阵，且 $\boldsymbol{AB}=\boldsymbol{O}$，则 $t=$__________.

二、选择题

1. 要使 $\boldsymbol{\alpha}_1=(1,0,2)^{\mathrm{T}}$，$\boldsymbol{\alpha}_2=(0,1,-1)^{\mathrm{T}}$ 都是齐次线性方程组 $\boldsymbol{AX}=\mathbf{0}$ 的解，只要系数矩阵 $\boldsymbol{A}$ 为(　　).

A. $(-2,1,1)$　　　　B. $\begin{pmatrix}2&0&-1\\0&1&1\end{pmatrix}$

C. $\begin{pmatrix}-1&0&2\\0&1&1\end{pmatrix}$　　　　D. $\begin{pmatrix}0&1&-1\\4&-2&-2\\0&1&1\end{pmatrix}$

2. 设 $\boldsymbol{A}$ 为 $m\times n$ 矩阵，$\boldsymbol{B}$ 为 $n\times m$ 矩阵，则齐次线性方程组 $(\boldsymbol{AB})\boldsymbol{X}=\mathbf{0}$(　　).

A. 当 $n>m$ 时仅有零解　　　　B. 当 $n>m$ 时必有非零解

C. 当 $m>n$ 时仅有零解　　　　D. 当 $m>n$ 时必有非零解

3. 设 $\boldsymbol{A}$ 为 $m\times n$ 矩阵，且 $\mathrm{R}(\boldsymbol{A})=r$，则非齐次线性方程组 $\boldsymbol{AX}=\boldsymbol{b}$(　　).

A. 当 $r=m$ 时有解

B. 当 $r=n$ 时有唯一解

C. 当 $m=n$ 时有唯一解

D. 当 $r<n$ 时有无穷多解

4. 设 $\boldsymbol{A}$ 为 n 阶方阵，其秩 $r<n$，那么在 $\boldsymbol{A}$ 的 n 个行向量中(　　).

A. 必有 r 个行向量线性无关

B. 任意 r 个行向量线性无关

C. 任意 r 个行向量都构成方阵 $\boldsymbol{A}$ 的行向量组的极大无关组

D. 任何一个行向量都可以由其他 r 个行向量线性表示

5. 已知 $\boldsymbol{\beta}_1,\boldsymbol{\beta}_2$ 是非齐次线性方程组 $\boldsymbol{AX}=\boldsymbol{b}$ 的两个不同的解，$\boldsymbol{\alpha}_1,\boldsymbol{\alpha}_2$ 是相应的齐次线性方程组 $\boldsymbol{AX}=\boldsymbol{0}$ 的基础解系，k_1,k_2 为任意常数，则方程组 $\boldsymbol{AX}=\boldsymbol{b}$ 的通解为(　　).

A. $k_1\boldsymbol{\alpha}_1+k_2(\boldsymbol{\alpha}_1+\boldsymbol{\alpha}_2)+\dfrac{\boldsymbol{\beta}_1-\boldsymbol{\beta}_2}{2}$　　B. $k_1\boldsymbol{\alpha}_1+k_2(\boldsymbol{\alpha}_1-\boldsymbol{\alpha}_2)+\dfrac{\boldsymbol{\beta}_1+\boldsymbol{\beta}_2}{2}$

C. $k_1\boldsymbol{\alpha}_1+k_2(\boldsymbol{\beta}_1+\boldsymbol{\beta}_2)+\dfrac{\boldsymbol{\beta}_1-\boldsymbol{\beta}_2}{2}$　　D. $k_1\boldsymbol{\alpha}_1+k_2(\boldsymbol{\beta}_1-\boldsymbol{\beta}_2)+\dfrac{\boldsymbol{\beta}_1+\boldsymbol{\beta}_2}{2}$

三、计算题

1. 当 λ 取何值时，线性方程组 $\begin{cases}(1+\lambda)x_1+x_2+x_3=0,\\ x_1+(1+\lambda)x_2+x_3=\lambda,\\ x_1+x_2+(1+\lambda)x_3=\lambda^2\end{cases}$ 有唯一解、无解、有无穷多解？

2. 求向量组 $\boldsymbol{\alpha}_1=(1,1,4,2)^{\mathrm{T}},\boldsymbol{\alpha}_2=(1,-1,-2,4)^{\mathrm{T}},\boldsymbol{\alpha}_3=(-3,2,3,-11)^{\mathrm{T}},\boldsymbol{\alpha}_4=(1,3,10,0)^{\mathrm{T}}$ 的一个极大无关组，并将其余向量用该极大无关组线性表示.

3. 设向量 $\boldsymbol{\alpha}_1=(1,0,0,3)^{\mathrm{T}},\boldsymbol{\alpha}_2=(1,1,-1,2)^{\mathrm{T}},\boldsymbol{\alpha}_3=(1,2,a-3,1)^{\mathrm{T}},\boldsymbol{\alpha}_4=(1,2,-2,a)^{\mathrm{T}},\boldsymbol{\beta}=(0,1,b,-1)^{\mathrm{T}}$，问：$a,b$ 取何值时，

(1) $\boldsymbol{\beta}$ 能由向量组 $\boldsymbol{\alpha}_1,\boldsymbol{\alpha}_2,\boldsymbol{\alpha}_3,\boldsymbol{\alpha}_4$ 线性表示且表示式唯一？

(2) $\boldsymbol{\beta}$ 不能由向量组 $\boldsymbol{\alpha}_1,\boldsymbol{\alpha}_2,\boldsymbol{\alpha}_3,\boldsymbol{\alpha}_4$ 线性表示？

(3) $\boldsymbol{\beta}$ 能由向量组 $\boldsymbol{\alpha}_1,\boldsymbol{\alpha}_2,\boldsymbol{\alpha}_3,\boldsymbol{\alpha}_4$ 线性表示但表示式不唯一？并求出一般的表示式.

四、证明题

1. 设 $\boldsymbol{A}$ 为 $m\times n$ 矩阵，且 $\mathrm{R}(\boldsymbol{A})=m$，证明：非齐次线性方程组 $\boldsymbol{AX}=\boldsymbol{b}$ 一定有解.

2. 设非齐次线性方程组 $\begin{cases}a_{11}x_1+a_{12}x_2+\cdots+a_{1n}x_n=b_1,\\ a_{21}x_1+a_{22}x_2+\cdots+a_{2n}x_n=b_2,\\ \cdots\cdots\\ a_{n1}x_1+a_{n2}x_2+\cdots+a_{nn}x_n=b_n\end{cases}$ 的系数矩阵为 $\boldsymbol{A}$，记矩阵 $\boldsymbol{B}=\begin{pmatrix}a_{11}&a_{12}&\cdots&a_{1n}&b_1\\ a_{21}&a_{22}&\cdots&a_{2n}&b_2\\ \vdots&\vdots&&\vdots&\vdots\\ a_{n1}&a_{n2}&\cdots&a_{nn}&b_n\\ b_1&b_2&\cdots&b_n&0\end{pmatrix}$，已知 $\mathrm{R}(\boldsymbol{A})=\mathrm{R}(\boldsymbol{B})$，证明：该线性方程组有解.

3. 设 $\boldsymbol{A}$ 为三阶方阵，$\boldsymbol{\alpha}_1,\boldsymbol{\alpha}_2,\boldsymbol{\alpha}_3$ 为三维列向量组，且 $\boldsymbol{\alpha}_1\neq\boldsymbol{0}$，已知向量组 $\boldsymbol{A\alpha}_1=\boldsymbol{\alpha}_1,\boldsymbol{A\alpha}_2=\boldsymbol{\alpha}_1+\boldsymbol{\alpha}_2,\boldsymbol{A\alpha}_3=\boldsymbol{\alpha}_2+\boldsymbol{\alpha}_3$ 线性无关，证明：向量组 $\boldsymbol{\alpha}_1,\boldsymbol{\alpha}_2,\boldsymbol{\alpha}_3$ 线性无关.

4. 设向量组 $\boldsymbol{\xi}_1,\boldsymbol{\xi}_2,\cdots,\boldsymbol{\xi}_r$ 是齐次线性方程组 $\boldsymbol{AX}=\boldsymbol{0}$ 的一个基础解系，向量 $\boldsymbol{\xi}$ 不是方程组 $\boldsymbol{AX}=\boldsymbol{0}$ 的解，证明：向量组 $\boldsymbol{\xi},\boldsymbol{\xi}+\boldsymbol{\xi}_1,\boldsymbol{\xi}+\boldsymbol{\xi}_2,\cdots,\boldsymbol{\xi}+\boldsymbol{\xi}_r$ 线性无关.

(C)

一、填空题

1. 设 $\boldsymbol{A}$ 为四阶方阵，$\boldsymbol{\xi}_1,\boldsymbol{\xi}_2$ 是非齐次线性方程组 $\boldsymbol{AX}=\boldsymbol{b}$ 的两个不同解，则 $|\boldsymbol{A}^2|=$ __________.

2. 设 $\boldsymbol{A}$ 为四阶方阵，$\boldsymbol{\xi}_1,\boldsymbol{\xi}_2$ 是齐次线性方程组 $\boldsymbol{AX}=\boldsymbol{0}$ 的两个线性无关的解，则 $\boldsymbol{A}$ 的伴随矩阵 $\boldsymbol{A}^*=$ __________.

3. 设矩阵 $\boldsymbol{A}=\begin{pmatrix}1 & 2 & -2\\ 2 & 1 & 2\\ 3 & 0 & 4\end{pmatrix}$，列向量 $\boldsymbol{\alpha}=(a,1,1)^{\mathrm{T}}$. 已知向量组 $\boldsymbol{A\alpha},\boldsymbol{\alpha}$ 线性相关，则 $a=$ __________.

4. 设 $\boldsymbol{\alpha}$ 为三维列向量，$\boldsymbol{\alpha}^{\mathrm{T}}$ 是 $\boldsymbol{\alpha}$ 的转置. 若 $\boldsymbol{\alpha\alpha}^{\mathrm{T}}=\begin{pmatrix}1 & -1 & 1\\ -1 & 1 & -1\\ 1 & -1 & 1\end{pmatrix}$，则 $\boldsymbol{\alpha}^{\mathrm{T}}\boldsymbol{\alpha}=$ __________.

二、选择题

1. 设 $\boldsymbol{A}$ 为 $m\times n$ 矩阵，且 $\mathrm{R}(\boldsymbol{A})=n-3$，$\boldsymbol{\xi}_1,\boldsymbol{\xi}_2,\boldsymbol{\xi}_3$ 是齐次线性方程组 $\boldsymbol{AX}=\boldsymbol{0}$ 的 3 个线性无关的解，则下列向量组中(　　)是方程组 $\boldsymbol{AX}=\boldsymbol{0}$ 的基础解系.

A. $\boldsymbol{\xi}_1-\boldsymbol{\xi}_2,\boldsymbol{\xi}_2-\boldsymbol{\xi}_3,\boldsymbol{\xi}_3-\boldsymbol{\xi}_1$　　B. $\boldsymbol{\xi}_1+\boldsymbol{\xi}_2,\boldsymbol{\xi}_2+\boldsymbol{\xi}_3,\boldsymbol{\xi}_3-\boldsymbol{\xi}_1$

C. $\boldsymbol{\xi}_1,\boldsymbol{\xi}_1+\boldsymbol{\xi}_2,\boldsymbol{\xi}_1+\boldsymbol{\xi}_2+\boldsymbol{\xi}_3$　　D. $\boldsymbol{\xi}_3-\boldsymbol{\xi}_1-\boldsymbol{\xi}_2,\boldsymbol{\xi}_1+\boldsymbol{\xi}_2+\boldsymbol{\xi}_3,-2\boldsymbol{\xi}_3$

2. 设 $\boldsymbol{A}$ 为 n 阶方阵，且 $\mathrm{R}(\boldsymbol{A})=n-1$，$\boldsymbol{\xi}_1,\boldsymbol{\xi}_2$ 是齐次线性方程组 $\boldsymbol{AX}=\boldsymbol{0}$ 的两个不同解，k 为任意常数，则方程组 $\boldsymbol{AX}=\boldsymbol{0}$ 的通解为(　　).

A. $k\boldsymbol{\xi}_1$　　B. $k\boldsymbol{\xi}_2$　　C. $k(\boldsymbol{\xi}_1+\boldsymbol{\xi}_2)$　　D. $k(\boldsymbol{\xi}_1-\boldsymbol{\xi}_2)$

3. 设 $\boldsymbol{A}$ 为 n 阶方阵，且 $|\boldsymbol{A}|=0$，则(　　).

A. $\boldsymbol{A}$ 中必有两行(列)的元素成比例

B. $\boldsymbol{A}$ 中至少有一行(列)的元素全为 0

C. $\boldsymbol{A}$ 中必有一行(列)向量是其余各行(列)向量的线性组合

D. $\boldsymbol{A}$ 中任意一行(列)向量是其余各行(列)向量的线性组合

4. 设 $\boldsymbol{A},\boldsymbol{B}$ 为同阶方阵，$\boldsymbol{\xi}_1,\boldsymbol{\xi}_2,\cdots,\boldsymbol{\xi}_r$ 是齐次线性方程组 $\boldsymbol{AX}=\boldsymbol{0}$ 的一个基础解系，也是方程组 $\boldsymbol{BX}=\boldsymbol{0}$ 的一个基础解系，则 $\boldsymbol{\xi}_1,\boldsymbol{\xi}_2,\cdots,\boldsymbol{\xi}_r$ 必为齐次线性方程组(　　)的基础解系.

A. $(\boldsymbol{A}+\boldsymbol{B})\boldsymbol{X}=\boldsymbol{0}$　　B. $(\boldsymbol{AB})\boldsymbol{X}=\boldsymbol{0}$

C. $\begin{pmatrix}\boldsymbol{A}\\ \boldsymbol{B}\end{pmatrix}\boldsymbol{X}=\boldsymbol{0}$　　D. $(\boldsymbol{A}-\boldsymbol{B})\boldsymbol{X}=\boldsymbol{0}$

5. 设 $\boldsymbol{a}_1,\boldsymbol{a}_2,\cdots,\boldsymbol{a}_n$ 均为 n 维列向量，$\mathrm{R}(\boldsymbol{A}_{m\times n})=n$，则下列选项中正确的是(　　).

A. 若向量组 $\boldsymbol{a}_1,\boldsymbol{a}_2,\cdots,\boldsymbol{a}_n$ 线性相关，则向量组 $\boldsymbol{Aa}_1,\boldsymbol{Aa}_2,\cdots,\boldsymbol{Aa}_n$ 线性相关

B. 若向量组 $\boldsymbol{a}_1,\boldsymbol{a}_2,\cdots,\boldsymbol{a}_n$ 线性相关，则向量组 $\boldsymbol{Aa}_1,\boldsymbol{Aa}_2,\cdots,\boldsymbol{Aa}_n$ 线性无关

C. 若向量组 $\boldsymbol{a}_1,\boldsymbol{a}_2,\cdots,\boldsymbol{a}_n$ 线性无关，则向量组 $\boldsymbol{Aa}_1,\boldsymbol{Aa}_2,\cdots,\boldsymbol{Aa}_n$ 线性相关

D. 若向量组 $\boldsymbol{a}_1,\boldsymbol{a}_2,\cdots,\boldsymbol{a}_n$ 线性无关，则向量组 $\boldsymbol{Aa}_1,\boldsymbol{Aa}_2,\cdots,\boldsymbol{Aa}_n$ 线性无关

6. 设 $\boldsymbol{A}$ 为 3×5 矩阵，且 $\mathrm{R}(\boldsymbol{A})=3$，则(　　).

A. 满足 $\boldsymbol{AB}=\boldsymbol{O}$ 的矩阵 $\boldsymbol{B}$ 必为零矩阵

B. 满足 $\boldsymbol{BA}=\boldsymbol{O}$ 的矩阵 $\boldsymbol{B}$ 必为零矩阵

C. 齐次线性方程组 $\boldsymbol{A}^{\mathrm{T}}\boldsymbol{A}\boldsymbol{X}=\boldsymbol{0}$ 只有零解

D. 齐次线性方程组 $\boldsymbol{A}\boldsymbol{A}^{\mathrm{T}}\boldsymbol{X}=\boldsymbol{0}$ 有非零解

三、计算题

1. 已知 $\boldsymbol{\xi}=(0,1,0)^{\mathrm{T}}$ 是方程组 $\begin{cases}3x_1+2x_2-x_3=2,\\-x_1+ax_2+2x_3=1,\\2x_1+3x_2+x_3=b\end{cases}$ 的解，求该方程组的通解.

2. 设向量组 $\boldsymbol{\alpha}_1,\boldsymbol{\alpha}_2,\cdots,\boldsymbol{\alpha}_s(s\geqslant 2)$ 线性无关，且 $\boldsymbol{\beta}_1=\boldsymbol{\alpha}_1+\boldsymbol{\alpha}_2,\boldsymbol{\beta}_2=\boldsymbol{\alpha}_2+\boldsymbol{\alpha}_3,\cdots,\boldsymbol{\beta}_{s-1}=\boldsymbol{\alpha}_{s-1}+\boldsymbol{\alpha}_s,\boldsymbol{\beta}_s=\boldsymbol{\alpha}_s+\boldsymbol{\alpha}_1$，讨论向量组 $\boldsymbol{\beta}_1,\boldsymbol{\beta}_2,\cdots,\boldsymbol{\beta}_s$ 的线性相关性.

3. 设四元齐次线性方程组 Ⅰ 为 $\begin{cases}x_1+x_2=0,\\x_2-x_4=0,\end{cases}$ 又已知某齐次线性方程组 Ⅱ 的通解为 $k_1(0,1,1,0)^{\mathrm{T}}+k_2(-1,2,2,1)^{\mathrm{T}}$，其中 k_1,k_2 为任意常数.

(1) 求齐次线性方程组 Ⅰ 的基础解系.

(2) 问：齐次线性方程组 Ⅰ 和 Ⅱ 是否有非零公共解？若有，则求出所有的非零公共解；若没有，则说明理由.

四、证明题

1. 已知 $\boldsymbol{A},\boldsymbol{B}$ 为同阶方阵，证明：$\mathrm{R}(\boldsymbol{A}+\boldsymbol{B})\leqslant\mathrm{R}(\boldsymbol{A}\mid\boldsymbol{B})\leqslant\mathrm{R}(\boldsymbol{A})+\mathrm{R}(\boldsymbol{B})$.

2. 设 $\boldsymbol{A}$ 为 $m\times n$ 矩阵，证明：$\mathrm{R}(\boldsymbol{A}\boldsymbol{A}^{\mathrm{T}})=\mathrm{R}(\boldsymbol{A})$.

3. 设 $\boldsymbol{A}$ 为 n 阶方阵，证明：

(1) 若 $\boldsymbol{A}^2=\boldsymbol{E}$，则 $\mathrm{R}(\boldsymbol{A}+\boldsymbol{E})+\mathrm{R}(\boldsymbol{A}-\boldsymbol{E})=n$；

(2) 若 $\boldsymbol{A}^2=\boldsymbol{A}$，则 $\mathrm{R}(\boldsymbol{A})+\mathrm{R}(\boldsymbol{A}-\boldsymbol{E})=n$.

4. 若 $\boldsymbol{A}$ 为 n 阶方阵 $(n\geqslant 2)$，证明：

(1) 当 $\mathrm{R}(\boldsymbol{A})=n$ 时，有 $\mathrm{R}(\boldsymbol{A}^*)=n$；

(2) 当 $\mathrm{R}(\boldsymbol{A})=n-1$ 时，有 $\mathrm{R}(\boldsymbol{A}^*)=1$；

(3) 当 $\mathrm{R}(\boldsymbol{A})<n-1$ 时，有 $\mathrm{R}(\boldsymbol{A}^*)=0$.

5. 已知 $\boldsymbol{\eta}$ 是非齐次线性方程组 $\boldsymbol{A}\boldsymbol{X}=\boldsymbol{b}$ 的一个解，$\boldsymbol{\xi}_1,\boldsymbol{\xi}_2,\cdots,\boldsymbol{\xi}_r$ 是其相应的齐次线性方程组 $\boldsymbol{A}\boldsymbol{X}=\boldsymbol{0}$ 的一个基础解系. 证明：向量组 $\boldsymbol{\eta},\boldsymbol{\eta}+\boldsymbol{\xi}_1,\boldsymbol{\eta}+\boldsymbol{\xi}_2,\cdots,\boldsymbol{\eta}+\boldsymbol{\xi}_r$ 是非齐次线性方程组 $\boldsymbol{A}\boldsymbol{X}=\boldsymbol{b}$ 的解向量组的极大无关组.

6. 设 $\boldsymbol{A}$ 为 n 阶非零矩阵，$\boldsymbol{A}^*$ 是 $\boldsymbol{A}$ 的伴随矩阵，$\boldsymbol{A}^{\mathrm{T}}$ 是 $\boldsymbol{A}$ 的转置矩阵. 证明：当 $\boldsymbol{A}^*=\boldsymbol{A}^{\mathrm{T}}$ 时，有 $|\boldsymbol{A}|\neq 0$.

第4章　矩阵的特征值与特征向量

互联网的搜索技术、工程技术中的振动问题、计算机的图像处理技术等实际问题，都与矩阵的特征值和特征向量密切相关. 本章主要介绍矩阵的特征值与特征向量的概念、性质以及矩阵的相似对角化等特征值理论.

4.1 特征值与特征向量

4.1.1　特征值与特征向量的概念

定义 4.1　设 $\boldsymbol{A}$ 为 n 阶方阵. 如果存在一个数 λ 和 n 维非零列向量 $\boldsymbol{\xi}$，使得

$$\boldsymbol{A\xi}=\lambda\boldsymbol{\xi} \tag{4.1}$$

成立，则称数 λ 为方阵 $\boldsymbol{A}$ 的**特征值**，相应的非零向量 $\boldsymbol{\xi}$ 称为方阵 $\boldsymbol{A}$ 的对应于(或属于) 特征值 λ 的一个**特征向量**.

注　方阵的特征向量一定是非零向量，即 $\boldsymbol{\xi}\neq\boldsymbol{0}$.

从定义 4.1 可知，如果 $\boldsymbol{\xi}$ 是方阵 $\boldsymbol{A}$ 的对应于特征值 λ 的一个特征向量，即 $\boldsymbol{A\xi}=\lambda\boldsymbol{\xi}$，那么对于任意非零常数 k，有

$$\boldsymbol{A}(k\boldsymbol{\xi})=k(\boldsymbol{A\xi})=k(\lambda\boldsymbol{\xi})=\lambda(k\boldsymbol{\xi}),$$

即 $k\boldsymbol{\xi}$ 也是方阵 $\boldsymbol{A}$ 的对应于特征值 λ 的一个特征向量. 因此，方阵 $\boldsymbol{A}$ 的对应于特征值 λ 的特征向量有无穷多个.

微课视频

特征值与特征向量的概念

若 $\boldsymbol{\xi}_1,\boldsymbol{\xi}_2$ 是方阵 $\boldsymbol{A}$ 的对应于同一特征值 λ 的两个特征向量，则当 $\boldsymbol{\xi}_1+\boldsymbol{\xi}_2\neq\boldsymbol{0}$ 时，有

$$\boldsymbol{A}(\boldsymbol{\xi}_1+\boldsymbol{\xi}_2)=\boldsymbol{A\xi}_1+\boldsymbol{A\xi}_2=\lambda\boldsymbol{\xi}_1+\lambda\boldsymbol{\xi}_2=\lambda(\boldsymbol{\xi}_1+\boldsymbol{\xi}_2).$$

由此可得，$\boldsymbol{\xi}_1+\boldsymbol{\xi}_2$ 也是方阵 $\boldsymbol{A}$ 的对应于特征值 λ 的一个特征向量.

综上可知，如果 $\boldsymbol{\xi}_1,\boldsymbol{\xi}_2,\cdots,\boldsymbol{\xi}_s$ 都是方阵 $\boldsymbol{A}$ 的对应于同一特征值 λ 的特征向量，那么 $\boldsymbol{\xi}_1,\boldsymbol{\xi}_2,\cdots,\boldsymbol{\xi}_s$ 的任意非零线性组合

$$k_1\boldsymbol{\xi}_1+k_2\boldsymbol{\xi}_2+\cdots+k_s\boldsymbol{\xi}_s(\neq\boldsymbol{0})$$

也是方阵 $\boldsymbol{A}$ 的对应于特征值 λ 的特征向量.

4.1.2　特征值与特征向量的计算

对于给定的 n 阶方阵 $\boldsymbol{A}$，如何求出 $\boldsymbol{A}$ 的特征值与特征向量呢？ 它们之间的内在联系又是

什么？下面我们从特征值与特征向量的定义出发来讨论这个问题.

如果λ为n阶方阵$\boldsymbol{A}$的特征值,$\boldsymbol{\xi}$为$\boldsymbol{A}$的对应于特征值λ的一个特征向量,则有

$$\boldsymbol{A\xi}=\lambda\boldsymbol{\xi},$$

即

$$(\boldsymbol{A}-\lambda\boldsymbol{E})\boldsymbol{\xi}=\boldsymbol{0}.$$

这就是说,特征向量$\boldsymbol{\xi}$是含有n个方程、n个未知量的齐次线性方程组

$$(\boldsymbol{A}-\lambda\boldsymbol{E})\boldsymbol{X}=\boldsymbol{0} \tag{4.2}$$

微课视频

特征值与特征向量的计算

的非零解,特征值是使方程组(4.2)有非零解的λ值,即满足方程

$$|\boldsymbol{A}-\lambda\boldsymbol{E}|=0$$

的λ都是方阵$\boldsymbol{A}$的特征值. 于是,我们给出以下概念.

定义 4.2 设n阶方阵

$$\boldsymbol{A}=\begin{pmatrix} a_{11} & a_{12} & \cdots & a_{1n} \\ a_{21} & a_{22} & \cdots & a_{2n} \\ \vdots & \vdots & & \vdots \\ a_{n1} & a_{n2} & \cdots & a_{nn} \end{pmatrix},$$

则称n阶行列式

$$f(\lambda)=|\boldsymbol{A}-\lambda\boldsymbol{E}|=\begin{vmatrix} a_{11}-\lambda & a_{12} & \cdots & a_{1n} \\ a_{21} & a_{22}-\lambda & \cdots & a_{2n} \\ \vdots & \vdots & & \vdots \\ a_{n1} & a_{n2} & \cdots & a_{nn}-\lambda \end{vmatrix}$$

为方阵$\boldsymbol{A}$的**特征多项式**,它是关于λ的一个n次多项式;称方程$|\boldsymbol{A}-\lambda\boldsymbol{E}|=0$为方阵$\boldsymbol{A}$的**特征方程**;称齐次线性方程组$(\boldsymbol{A}-\lambda\boldsymbol{E})\boldsymbol{X}=\boldsymbol{0}$为**特征方程组**.

由上面的讨论,可以得到求n阶方阵$\boldsymbol{A}$的特征值与特征向量的步骤:

(1) 求出$\boldsymbol{A}$的特征多项式$|\boldsymbol{A}-\lambda\boldsymbol{E}|$;

(2) 求出特征方程$|\boldsymbol{A}-\lambda\boldsymbol{E}|=0$的所有根$\lambda_1,\lambda_2,\cdots,\lambda_n$(共$n$个,$k$重根算$k$个),它们就是方阵$\boldsymbol{A}$的全部特征值;

(3) 对于方阵$\boldsymbol{A}$的每一个不同的特征值λ_i($i=1,2,\cdots,m$,其中m为方阵$\boldsymbol{A}$的相异的特征值的个数),求出相应的特征方程组$(\boldsymbol{A}-\lambda_i\boldsymbol{E})\boldsymbol{X}=\boldsymbol{0}$的一个基础解系$\boldsymbol{\xi}_{i1},\boldsymbol{\xi}_{i2},\cdots,\boldsymbol{\xi}_{it}$,它们是方阵$\boldsymbol{A}$的对应于特征值$\lambda_i$的一组线性无关的特征向量,而方阵$\boldsymbol{A}$的对应于特征值$\lambda_i$的全部特征向量为

$$k_{i1}\boldsymbol{\xi}_{i1}+k_{i2}\boldsymbol{\xi}_{i2}+\cdots+k_{it}\boldsymbol{\xi}_{it},$$

其中$k_{i1},k_{i2},\cdots,k_{it}$是不全为0的任意常数.

例 4.1 求方阵$\boldsymbol{A}=\begin{pmatrix} 3 & 1 \\ 5 & -1 \end{pmatrix}$的特征值与特征向量.

解 方阵$\boldsymbol{A}$的特征多项式为

$$|\boldsymbol{A}-\lambda\boldsymbol{E}|=\begin{vmatrix} 3-\lambda & 1 \\ 5 & -1-\lambda \end{vmatrix}=-(4-\lambda)(2+\lambda).$$

令$|\boldsymbol{A}-\lambda\boldsymbol{E}|=0$,解得$\lambda_1=4,\lambda_2=-2$,即为方阵$\boldsymbol{A}$的特征值.

当 $\lambda_1=4$ 时，解特征方程组 $(\boldsymbol{A}-4\boldsymbol{E})\boldsymbol{X}=\boldsymbol{0}$，由

$$\boldsymbol{A}-4\boldsymbol{E}=\begin{pmatrix}-1 & 1\\ 5 & -5\end{pmatrix}\xrightarrow{\text{初等行变换}}\begin{pmatrix}1 & -1\\ 0 & 0\end{pmatrix},$$

得同解方程组为

$$x_1=x_2.$$

取 $x_2=1$，得到特征方程组的基础解系

$$\boldsymbol{\xi}_{11}=\begin{pmatrix}1\\1\end{pmatrix},$$

所以方阵 $\boldsymbol{A}$ 的对应于特征值 $\lambda_1=4$ 的全部特征向量为 $k_1\boldsymbol{\xi}_{11}$，其中 k_1 为任意非零常数.

当 $\lambda_2=-2$ 时，解特征方程组 $(\boldsymbol{A}+2\boldsymbol{E})\boldsymbol{X}=\boldsymbol{0}$，由

$$\boldsymbol{A}+2\boldsymbol{E}=\begin{pmatrix}5 & 1\\ 5 & 1\end{pmatrix}\xrightarrow{\text{初等行变换}}\begin{pmatrix}1 & \frac{1}{5}\\ 0 & 0\end{pmatrix},$$

得同解方程组为

$$x_1=-\frac{1}{5}x_2.$$

取 $x_2=-5$，得到特征方程组的基础解系

$$\boldsymbol{\xi}_{21}=\begin{pmatrix}1\\-5\end{pmatrix},$$

所以方阵 $\boldsymbol{A}$ 的对应于特征值 $\lambda_2=-2$ 的全部特征向量为 $k_2\boldsymbol{\xi}_{21}$，其中 k_2 为任意非零常数.

例 4.2 求方阵 $\boldsymbol{A}=\begin{pmatrix}4 & 2 & 3\\ 2 & 1 & 2\\ -1 & -2 & 0\end{pmatrix}$ 的特征值与特征向量.

解 方阵 $\boldsymbol{A}$ 的特征多项式为

$$|\boldsymbol{A}-\lambda\boldsymbol{E}|=\begin{vmatrix}4-\lambda & 2 & 3\\ 2 & 1-\lambda & 2\\ -1 & -2 & -\lambda\end{vmatrix}=(1-\lambda)^2(3-\lambda).$$

令 $|\boldsymbol{A}-\lambda\boldsymbol{E}|=0$，解得 $\lambda_1=\lambda_2=1,\lambda_3=3$，即为方阵 $\boldsymbol{A}$ 的特征值，其中 $\lambda_1=\lambda_2=1$ 是方阵 $\boldsymbol{A}$ 的二重特征值.

当 $\lambda_1=\lambda_2=1$ 时，解特征方程组 $(\boldsymbol{A}-\boldsymbol{E})\boldsymbol{X}=\boldsymbol{0}$，由

$$\boldsymbol{A}-\boldsymbol{E}=\begin{pmatrix}3 & 2 & 3\\ 2 & 0 & 2\\ -1 & -2 & -1\end{pmatrix}\xrightarrow{\text{初等行变换}}\begin{pmatrix}1 & 0 & 1\\ 0 & 1 & 0\\ 0 & 0 & 0\end{pmatrix},$$

得同解方程组为

$$\begin{cases}x_1=-x_3,\\ x_2=0.\end{cases}$$

取 $x_3=1$，得到特征方程组的基础解系

$$\boldsymbol{\xi}_{11}=\begin{pmatrix}-1\\0\\1\end{pmatrix},$$

所以方阵 $\boldsymbol{A}$ 的对应于特征值 $\lambda_1=\lambda_2=1$ 的全部特征向量为 $k_1\boldsymbol{\xi}_{11}$，其中 k_1 为任意非零常数.

当 $\lambda_3=3$ 时，解特征方程组 $(\boldsymbol{A}-3\boldsymbol{E})\boldsymbol{X}=\boldsymbol{0}$，由

$$\boldsymbol{A}-3\boldsymbol{E}=\begin{pmatrix}1&2&3\\2&-2&2\\-1&-2&-3\end{pmatrix}\xrightarrow{\text{初等行变换}}\begin{bmatrix}1&0&\frac{5}{3}\\0&1&\frac{2}{3}\\0&0&0\end{bmatrix},$$

得同解方程组为

$$\begin{cases}x_1=-\dfrac{5}{3}x_3,\\x_2=-\dfrac{2}{3}x_3.\end{cases}$$

取 $x_3=3$，得到特征方程组的基础解系

$$\boldsymbol{\xi}_{21}=\begin{pmatrix}-5\\-2\\3\end{pmatrix},$$

所以方阵 $\boldsymbol{A}$ 的对应于特征值 $\lambda_3=3$ 的全部特征向量为 $k_2\boldsymbol{\xi}_{21}$，其中 k_2 为任意非零常数.

例 4.3 求方阵 $\boldsymbol{A}=\begin{pmatrix}-1&1&2\\-2&2&2\\-2&1&3\end{pmatrix}$ 的特征值与特征向量.

解 方阵 $\boldsymbol{A}$ 的特征多项式为

$$|\boldsymbol{A}-\lambda\boldsymbol{E}|=\begin{vmatrix}-1-\lambda&1&2\\-2&2-\lambda&2\\-2&1&3-\lambda\end{vmatrix}=(1-\lambda)^2(2-\lambda).$$

令 $|\boldsymbol{A}-\lambda\boldsymbol{E}|=0$，解得 $\lambda_1=\lambda_2=1,\lambda_3=2$，即为方阵 $\boldsymbol{A}$ 的特征值，其中 $\lambda_1=\lambda_2=1$ 是方阵 $\boldsymbol{A}$ 的二重特征值.

当 $\lambda_1=\lambda_2=1$ 时，解特征方程组 $(\boldsymbol{A}-\boldsymbol{E})\boldsymbol{X}=\boldsymbol{0}$，由

$$\boldsymbol{A}-\boldsymbol{E}=\begin{pmatrix}-2&1&2\\-2&1&2\\-2&1&2\end{pmatrix}\xrightarrow{\text{初等行变换}}\begin{pmatrix}1&-\frac{1}{2}&-1\\0&0&0\\0&0&0\end{pmatrix},$$

得同解方程组为

$$x_1=\frac{1}{2}x_2+x_3.$$

取 $\begin{pmatrix}x_2\\x_3\end{pmatrix}=\begin{pmatrix}2\\0\end{pmatrix},\begin{pmatrix}0\\1\end{pmatrix}$，得到特征方程组的基础解系

$$\boldsymbol{\xi}_{11}=\begin{pmatrix}1\\2\\0\end{pmatrix},\quad \boldsymbol{\xi}_{12}=\begin{pmatrix}1\\0\\1\end{pmatrix},$$

所以方阵 $\boldsymbol{A}$ 的对应于特征值 $\lambda_1=\lambda_2=1$ 的全部特征向量为 $k_1\boldsymbol{\xi}_{11}+k_2\boldsymbol{\xi}_{12}$，其中 k_1,k_2 为不全为 0 的任意常数.

当 $\lambda_3=2$ 时，解特征方程组 $(\boldsymbol{A}-2\boldsymbol{E})\boldsymbol{X}=\boldsymbol{0}$，由

$$\boldsymbol{A}-2\boldsymbol{E}=\begin{pmatrix}-3&1&2\\-2&0&2\\-2&1&1\end{pmatrix}\xrightarrow{\text{初等行变换}}\begin{pmatrix}1&0&-1\\0&1&-1\\0&0&0\end{pmatrix},$$

得同解方程组为

$$\begin{cases}x_1=x_3,\\x_2=x_3.\end{cases}$$

取 $x_3=1$，得到特征方程组的基础解系

$$\boldsymbol{\xi}_{21}=\begin{pmatrix}1\\1\\1\end{pmatrix},$$

所以方阵 $\boldsymbol{A}$ 的对应于特征值 $\lambda_3=2$ 的全部特征向量为 $k_3\boldsymbol{\xi}_{21}$，其中 k_3 为任意非零常数.

比较例 4.2 和例 4.3 可以看到，$\lambda=1$ 都是例 4.2 和例 4.3 中方阵 $\boldsymbol{A}$ 的二重特征值，但例 4.2 中方阵 $\boldsymbol{A}$ 的对应于二重特征值 $\lambda=1$ 的线性无关的特征向量只有 1 个，而例 4.3 中方阵 $\boldsymbol{A}$ 的对应于二重特征值 $\lambda=1$ 的线性无关的特征向量有 2 个. 一般地，**r 重特征值对应的线性无关的特征向量的个数小于或等于特征值的重数 r.**

例 4.4 证明：对角矩阵的主对角线上的元素是它的全部特征值.

证 设 n 阶对角矩阵 $\boldsymbol{A}=\begin{pmatrix}a_{11}&&&\\&a_{22}&&\\&&\ddots&\\&&&a_{nn}\end{pmatrix}$，则 $\boldsymbol{A}$ 的特征多项式为

$$|\boldsymbol{A}-\lambda\boldsymbol{E}|=\begin{vmatrix}a_{11}-\lambda&&&\\&a_{22}-\lambda&&\\&&\ddots&\\&&&a_{nn}-\lambda\end{vmatrix}=(a_{11}-\lambda)(a_{22}-\lambda)\cdots(a_{nn}-\lambda).$$

令 $|\boldsymbol{A}-\lambda\boldsymbol{E}|=0$，解得 $\lambda_1=a_{11},\lambda_2=a_{22},\cdots,\lambda_n=a_{nn}$，所以对角矩阵的主对角线上的元素是它的全部特征值.

同理可知，n 阶上(下)三角矩阵的主对角线上的元素也是对应三角矩阵的全部 n 个特征值.

4.1.3　特征值与特征向量的性质

性质1　n 阶方阵 $\boldsymbol{A}$ 与它的转置矩阵 $\boldsymbol{A}^{\mathrm{T}}$ 有相同的特征值.

证　由 $(\boldsymbol{A}-\lambda\boldsymbol{E})^{\mathrm{T}}=\boldsymbol{A}^{\mathrm{T}}-(\lambda\boldsymbol{E})^{\mathrm{T}}=\boldsymbol{A}^{\mathrm{T}}-\lambda\boldsymbol{E}$，得

$$|\boldsymbol{A}^{\mathrm{T}}-\lambda\boldsymbol{E}|=|(\boldsymbol{A}-\lambda\boldsymbol{E})^{\mathrm{T}}|=|\boldsymbol{A}-\lambda\boldsymbol{E}|,$$

即 $\boldsymbol{A}$ 与 $\boldsymbol{A}^{\mathrm{T}}$ 有相同的特征多项式，所以它们的特征值均相同.

微课视频
特征值与特征向量的性质(一)

性质2　设 n 阶方阵 $\boldsymbol{A}=(a_{ij})$ 的 n 个特征值为 $\lambda_1,\lambda_2,\cdots,\lambda_n$，则有

(1) $\sum\limits_{i=1}^{n}\lambda_i=\sum\limits_{i=1}^{n}a_{ii}$，

(2) $\prod\limits_{i=1}^{n}\lambda_i=|\boldsymbol{A}|$，

其中 $\sum\limits_{i=1}^{n}a_{ii}$ 为方阵 $\boldsymbol{A}$ 的主对角线上的元素之和，也称为方阵 $\boldsymbol{A}$ 的**迹**，记作 $\mathrm{tr}\,\boldsymbol{A}$.

证　记 $f(\lambda)=|\boldsymbol{A}-\lambda\boldsymbol{E}|$. 一方面，将行列式

$$|\boldsymbol{A}-\lambda\boldsymbol{E}|=\begin{vmatrix} a_{11}-\lambda & a_{12} & \cdots & a_{1n} \\ a_{21} & a_{22}-\lambda & \cdots & a_{2n} \\ \vdots & \vdots & & \vdots \\ a_{n1} & a_{n2} & \cdots & a_{nn}-\lambda \end{vmatrix}$$

按定义展开，其主对角线上的元素的乘积项为

$$(a_{11}-\lambda)(a_{22}-\lambda)\cdots(a_{nn}-\lambda). \tag{4.3}$$

而展开式中其余各项最多包含 $n-2$ 个主对角线上的元素，因此 λ 的次数最多为 $n-2$，所以特征多项式 $f(\lambda)$ 中含 λ^n 和 λ^{n-1} 的项只能出现在式(4.3)中. 又 $f(\lambda)$ 的常数项为 $f(0)=|\boldsymbol{A}|$，所以

$$f(\lambda)=(-1)^n\lambda^n+(-1)^{n-1}(a_{11}+a_{22}+\cdots+a_{nn})\lambda^{n-1}+\cdots+|\boldsymbol{A}|. \tag{4.4}$$

另一方面，因为方阵 $\boldsymbol{A}$ 的特征值为 $\lambda_1,\lambda_2,\cdots,\lambda_n$，所以有

$$\begin{aligned} f(\lambda)&=(\lambda_1-\lambda)(\lambda_2-\lambda)\cdots(\lambda_n-\lambda) \\ &=(-1)^n\lambda^n+(-1)^{n-1}(\lambda_1+\lambda_2+\cdots+\lambda_n)\lambda^{n-1}+\cdots+\lambda_1\lambda_2\cdots\lambda_n. \end{aligned} \tag{4.5}$$

比较式(4.4)和式(4.5)右边 λ^{n-1} 的系数及常数项，可得

$$\sum_{i=1}^{n}\lambda_i=\sum_{i=1}^{n}a_{ii},\quad \prod_{i=1}^{n}\lambda_i=|\boldsymbol{A}|.$$

例 4.5　设方阵 $\boldsymbol{A}=\begin{pmatrix} 1 & -1 & 0 \\ 2 & x & 0 \\ 4 & 2 & 1 \end{pmatrix}$. 已知方阵 $\boldsymbol{A}$ 有特征值 $\lambda_1=1,\lambda_2=2$，试求 x 的值和 $\boldsymbol{A}$ 的另一特征值 λ_3.

解　根据性质2，有

$$\lambda_1+\lambda_2+\lambda_3=1+x+1,\quad \lambda_1\lambda_2\lambda_3=|\boldsymbol{A}|,$$

而

$$|A|=\begin{vmatrix}1 & -1 & 0\\ 2 & x & 0\\ 4 & 2 & 1\end{vmatrix}=x+2,$$

故可得

$$3+\lambda_3=x+2,\quad 2\lambda_3=x+2.$$

由此解得 $x=4,\lambda_3=3$.

推论 1 n 阶方阵 $\boldsymbol{A}$ 可逆的充要条件是 $\boldsymbol{A}$ 的 n 个特征值均不等于 0.

性质 3 若 λ 是 n 阶方阵 $\boldsymbol{A}$ 的特征值，$\boldsymbol{\xi}$ 是方阵 $\boldsymbol{A}$ 的对应于特征值 λ 的特征向量，则

(1) $k\lambda$ 是方阵 $k\boldsymbol{A}$ 的特征值，其中 k 为任意常数；

(2) λ^m 是方阵 $\boldsymbol{A}^m$ 的特征值，其中 m 为正整数；

(3) $g(\lambda)=a_0+a_1\lambda+a_2\lambda^2+\cdots+a_m\lambda^m$ 是方阵

$$g(\boldsymbol{A})=a_0\boldsymbol{E}+a_1\boldsymbol{A}+a_2\boldsymbol{A}^2+\cdots+a_m\boldsymbol{A}^m$$

的特征值，其中 m 为正整数；

(4) 当方阵 $\boldsymbol{A}$ 可逆时，$\frac{1}{\lambda}$ 是方阵 $\boldsymbol{A}^{-1}$ 的特征值，$\frac{|\boldsymbol{A}|}{\lambda}$ 是方阵 $\boldsymbol{A}$ 的伴随矩阵 $\boldsymbol{A}^*$ 的特征值.

证 由已知，$\boldsymbol{A\xi}=\lambda\boldsymbol{\xi}$.

(1) 因为

$$(k\boldsymbol{A})\boldsymbol{\xi}=k(\boldsymbol{A\xi})=k(\lambda\boldsymbol{\xi})=(k\lambda)\boldsymbol{\xi},$$

所以 $k\lambda$ 是方阵 $k\boldsymbol{A}$ 的特征值.

(2) 因为

$$\boldsymbol{A}^2\boldsymbol{\xi}=\boldsymbol{A}(\boldsymbol{A\xi})=\boldsymbol{A}(\lambda\boldsymbol{\xi})=\lambda(\boldsymbol{A\xi})=\lambda^2\boldsymbol{\xi},$$

所以 λ^2 是方阵 $\boldsymbol{A}^2$ 的特征值. 由数学归纳法不难证得，λ^m 是方阵 $\boldsymbol{A}^m$ 的特征值.

(3) 因为

$$\begin{aligned}g(\boldsymbol{A})\boldsymbol{\xi}&=a_0\boldsymbol{\xi}+a_1\boldsymbol{A\xi}+a_2\boldsymbol{A}^2\boldsymbol{\xi}+\cdots+a_m\boldsymbol{A}^m\boldsymbol{\xi}\\&=(a_0+a_1\lambda+a_2\lambda^2+\cdots+a_m\lambda^m)\boldsymbol{\xi}=g(\lambda)\boldsymbol{\xi},\end{aligned}$$

所以 $g(\lambda)$ 是方阵 $g(\boldsymbol{A})$ 的特征值.

(4) 当方阵 $\boldsymbol{A}$ 可逆时，有 $\lambda\neq 0$，则 $\boldsymbol{A}^{-1}(\boldsymbol{A\xi})=\boldsymbol{A}^{-1}(\lambda\boldsymbol{\xi})=\lambda\boldsymbol{A}^{-1}\boldsymbol{\xi}$，即

$$\boldsymbol{A}^{-1}\boldsymbol{\xi}=\frac{1}{\lambda}\boldsymbol{\xi},$$

所以 $\frac{1}{\lambda}$ 是方阵 $\boldsymbol{A}^{-1}$ 的特征值.

由 $\boldsymbol{A}^*=|\boldsymbol{A}|\boldsymbol{A}^{-1}$，得 $\boldsymbol{A}^*\boldsymbol{\xi}=|\boldsymbol{A}|(\boldsymbol{A}^{-1}\boldsymbol{\xi})=\frac{|\boldsymbol{A}|}{\lambda}\boldsymbol{\xi}$，所以 $\frac{|\boldsymbol{A}|}{\lambda}$ 是方阵 $\boldsymbol{A}$ 的伴随矩阵 $\boldsymbol{A}^*$ 的特征值.

注 由上述证明可知，若 λ 是 n 阶方阵 $\boldsymbol{A}$ 的特征值，$\boldsymbol{\xi}$ 是方阵 $\boldsymbol{A}$ 的对应于特征值 λ 的特征向量，则 $k\lambda,\lambda^m,g(\lambda),\frac{1}{\lambda},\frac{|\boldsymbol{A}|}{\lambda}$ 分别是方阵 $k\boldsymbol{A},\boldsymbol{A}^m,g(\boldsymbol{A}),\boldsymbol{A}^{-1},\boldsymbol{A}^*$ 的特征值，且 $\boldsymbol{\xi}$ 依然是方阵

$kA, A^m, g(A), A^{-1}, A^*$ 的分别对应于特征值 $k\lambda, \lambda^m, g(\lambda), \frac{1}{\lambda}, \frac{|A|}{\lambda}$ 的特征向量.

例 4.6　设三阶方阵 A 的特征值分别为 $-1,1,2$,计算下列行列式的值:

(1) $|A^3-2A+E|$;　　(2) $|A^*-A^{-1}+A|$.

解　因为 $-1,1,2$ 是三阶方阵 A 的特征值,所以 $|A|=(-1)\times1\times2=-2$,即 A 可逆. 设 λ 是方阵 A 的特征值,由性质 3 得 $\lambda^3-2\lambda+1$ 是方阵 A^3-2A+E 的特征值,$\frac{|A|}{\lambda}-\frac{1}{\lambda}+\lambda$ 是方阵 $A^*-A^{-1}+A$ 的特征值,则方阵 A^3-2A+E 的 3 个特征值分别为 $2,0,5$,方阵 $A^*-A^{-1}+A$ 的 3 个特征值分别为 $2,-2,\frac{1}{2}$.

(1) $|A^3-2A+E|=2\times0\times5=0$.

(2) $|A^*-A^{-1}+A|=2\times(-2)\times\frac{1}{2}=-2$.

***性质 4**　方阵 A 的特征向量对应的特征值是唯一的.

证　反证法. 假设 ξ 是方阵 A 的对应于特征值 λ_1 和 $\lambda_2(\lambda_1\neq\lambda_2)$ 的特征向量,则

$$A\xi=\lambda_1\xi,\quad A\xi=\lambda_2\xi,$$

即 $\lambda_1\xi=\lambda_2\xi$,从而 $(\lambda_1-\lambda_2)\xi=0$. 因为 $\lambda_1-\lambda_2\neq0$,所以 $\xi=0$,这与特征向量是非零向量矛盾. 因此,特征向量对应的特征值是唯一的.

性质 5　方阵 A 的对应于不同特征值的特征向量是线性无关的.

证　设 $\lambda_1,\lambda_2,\cdots,\lambda_m$ 是方阵 A 的 m 个互不相同的特征值,$\xi_1,\xi_2,\cdots,\xi_m$ 是分别对应于特征值 $\lambda_1,\lambda_2,\cdots,\lambda_m$ 的特征向量,即 $A\xi_i=\lambda_i\xi_i(i=1,2,\cdots,m)$.

下面用数学归纳法证明向量组 $\xi_1,\xi_2,\cdots,\xi_m$ 线性无关.

当 $m=1$ 时,因为特征向量 ξ_1 是非零向量,而单个非零向量构成的向量组必定线性无关,所以结论成立.

假设当 $m=k-1$ 时结论成立,即分别对应于互不相同的特征值 $\lambda_1,\lambda_2,\cdots,\lambda_{k-1}$ 的 $k-1$ 个特征向量 $\xi_1,\xi_2,\cdots,\xi_{k-1}$ 线性无关. 下面证明当 $m=k$ 时结论也成立,即分别对应于 k 个互不相同的特征值 $\lambda_1,\lambda_2,\cdots,\lambda_k$ 的特征向量 $\xi_1,\xi_2,\cdots,\xi_k$ 线性无关.

微课视频

特征值与特征向量的性质(二)

设存在一组常数 $l_1,l_2,\cdots,l_k$,使得

$$l_1\xi_1+l_2\xi_2+\cdots+l_k\xi_k=0. \tag{4.6}$$

首先,在式(4.6)两边同时左乘 A,得

$$A(l_1\xi_1+l_2\xi_2+\cdots+l_k\xi_k)=0.$$

因为 $A\xi_i=\lambda_i\xi_i(i=1,2,\cdots,k)$,所以有

$$l_1\lambda_1\xi_1+l_2\lambda_2\xi_2+\cdots+l_k\lambda_k\xi_k=0. \tag{4.7}$$

其次,在式(4.6)两边同时乘以 λ_k,得

$$l_1\lambda_k\xi_1+l_2\lambda_k\xi_2+\cdots+l_k\lambda_k\xi_k=0. \tag{4.8}$$

将式(4.8)减去式(4.7),得

$$l_1(\lambda_k-\lambda_1)\boldsymbol{\xi}_1+l_2(\lambda_k-\lambda_2)\boldsymbol{\xi}_2+\cdots+l_{k-1}(\lambda_k-\lambda_{k-1})\boldsymbol{\xi}_{k-1}=\mathbf{0}.$$

由归纳假设知向量组 $\boldsymbol{\xi}_1,\boldsymbol{\xi}_2,\cdots,\boldsymbol{\xi}_{k-1}$ 线性无关，于是

$$l_i(\lambda_k-\lambda_i)=0 \quad (i=1,2,\cdots,k-1).$$

因为 $\lambda_1,\lambda_2,\cdots,\lambda_k$ 互不相同，所以 $\lambda_k-\lambda_i\neq 0$，从而必有 $l_i=0(i=1,2,\cdots,k-1)$. 于是，式(4.6)化为 $l_k\boldsymbol{\xi}_k=\mathbf{0}$，又 $\boldsymbol{\xi}_k$ 为非零向量，则 $l_k=0$. 这就证明了向量组 $\boldsymbol{\xi}_1,\boldsymbol{\xi}_2,\cdots,\boldsymbol{\xi}_k$ 线性无关，结论成立.

性质 6 设 $\lambda_1,\lambda_2,\cdots,\lambda_m$ 是方阵 $\boldsymbol{A}$ 的 m 个互不相同的特征值，$\boldsymbol{\xi}_{i1},\boldsymbol{\xi}_{i2},\cdots,\boldsymbol{\xi}_{ik_i}$ 是方阵 $\boldsymbol{A}$ 的对应于特征值 $\lambda_i(i=1,2,\cdots,m)$ 的线性无关的特征向量，则由这些特征向量所组成的向量组

$$\boldsymbol{\xi}_{11},\boldsymbol{\xi}_{12},\cdots,\boldsymbol{\xi}_{1k_1},\quad \boldsymbol{\xi}_{21},\boldsymbol{\xi}_{22},\cdots,\boldsymbol{\xi}_{2k_2},\quad \cdots,\quad \boldsymbol{\xi}_{m1},\boldsymbol{\xi}_{m2},\cdots,\boldsymbol{\xi}_{mk_m}$$

也是线性无关的.

证明略.

习 题 4.1

1. 选择题：

(1) 设向量 $\boldsymbol{\alpha}=\begin{pmatrix}-2\\1\end{pmatrix}$ 是方阵 $\boldsymbol{A}=\begin{pmatrix}-1&2\\1&k\end{pmatrix}$ 的特征向量，则 $k=$（　　）；

A. 0　　B. 4　　C. 2　　D. -2

(2) 设三阶方阵 $\boldsymbol{A}$ 的特征值为 1,2,2，则 $|-2\boldsymbol{A}|=$（　　）.

A. -4　　B. -8　　C. 8　　D. -32

2. 设 $|\boldsymbol{A}|=2$. 若 2 是方阵 $\boldsymbol{A}$ 的一个特征值，则

(1) $\boldsymbol{A}^3-2\boldsymbol{E}$ 有一个特征值为__________；

(2) $\boldsymbol{A}^*-\boldsymbol{A}$ 有一个特征值为__________；

(3) $\boldsymbol{A}^*-\boldsymbol{A}^{-1}-\boldsymbol{A}$ 有一个特征值为__________；

(4) $(\boldsymbol{A}^{\mathrm{T}})^2$ 有一个特征值为__________.

3. 求下列方阵的特征值与特征向量：

(1) $\begin{pmatrix}2&-4\\1&-3\end{pmatrix}$；　(2) $\begin{pmatrix}-1&2&2\\2&2&2\\-3&-6&-6\end{pmatrix}$；　(3) $\begin{pmatrix}-1&1&0\\-4&3&0\\1&0&2\end{pmatrix}$；

(4) $\begin{pmatrix}4&6&0\\-3&-5&0\\-3&-6&1\end{pmatrix}$；　(5) $\begin{pmatrix}1&3&1&2\\0&-1&1&3\\0&0&2&5\\0&0&0&2\end{pmatrix}$.

4. 已知三阶方阵 $\boldsymbol{A}$ 的 3 个特征值分别为 $-1,0,2$，方阵 $\boldsymbol{B}=\boldsymbol{A}^2+3\boldsymbol{A}+\boldsymbol{E}$，求方阵 $\boldsymbol{B}$ 的特征值，并求行列式 $|\boldsymbol{B}|$.

5. 已知方阵 $\boldsymbol{A}=\begin{pmatrix}3&2&-1\\a&-2&2\\3&b&-1\end{pmatrix}$，且方阵 $\boldsymbol{A}$ 的对应于特征值 λ_1 的一个特征向量为 $\boldsymbol{\xi}_1=\begin{pmatrix}1\\-2\\3\end{pmatrix}$，求常数 a,b 和 λ_1 的值.

6. 已知方阵 $\boldsymbol{A}=\begin{pmatrix}7&4&-1\\4&7&-1\\-4&-4&x\end{pmatrix}$ 的特征值为 $\lambda_1=\lambda_2=3,\lambda_3=12$，求：

(1) x 的值；

(2) 方阵 $\boldsymbol{A}$ 的特征向量.

7. 设 $\boldsymbol{A}$ 是 n 阶方阵，证明：

(1) 如果存在正整数 k，使得 $\boldsymbol{A}^k=\boldsymbol{O}$，则 $\boldsymbol{A}$ 的特征值等于 0；

(2) 如果 $\boldsymbol{A}^2=\boldsymbol{A}$，则 $\boldsymbol{A}$ 的特征值等于 0 或 1.

4.2 相似矩阵

微课视频

4.2.1 相似矩阵及其性质

定义 4.3 设 $\boldsymbol{A}$ 和 $\boldsymbol{B}$ 是 n 阶方阵. 如果存在一个 n 阶可逆矩阵 $\boldsymbol{P}$，使得

$$\boldsymbol{P}^{-1}\boldsymbol{A}\boldsymbol{P}=\boldsymbol{B} \tag{4.9}$$

相似矩阵及其性质

成立，则称方阵 $\boldsymbol{A}$ 与 $\boldsymbol{B}$ **相似**，且称 $\boldsymbol{B}$ 是 $\boldsymbol{A}$ 的**相似矩阵**，记作 $\boldsymbol{A}\sim\boldsymbol{B}$，可逆矩阵 $\boldsymbol{P}$ 称为把 $\boldsymbol{A}$ 化为 $\boldsymbol{B}$ 的**相似变换矩阵**.

可以验证，对于方阵 $\boldsymbol{A}=\begin{pmatrix}3&1\\5&-1\end{pmatrix}$，$\boldsymbol{B}_1=\begin{pmatrix}4&0\\0&-2\end{pmatrix}$，存在可逆矩阵 $\boldsymbol{P}_1=\begin{pmatrix}1&1\\1&-5\end{pmatrix}$，使得

$$\boldsymbol{P}_1^{-1}\boldsymbol{A}\boldsymbol{P}_1=\begin{pmatrix}\frac{5}{6}&\frac{1}{6}\\\frac{1}{6}&-\frac{1}{6}\end{pmatrix}\begin{pmatrix}3&1\\5&-1\end{pmatrix}\begin{pmatrix}1&1\\1&-5\end{pmatrix}=\begin{pmatrix}4&0\\0&-2\end{pmatrix}=\boldsymbol{B}_1,$$

所以 $\boldsymbol{A}\sim\boldsymbol{B}_1$.

又对于方阵 $\boldsymbol{A}=\begin{pmatrix}3&1\\5&-1\end{pmatrix}$，$\boldsymbol{B}_2=\begin{pmatrix}1&1\\9&1\end{pmatrix}$，存在可逆矩阵 $\boldsymbol{P}_2=\begin{pmatrix}1&0\\-2&1\end{pmatrix}$，使得

$$\boldsymbol{P}_2^{-1}\boldsymbol{A}\boldsymbol{P}_2=\begin{pmatrix}1&0\\2&1\end{pmatrix}\begin{pmatrix}3&1\\5&-1\end{pmatrix}\begin{pmatrix}1&0\\-2&1\end{pmatrix}=\begin{pmatrix}1&1\\9&1\end{pmatrix}=\boldsymbol{B}_2,$$

所以 $\boldsymbol{A}\sim\boldsymbol{B}_2$.

显然，与一个方阵相似的方阵并不唯一.

相似是方阵之间的一种关系，具有如下三条性质($\boldsymbol{A},\boldsymbol{B},\boldsymbol{C}$ 均为同阶方阵).

(1) 反身性：$\boldsymbol{A}\sim\boldsymbol{A}$；

(2) 对称性：若 $\boldsymbol{A}\sim\boldsymbol{B}$，则 $\boldsymbol{B}\sim\boldsymbol{A}$；

(3) 传递性：若 $\boldsymbol{A}\sim\boldsymbol{B}$，$\boldsymbol{B}\sim\boldsymbol{C}$，则 $\boldsymbol{A}\sim\boldsymbol{C}$.

证 (1) 取 $\boldsymbol{P}=\boldsymbol{E}$，则 $\boldsymbol{E}^{-1}\boldsymbol{A}\boldsymbol{E}=\boldsymbol{A}$，即 $\boldsymbol{A}\sim\boldsymbol{A}$.

(2) 由于 $\boldsymbol{A}\sim\boldsymbol{B}$，因此存在可逆矩阵 $\boldsymbol{P}$，使得 $\boldsymbol{P}^{-1}\boldsymbol{A}\boldsymbol{P}=\boldsymbol{B}$，则

$$(\boldsymbol{P}^{-1})^{-1}\boldsymbol{B}(\boldsymbol{P}^{-1})=\boldsymbol{A},$$

即 $\boldsymbol{B}\sim\boldsymbol{A}$.

(3) 由于 $\boldsymbol{A}\sim\boldsymbol{B}$，$\boldsymbol{B}\sim\boldsymbol{C}$，因此存在可逆矩阵 $\boldsymbol{P}_1,\boldsymbol{P}_2$，使得

$$\boldsymbol{P}_1^{-1}\boldsymbol{A}\boldsymbol{P}_1=\boldsymbol{B},\quad \boldsymbol{P}_2^{-1}\boldsymbol{B}\boldsymbol{P}_2=\boldsymbol{C},$$

则

$$C=P_2^{-1}BP_2=P_2^{-1}P_1^{-1}AP_1P_2=(P_1P_2)^{-1}A(P_1P_2),$$

即 $A\sim C$.

相似矩阵还具有如下性质.

性质 1 相似矩阵有相同的行列式.

证 若 $A\sim B$,则存在可逆矩阵 P,使得 $P^{-1}AP=B$,两边取行列式,得

$$|B|=|P^{-1}AP|=|P^{-1}||A||P|=|A|.$$

推论 1 相似矩阵同时可逆或同时不可逆,且当它们可逆时,它们的逆矩阵也相似.

证 设 $A\sim B$,由性质 1 知,$|A|=|B|$,所以方阵 A 与 B 同时可逆或同时不可逆. 现设方阵 A 与 B 均可逆. 因为 $A\sim B$,所以存在可逆矩阵 P,使得

$$P^{-1}AP=B,$$

两边取逆,得

$$B^{-1}=(P^{-1}AP)^{-1}=P^{-1}A^{-1}P,$$

即 $A^{-1}\sim B^{-1}$.

性质 2 相似矩阵有相同的特征多项式与特征值.

证 设 $A\sim B$,则存在可逆矩阵 P,使得 $P^{-1}AP=B$,于是

$$\begin{aligned}|B-\lambda E|&=|P^{-1}AP-\lambda E|=|P^{-1}AP-P^{-1}(\lambda E)P|\\&=|P^{-1}(A-\lambda E)P|=|P^{-1}||A-\lambda E||P|=|A-\lambda E|,\end{aligned}$$

即方阵 A 与 B 有相同的特征多项式,从而有相同的特征值.

性质 3 相似矩阵有相同的秩.

证 设 $A\sim B$,则存在可逆矩阵 P,使得 $P^{-1}AP=B$,由第 2 章 2.6 节定理 2.7 的推论 2 得 $\mathrm{R}(A)=\mathrm{R}(B)$.

注 上述三条性质为矩阵相似的必要条件而非充分条件. 例如,对于方阵 $A=\begin{pmatrix}1&1\\0&1\end{pmatrix}$, $B=\begin{pmatrix}1&0\\0&1\end{pmatrix}$,它们有相同的特征值 $\lambda_1=\lambda_2=1$,但方阵 A 与 B 不相似. 事实上,若 $B\sim A$,则存在可逆矩阵 P,使得

$$A=P^{-1}BP=P^{-1}EP=E,$$

这与 $A\neq E$ 矛盾,所以方阵 A 与 B 不相似. 同时也可知,单位矩阵只与自身相似. 进一步讨论还可得,数量矩阵也只与自身相似.

相似矩阵具有很多共同的性质,对于 n 阶方阵 A,我们自然希望找到一个既简单又便于计算的与 A 相似的矩阵. 但由上面的讨论已经知道,单位矩阵和数量矩阵都只能与自身相似,退而求其次,考虑比数量矩阵稍微复杂一些的"最简单"的矩阵 —— 对角矩阵. 下面讨论一个 n 阶方阵 A 能否与一个对角矩阵相似的问题,即所谓的矩阵相似对角化问题,具体地说,就是讨论如下问题:

(1) 是否所有的方阵都能与对角矩阵相似? 若能,则须满足怎样的条件,才能使一个方阵与一个同阶对角矩阵相似?

(2) 如果一个方阵 A 与一个同阶对角矩阵相似,即存在可逆矩阵 P,使得 $P^{-1}AP$ 为对角矩阵,那么怎样求得这个可逆矩阵 P?

(3) 如果一个方阵能与一个同阶对角矩阵相似，那么此对角矩阵的具体形式是什么样的？

4.2.2　矩阵可相似对角化的条件

若 n 阶方阵 $\boldsymbol{A}$ 相似于对角矩阵 $\boldsymbol{\Lambda}$，则称方阵 $\boldsymbol{A}$ **可相似对角化**.

定理 4.1　**n 阶方阵 $\boldsymbol{A}$ 可相似对角化的充要条件是 $\boldsymbol{A}$ 有 n 个线性无关的特征向量.**

证　先证必要性. 设 n 阶方阵 $\boldsymbol{A}$ 可相似对角化，则存在对角矩阵

微课视频
矩阵可相似对角化的条件

$$\boldsymbol{\Lambda}=\begin{pmatrix}\lambda_1 & & & \\ & \lambda_2 & & \\ & & \ddots & \\ & & & \lambda_n\end{pmatrix}$$

和可逆矩阵 $\boldsymbol{P}$，使得 $\boldsymbol{P}^{-1}\boldsymbol{A}\boldsymbol{P}=\boldsymbol{\Lambda}$，即

$$\boldsymbol{A}\boldsymbol{P}=\boldsymbol{P}\boldsymbol{\Lambda}. \tag{4.10}$$

把矩阵 $\boldsymbol{P}$ 按列分块，设 $\boldsymbol{P}$ 的列向量分别为 $\boldsymbol{\xi}_1,\boldsymbol{\xi}_2,\cdots,\boldsymbol{\xi}_n$，则式(4.10) 可写为

$$\boldsymbol{A}(\boldsymbol{\xi}_1,\boldsymbol{\xi}_2,\cdots,\boldsymbol{\xi}_n)=(\boldsymbol{\xi}_1,\boldsymbol{\xi}_2,\cdots,\boldsymbol{\xi}_n)\begin{pmatrix}\lambda_1 & & & \\ & \lambda_2 & & \\ & & \ddots & \\ & & & \lambda_n\end{pmatrix},$$

即 $(\boldsymbol{A}\boldsymbol{\xi}_1,\boldsymbol{A}\boldsymbol{\xi}_2,\cdots,\boldsymbol{A}\boldsymbol{\xi}_n)=(\lambda_1\boldsymbol{\xi}_1,\lambda_2\boldsymbol{\xi}_2,\cdots,\lambda_n\boldsymbol{\xi}_n)$，得

$$\boldsymbol{A}\boldsymbol{\xi}_1=\lambda_1\boldsymbol{\xi}_1,\quad \boldsymbol{A}\boldsymbol{\xi}_2=\lambda_2\boldsymbol{\xi}_2,\quad \cdots,\quad \boldsymbol{A}\boldsymbol{\xi}_n=\lambda_n\boldsymbol{\xi}_n. \tag{4.11}$$

因为 $\boldsymbol{P}$ 是可逆矩阵，所以 $\boldsymbol{\xi}_1,\boldsymbol{\xi}_2,\cdots,\boldsymbol{\xi}_n$ 都是非零向量，且向量组 $\boldsymbol{\xi}_1,\boldsymbol{\xi}_2,\cdots,\boldsymbol{\xi}_n$ 线性无关. 由式(4.11) 可知，$\lambda_1,\lambda_2,\cdots,\lambda_n$ 是方阵 $\boldsymbol{A}$ 的特征值，$\boldsymbol{\xi}_1,\boldsymbol{\xi}_2,\cdots,\boldsymbol{\xi}_n$ 分别是方阵 $\boldsymbol{A}$ 的对应于特征值 $\lambda_1,\lambda_2,\cdots,\lambda_n$ 的线性无关的特征向量，所以方阵 $\boldsymbol{A}$ 有 n 个线性无关的特征向量.

再证充分性. 设方阵 $\boldsymbol{A}$ 有 n 个线性无关的特征向量 $\boldsymbol{\xi}_1,\boldsymbol{\xi}_2,\cdots,\boldsymbol{\xi}_n$，且它们对应的特征值分别为 $\lambda_1,\lambda_2,\cdots,\lambda_n$，则有

$$\boldsymbol{A}\boldsymbol{\xi}_1=\lambda_1\boldsymbol{\xi}_1,\quad \boldsymbol{A}\boldsymbol{\xi}_2=\lambda_2\boldsymbol{\xi}_2,\quad \cdots,\quad \boldsymbol{A}\boldsymbol{\xi}_n=\lambda_n\boldsymbol{\xi}_n.$$

令矩阵 $\boldsymbol{P}=(\boldsymbol{\xi}_1,\boldsymbol{\xi}_2,\cdots,\boldsymbol{\xi}_n)$，则 $\boldsymbol{P}$ 为可逆矩阵，且

$$\begin{aligned}\boldsymbol{A}\boldsymbol{P}&=\boldsymbol{A}(\boldsymbol{\xi}_1,\boldsymbol{\xi}_2,\cdots,\boldsymbol{\xi}_n)=(\boldsymbol{A}\boldsymbol{\xi}_1,\boldsymbol{A}\boldsymbol{\xi}_2,\cdots,\boldsymbol{A}\boldsymbol{\xi}_n)=(\lambda_1\boldsymbol{\xi}_1,\lambda_2\boldsymbol{\xi}_2,\cdots,\lambda_n\boldsymbol{\xi}_n)\\&=(\boldsymbol{\xi}_1,\boldsymbol{\xi}_2,\cdots,\boldsymbol{\xi}_n)\begin{pmatrix}\lambda_1 & & & \\ & \lambda_2 & & \\ & & \ddots & \\ & & & \lambda_n\end{pmatrix}=\boldsymbol{P}\begin{pmatrix}\lambda_1 & & & \\ & \lambda_2 & & \\ & & \ddots & \\ & & & \lambda_n\end{pmatrix}.\end{aligned}$$

上式两边左乘 $\boldsymbol{P}^{-1}$，则有

$$\boldsymbol{P}^{-1}\boldsymbol{A}\boldsymbol{P}=\begin{pmatrix}\lambda_1 & & & \\ & \lambda_2 & & \\ & & \ddots & \\ & & & \lambda_n\end{pmatrix}=\boldsymbol{\Lambda},$$

故方阵 $\boldsymbol{A}$ 可相似对角化.

注 从定理4.1的证明过程中还可以得到以下结论:

(1) 可逆矩阵 $\boldsymbol{P}$ 就是以方阵 $\boldsymbol{A}$ 的 n 个线性无关的特征向量 $\boldsymbol{\xi}_1,\boldsymbol{\xi}_2,\cdots,\boldsymbol{\xi}_n$ 作为列向量构成的矩阵.

(2) 对角矩阵 $\boldsymbol{\Lambda}$ 的主对角线上的元素 $\lambda_1,\lambda_2,\cdots,\lambda_n$ 是方阵 $\boldsymbol{A}$ 的特征值,且 $\lambda_1,\lambda_2,\cdots,\lambda_n$ 的排列顺序与它对应的特征向量 $\boldsymbol{\xi}_1,\boldsymbol{\xi}_2,\cdots,\boldsymbol{\xi}_n$ 构成矩阵 $\boldsymbol{P}$ 的列向量时的排列顺序一致.

例如,设方阵 $\boldsymbol{A}=\begin{pmatrix}3&1\\5&-1\end{pmatrix}$,由本章例4.1知,$\boldsymbol{A}$ 有2个线性无关的特征向量,所以 $\boldsymbol{A}$ 一定可相似对角化.事实上,因为方阵 $\boldsymbol{A}$ 的特征值为 $\lambda_1=4,\lambda_2=-2$,对应的特征向量分别为 $\boldsymbol{\xi}_{11}=\begin{pmatrix}1\\1\end{pmatrix}$,$\boldsymbol{\xi}_{21}=\begin{pmatrix}1\\-5\end{pmatrix}$,如果取 $\boldsymbol{P}_1=(\boldsymbol{\xi}_{11},\boldsymbol{\xi}_{21})=\begin{pmatrix}1&1\\1&-5\end{pmatrix}$,则

$$\boldsymbol{P}_1^{-1}\boldsymbol{A}\boldsymbol{P}_1=\boldsymbol{\Lambda}_1=\begin{pmatrix}\lambda_1&0\\0&\lambda_2\end{pmatrix}=\begin{pmatrix}4&0\\0&-2\end{pmatrix}.$$

如果取 $\boldsymbol{P}_2=(\boldsymbol{\xi}_{21},\boldsymbol{\xi}_{11})=\begin{pmatrix}1&1\\-5&1\end{pmatrix}$,则

$$\boldsymbol{P}_2^{-1}\boldsymbol{A}\boldsymbol{P}_2=\boldsymbol{\Lambda}_2=\begin{pmatrix}\lambda_2&0\\0&\lambda_1\end{pmatrix}=\begin{pmatrix}-2&0\\0&4\end{pmatrix}.$$

推论2 若 n 阶方阵 $\boldsymbol{A}$ 有 n 个互不相同的特征值 $\lambda_1,\lambda_2,\cdots,\lambda_n$,则方阵 $\boldsymbol{A}$ 相似于对角矩阵 $\boldsymbol{\Lambda}$,其中

$$\boldsymbol{\Lambda}=\begin{pmatrix}\lambda_1&&&\\&\lambda_2&&\\&&\ddots&\\&&&\lambda_n\end{pmatrix}.$$

注 方阵 $\boldsymbol{A}$ 有 n 个互不相同的特征值只是 $\boldsymbol{A}$ 可相似对角化的充分条件而不是必要条件.

例如,设方阵 $\boldsymbol{A}=\begin{pmatrix}-1&1&2\\-2&2&2\\-2&1&3\end{pmatrix}$,由本章例4.3知,$\boldsymbol{A}$ 有3个线性无关的特征向量

$$\boldsymbol{\xi}_{11}=\begin{pmatrix}1\\2\\0\end{pmatrix},\quad \boldsymbol{\xi}_{12}=\begin{pmatrix}1\\0\\1\end{pmatrix},\quad \boldsymbol{\xi}_{21}=\begin{pmatrix}1\\1\\1\end{pmatrix},$$

所以方阵 $\boldsymbol{A}$ 可相似对角化.若令 $\boldsymbol{P}=(\boldsymbol{\xi}_{11},\boldsymbol{\xi}_{12},\boldsymbol{\xi}_{21})=\begin{pmatrix}1&1&1\\2&0&1\\0&1&1\end{pmatrix}$,则

$$\boldsymbol{P}^{-1}\boldsymbol{A}\boldsymbol{P}=\boldsymbol{\Lambda}=\begin{pmatrix}1&&\\&1&\\&&2\end{pmatrix}.$$

这个例子说明当方阵 $\boldsymbol{A}$ 有相同的特征值时,$\boldsymbol{A}$ 也可相似对角化.

又如,设方阵 $\boldsymbol{A}=\begin{pmatrix}4&2&3\\2&1&2\\-1&-2&0\end{pmatrix}$,由本章例4.2知,$\boldsymbol{A}$ 只有2个线性无关的特征向量,所以

$\boldsymbol{A}$ 不可相似对角化，此时 $\boldsymbol{A}$ 的对应于二重特征值 $\lambda=1$ 的线性无关的特征向量个数仅为 1.

于是我们给出下述定理.

定理 4.2 n **阶方阵** $\boldsymbol{A}$ **可相似对角化的充要条件是** $\boldsymbol{A}$ **的每个** n_i **重特征值** λ_i **所对应的线性无关的特征向量恰好有** n_i **个.**

定理 4.2 也可以等价地表述如下.

定理 4.3 n **阶方阵** $\boldsymbol{A}$ **可相似对角化的充要条件是对于** $\boldsymbol{A}$ **的每个** n_i **重特征值** λ_i**，有** $\mathrm{R}(\boldsymbol{A}-\lambda_i\boldsymbol{E})=n-n_i$.

例 4.7 设方阵 $\boldsymbol{A}=\begin{pmatrix}1 & -1 & 1\\ 2 & -2 & 2\\ -1 & 1 & -1\end{pmatrix}$，试求：

微课视频

矩阵的相似对角化

(1) 可逆矩阵 $\boldsymbol{P}$ 及对角矩阵 $\boldsymbol{\Lambda}$，使得 $\boldsymbol{P}^{-1}\boldsymbol{A}\boldsymbol{P}=\boldsymbol{\Lambda}$；

(2) $\boldsymbol{A}^m$（m 为正整数）.

解 (1) 方阵 $\boldsymbol{A}$ 的特征多项式为

$$|\boldsymbol{A}-\lambda\boldsymbol{E}|=\begin{vmatrix}1-\lambda & -1 & 1\\ 2 & -2-\lambda & 2\\ -1 & 1 & -1-\lambda\end{vmatrix}=-\lambda^2(2+\lambda).$$

令 $|\boldsymbol{A}-\lambda\boldsymbol{E}|=0$，得 $\boldsymbol{A}$ 的特征值为 $\lambda_1=\lambda_2=0$，$\lambda_3=-2$.

当 $\lambda_1=\lambda_2=0$ 时，解特征方程组 $(\boldsymbol{A}-0\boldsymbol{E})\boldsymbol{X}=\boldsymbol{0}$，由

$$\boldsymbol{A}-0\boldsymbol{E}=\begin{pmatrix}1 & -1 & 1\\ 2 & -2 & 2\\ -1 & 1 & -1\end{pmatrix}\xrightarrow{\text{初等行变换}}\begin{pmatrix}1 & -1 & 1\\ 0 & 0 & 0\\ 0 & 0 & 0\end{pmatrix},$$

得基础解系为

$$\boldsymbol{\xi}_{11}=\begin{pmatrix}1\\1\\0\end{pmatrix},\quad \boldsymbol{\xi}_{12}=\begin{pmatrix}-1\\0\\1\end{pmatrix}.$$

当 $\lambda_3=-2$ 时，解特征方程组 $(\boldsymbol{A}+2\boldsymbol{E})\boldsymbol{X}=\boldsymbol{0}$，由

$$\boldsymbol{A}+2\boldsymbol{E}=\begin{pmatrix}3 & -1 & 1\\ 2 & 0 & 2\\ -1 & 1 & 1\end{pmatrix}\xrightarrow{\text{初等行变换}}\begin{pmatrix}1 & 0 & 1\\ 0 & 1 & 2\\ 0 & 0 & 0\end{pmatrix},$$

得基础解系为

$$\boldsymbol{\xi}_{21}=\begin{pmatrix}1\\2\\-1\end{pmatrix}.$$

于是，三阶方阵 $\boldsymbol{A}$ 有 3 个线性无关的特征向量，所以 $\boldsymbol{A}$ 可相似对角化.

令

$$P=(\xi_{11},\xi_{12},\xi_{21})=\begin{pmatrix}1&-1&1\\1&0&2\\0&1&-1\end{pmatrix},$$

则

$$P^{-1}AP=\Lambda=\begin{pmatrix}0&&\\&0&\\&&-2\end{pmatrix}.$$

(2) 因为 $P^{-1}AP=\Lambda$，则 $A=P\Lambda P^{-1}$，所以有 $A^m=P\Lambda^m P^{-1}$. 又

$$P^{-1}=\frac{1}{2}\begin{pmatrix}2&0&2\\-1&1&1\\-1&1&-1\end{pmatrix},\quad \Lambda^m=\begin{pmatrix}0&&\\&0&\\&&(-2)^m\end{pmatrix},$$

所以

$$\begin{aligned}A^m&=\frac{1}{2}\begin{pmatrix}1&-1&1\\1&0&2\\0&1&-1\end{pmatrix}\begin{pmatrix}0&&\\&0&\\&&(-2)^m\end{pmatrix}\begin{pmatrix}2&0&2\\-1&1&1\\-1&1&-1\end{pmatrix}\\&=\frac{(-2)^m}{2}\begin{pmatrix}-1&1&-1\\-2&2&-2\\1&-1&1\end{pmatrix}.\end{aligned}$$

注 把方阵 A 先相似对角化再求 A^m，是计算方阵高次幂的基本方法之一.

例 4.8 已知三阶方阵 $A=\begin{pmatrix}-1&0&0\\-2&1&0\\2&x&1\end{pmatrix}$ 可相似对角化，求常数 x 的值.

解 方阵 A 的特征多项式为

$$|A-\lambda E|=\begin{vmatrix}-1-\lambda&0&0\\-2&1-\lambda&0\\2&x&1-\lambda\end{vmatrix}=-(1-\lambda)^2(1+\lambda),$$

令 $|A-\lambda E|=0$，得 A 的特征值为 $\lambda_1=-1,\lambda_2=\lambda_3=1$.

对应于特征值 $\lambda_1=-1$，可求得线性无关的特征向量恰有 1 个，故方阵 A 可相似对角化的充要条件是对应于二重特征值 $\lambda_2=\lambda_3=1$ 的线性无关的特征向量恰有 2 个，即 $R(A-E)=1$. 由

$$A-E=\begin{pmatrix}-2&0&0\\-2&0&0\\2&x&0\end{pmatrix}\longrightarrow\begin{pmatrix}1&0&0\\0&x&0\\0&0&0\end{pmatrix}$$

知，$R(A-E)=1$ 当且仅当 $x=0$ 时成立. 因此，当 $x=0$ 时，方阵 A 可相似对角化.

习　题　4.2

1. 选择题：

(1) n 阶方阵 $\boldsymbol{A}$ 可相似对角化的充要条件是(　　)；

A. $\boldsymbol{A}$ 有 n 个互异的特征值

B. $\boldsymbol{A}$ 为对角矩阵

C. $\boldsymbol{A}$ 的每个 n_i 重特征值对应的线性无关的特征向量也是 n_i 个

D. $\boldsymbol{A}$ 的对应于不同特征值的特征向量线性无关

(2) 设 $\boldsymbol{A},\boldsymbol{B}$ 均为 n 阶方阵，则下列说法中正确的是(　　).

A. 若 $\boldsymbol{A}$ 与 $\boldsymbol{B}$ 有相同的特征值，则 $\boldsymbol{A}$ 与 $\boldsymbol{B}$ 相似

B. 若 $\mathrm{R}(\boldsymbol{A})=\mathrm{R}(\boldsymbol{B})$，则 $\boldsymbol{A}$ 与 $\boldsymbol{B}$ 相似

C. 若 $\boldsymbol{A}$ 与 $\boldsymbol{B}$ 相似，则存在可逆矩阵 $\boldsymbol{P}$，使得 $\boldsymbol{B}=\boldsymbol{P}^{-1}\boldsymbol{AP}$，且 $\boldsymbol{P}$ 是唯一的

D. 若 $\boldsymbol{A}$ 与 $\boldsymbol{B}$ 相似，则 $\boldsymbol{A}$ 与 $\boldsymbol{B}$ 有相同的行列式

2. 下列方阵是否可相似对角化？若可以，对方阵 $\boldsymbol{A}$ 求出可逆矩阵 $\boldsymbol{P}$ 和对角矩阵 $\boldsymbol{\Lambda}$，使得 $\boldsymbol{P}^{-1}\boldsymbol{AP}=\boldsymbol{\Lambda}$.

(1) $\begin{pmatrix}2&1\\3&4\end{pmatrix}$；　(2) $\begin{pmatrix}1&0&0\\-2&3&0\\0&0&1\end{pmatrix}$；　(3) $\begin{pmatrix}4&2&1\\-2&0&-1\\1&1&0\end{pmatrix}$；

(4) $\begin{pmatrix}2&-1&2\\5&-3&3\\-1&1&-1\end{pmatrix}$；　(5) $\begin{pmatrix}7&-12&6\\10&-19&10\\12&-24&13\end{pmatrix}$.

3. 设方阵 $\boldsymbol{A}=\begin{pmatrix}0&0&1\\1&1&x\\1&0&0\end{pmatrix}$，试问 x 为何值时，方阵 $\boldsymbol{A}$ 可相似对角化？

4. 已知方阵 $\boldsymbol{A}=\begin{pmatrix}2&0&0\\0&0&1\\0&1&x\end{pmatrix}$ 与对角矩阵 $\boldsymbol{B}=\begin{pmatrix}2&0&0\\0&y&0\\0&0&-1\end{pmatrix}$ 相似，求常数 x,y 的值.

5. 设 $\boldsymbol{A},\boldsymbol{B}$ 均为 n 阶方阵，且 $\boldsymbol{A}\sim\boldsymbol{B}$，证明：$\boldsymbol{A}^{\mathrm{T}}\sim\boldsymbol{B}^{\mathrm{T}}$.

6. 设 $\boldsymbol{A},\boldsymbol{B}$ 均为 n 阶方阵，且 $|\boldsymbol{A}|\neq 0$，证明：$\boldsymbol{AB}\sim\boldsymbol{BA}$.

7. 设 n 阶方阵 $\boldsymbol{A}\sim\boldsymbol{B},\boldsymbol{C}\sim\boldsymbol{D}$，证明：$\begin{pmatrix}\boldsymbol{A}&\boldsymbol{O}\\\boldsymbol{O}&\boldsymbol{C}\end{pmatrix}\sim\begin{pmatrix}\boldsymbol{B}&\boldsymbol{O}\\\boldsymbol{O}&\boldsymbol{D}\end{pmatrix}$.

4.3 向量的内积与正交化

4.3.1　向量的内积

类似于中学数学中两个向量的数量积的定义，我们可定义两个 n 维向量的内积.

定义 4.4　设 n 维向量 $\boldsymbol{\alpha}=\begin{pmatrix}a_1\\a_2\\\vdots\\a_n\end{pmatrix}$，$\boldsymbol{\beta}=\begin{pmatrix}b_1\\b_2\\\vdots\\b_n\end{pmatrix}$，称数

$$a_1b_1+a_2b_2+\cdots+a_nb_n=\sum_{i=1}^{n}a_ib_i$$

为向量 $\boldsymbol{\alpha}$ 与 $\boldsymbol{\beta}$ 的内积，记作 $(\boldsymbol{\alpha},\boldsymbol{\beta})$，即

微课视频

向量的内积

$$(\boldsymbol{\alpha},\boldsymbol{\beta})=a_1b_1+a_2b_2+\cdots+a_nb_n=\sum_{i=1}^{n}a_ib_i.$$

例如，设向量 $\boldsymbol{\alpha}=(1,-2,0,1)^{\mathrm{T}}$，$\boldsymbol{\beta}=(2,0,1,3)^{\mathrm{T}}$，则向量 $\boldsymbol{\alpha}$ 与 $\boldsymbol{\beta}$ 的内积为

$$(\boldsymbol{\alpha},\boldsymbol{\beta})=1\times2+(-2)\times0+0\times1+1\times3=5.$$

根据定义 4.4 和矩阵的乘法易得

$$(\boldsymbol{\alpha},\boldsymbol{\beta})=\boldsymbol{\alpha}^{\mathrm{T}}\boldsymbol{\beta}=\boldsymbol{\beta}^{\mathrm{T}}\boldsymbol{\alpha}.$$

设 $\boldsymbol{\alpha},\boldsymbol{\beta},\boldsymbol{\gamma}$ 为 n 维向量，易得向量的内积具有下述性质：

(1) $(\boldsymbol{\alpha},\boldsymbol{\beta})=(\boldsymbol{\beta},\boldsymbol{\alpha})$；

(2) $(\boldsymbol{\alpha}+\boldsymbol{\beta},\boldsymbol{\gamma})=(\boldsymbol{\alpha},\boldsymbol{\gamma})+(\boldsymbol{\beta},\boldsymbol{\gamma})$；

(3) $(k\boldsymbol{\alpha},\boldsymbol{\beta})=k(\boldsymbol{\alpha},\boldsymbol{\beta})$，其中 k 为实数；

(4) $(\boldsymbol{\alpha},\boldsymbol{\alpha})\geqslant0$，当且仅当 $\boldsymbol{\alpha}=\mathbf{0}$ 时，$(\boldsymbol{\alpha},\boldsymbol{\alpha})=0$.

由于对任一向量 $\boldsymbol{\alpha}$，有 $(\boldsymbol{\alpha},\boldsymbol{\alpha})\geqslant0$，因此可引入向量的长度的概念.

定义 4.5 设 n 维向量 $\boldsymbol{\alpha}=(a_1,a_2,\cdots,a_n)^{\mathrm{T}}$，称

$$\sqrt{(\boldsymbol{\alpha},\boldsymbol{\alpha})}=\sqrt{a_1^2+a_2^2+\cdots+a_n^2}$$

为向量 $\boldsymbol{\alpha}$ 的**长度**(或**模**)，记作 $\|\boldsymbol{\alpha}\|$，即

$$\|\boldsymbol{\alpha}\|=\sqrt{(\boldsymbol{\alpha},\boldsymbol{\alpha})}=\sqrt{a_1^2+a_2^2+\cdots+a_n^2}.$$

例如，向量 $\boldsymbol{\alpha}=(4,0,3)^{\mathrm{T}}$ 的长度为

$$\|\boldsymbol{\alpha}\|=\sqrt{(\boldsymbol{\alpha},\boldsymbol{\alpha})}=\sqrt{4^2+0^2+3^2}=5.$$

设 $\boldsymbol{\alpha},\boldsymbol{\beta}$ 为 n 维向量，易得向量的长度具有以下性质：

(1) $\|\boldsymbol{\alpha}\|\geqslant0$，当且仅当 $\boldsymbol{\alpha}=\mathbf{0}$ 时，$\|\boldsymbol{\alpha}\|=0$；

(2) $\|k\boldsymbol{\alpha}\|=|k|\,\|\boldsymbol{\alpha}\|$，其中 k 为实数；

(3) $\|\boldsymbol{\alpha}+\boldsymbol{\beta}\|\leqslant\|\boldsymbol{\alpha}\|+\|\boldsymbol{\beta}\|$；

(4) $|(\boldsymbol{\alpha},\boldsymbol{\beta})|\leqslant\|\boldsymbol{\alpha}\|\,\|\boldsymbol{\beta}\|$， (4.12)

等号成立当且仅当向量组 $\boldsymbol{\alpha},\boldsymbol{\beta}$ 线性相关.

式(4.12)又称为柯西(Cauchy)不等式，它给出了任意两个 n 维向量的内积与它们长度之间的关系.

长度为1的向量称为**单位向量**. 对于任意 n 维非零向量 $\boldsymbol{\alpha}$，向量 $\dfrac{1}{\|\boldsymbol{\alpha}\|}\boldsymbol{\alpha}$ 显然是一个单位向量. 事实上，有

$$\left\|\frac{1}{\|\boldsymbol{\alpha}\|}\boldsymbol{\alpha}\right\|=\frac{1}{\|\boldsymbol{\alpha}\|}\|\boldsymbol{\alpha}\|=1.$$

用非零向量 $\boldsymbol{\alpha}$ 的长度除非零向量 $\boldsymbol{\alpha}$ 得到一个单位向量的过程，称为将向量 $\boldsymbol{\alpha}$ **单位化**.

4.3.2 正交向量组与施密特正交化方法

定义 4.6 如果两个 n 维向量 $\boldsymbol{\alpha}$ 与 $\boldsymbol{\beta}$ 的内积等于 0，即 $(\boldsymbol{\alpha},\boldsymbol{\beta})=0$，则称向量 $\boldsymbol{\alpha}$ 与 $\boldsymbol{\beta}$ **正交**(或**相互垂直**)，记作 $\boldsymbol{\alpha}\perp\boldsymbol{\beta}$.

由于零向量与任意向量的内积均为 0，因此零向量与任意向量都正交.

微课视频

正交向量组

定义 4.7 如果 n 维非零向量组 $\boldsymbol{\alpha}_1,\boldsymbol{\alpha}_2,\cdots,\boldsymbol{\alpha}_s$ 两两正交，即

$$(\boldsymbol{\alpha}_i,\boldsymbol{\alpha}_j)=0 \quad (i\neq j;i,j=1,2,\cdots,s),$$

则称该向量组为**正交向量组**.

例如，对于 n 维单位向量组 $\boldsymbol{\varepsilon}_1=\begin{pmatrix}1\\0\\\vdots\\0\end{pmatrix},\boldsymbol{\varepsilon}_2=\begin{pmatrix}0\\1\\\vdots\\0\end{pmatrix},\cdots,\boldsymbol{\varepsilon}_n=\begin{pmatrix}0\\0\\\vdots\\1\end{pmatrix}$，因为

$$(\boldsymbol{\varepsilon}_i,\boldsymbol{\varepsilon}_j)=0 \quad (i\neq j;i,j=1,2,\cdots,n),$$

所以向量组 $\boldsymbol{\varepsilon}_1,\boldsymbol{\varepsilon}_2,\cdots,\boldsymbol{\varepsilon}_n$ 是正交向量组.

由单位向量构成的正交向量组叫作**单位正交向量组**，也称为**标准正交向量组**.

例 4.9 已知三维向量 $\boldsymbol{\alpha}_1=(0,1,1)^{\mathrm{T}},\boldsymbol{\alpha}_2=(1,1,-1)^{\mathrm{T}}$，试求一个非零向量 $\boldsymbol{\alpha}_3$，使得向量组 $\boldsymbol{\alpha}_1,\boldsymbol{\alpha}_2,\boldsymbol{\alpha}_3$ 为正交向量组.

解 因为 $(\boldsymbol{\alpha}_1,\boldsymbol{\alpha}_2)=0$，所以 $\boldsymbol{\alpha}_1$ 与 $\boldsymbol{\alpha}_2$ 正交. 现要求出一个非零向量 $\boldsymbol{\alpha}_3$，使得 $\boldsymbol{\alpha}_3$ 与 $\boldsymbol{\alpha}_1,\boldsymbol{\alpha}_2$ 都正交即可. 设向量 $\boldsymbol{\alpha}_3=(x_1,x_2,x_3)^{\mathrm{T}}$，由 $\begin{cases}(\boldsymbol{\alpha}_1,\boldsymbol{\alpha}_3)=0,\\(\boldsymbol{\alpha}_2,\boldsymbol{\alpha}_3)=0,\end{cases}$ 得齐次线性方程组

$$\begin{cases}x_2+x_3=0,\\x_1+x_2-x_3=0.\end{cases}$$

由

$$\begin{pmatrix}0&1&1\\1&1&-1\end{pmatrix}\xrightarrow{\text{初等行变换}}\begin{pmatrix}1&0&-2\\0&1&1\end{pmatrix},$$

得基础解系 $\boldsymbol{\xi}_1=(2,-1,1)^{\mathrm{T}}$，取 $\boldsymbol{\alpha}_3=(2,-1,1)^{\mathrm{T}}$ 即为所求向量.

定理 4.4 **正交向量组必定是线性无关的向量组.**

证 设 $\boldsymbol{\alpha}_1,\boldsymbol{\alpha}_2,\cdots,\boldsymbol{\alpha}_i,\cdots,\boldsymbol{\alpha}_s$ 是正交向量组，且存在一组常数 $k_1,k_2,\cdots,k_i,\cdots,k_s$，使得

$$k_1\boldsymbol{\alpha}_1+k_2\boldsymbol{\alpha}_2+\cdots+k_i\boldsymbol{\alpha}_i+\cdots+k_s\boldsymbol{\alpha}_s=\mathbf{0}. \tag{4.13}$$

用 $\boldsymbol{\alpha}_i$ 与式(4.13)两边的向量做内积，得

$$(\boldsymbol{\alpha}_i,k_1\boldsymbol{\alpha}_1+k_2\boldsymbol{\alpha}_2+\cdots+k_i\boldsymbol{\alpha}_i+\cdots+k_s\boldsymbol{\alpha}_s)=0,$$

即

$$k_1(\boldsymbol{\alpha}_i,\boldsymbol{\alpha}_1)+k_2(\boldsymbol{\alpha}_i,\boldsymbol{\alpha}_2)+\cdots+k_i(\boldsymbol{\alpha}_i,\boldsymbol{\alpha}_i)+\cdots+k_s(\boldsymbol{\alpha}_i,\boldsymbol{\alpha}_s)=0.$$

因 $\boldsymbol{\alpha}_1,\boldsymbol{\alpha}_2,\cdots,\boldsymbol{\alpha}_i,\cdots,\boldsymbol{\alpha}_s$ 是正交向量组，得

$$k_j(\boldsymbol{\alpha}_i,\boldsymbol{\alpha}_j)=0 \quad (i\neq j),$$

故 $k_i(\boldsymbol{\alpha}_i,\boldsymbol{\alpha}_i)=0$. 又由于 $\boldsymbol{\alpha}_i\neq\mathbf{0}$，则 $(\boldsymbol{\alpha}_i,\boldsymbol{\alpha}_i)>0$，因此 $k_i=0$. 由 $i(i=1,2,\cdots,s)$ 的任意性，

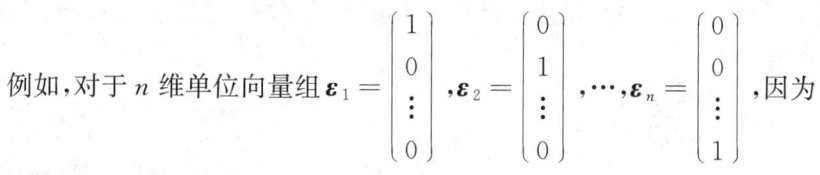

得 $k_1=k_2=\cdots=k_i=\cdots=k_s=0$，即向量组 $\boldsymbol{\alpha}_1,\boldsymbol{\alpha}_2,\cdots,\boldsymbol{\alpha}_i,\cdots,\boldsymbol{\alpha}_s$ 线性无关.

微课视频

施密特正交化方法

注 定理4.4的逆命题不成立. 例如，向量组 $\boldsymbol{\alpha}_1=\begin{pmatrix}1\\0\\0\end{pmatrix},\boldsymbol{\alpha}_2=\begin{pmatrix}1\\1\\0\end{pmatrix},\boldsymbol{\alpha}_3=\begin{pmatrix}1\\1\\1\end{pmatrix}$ 线性无关，但它不是正交向量组.

既然线性无关的向量组 $\boldsymbol{\alpha}_1,\boldsymbol{\alpha}_2,\cdots,\boldsymbol{\alpha}_s$ 不一定是正交向量组，那么是否可以从线性无关的向量组 $\boldsymbol{\alpha}_1,\boldsymbol{\alpha}_2,\cdots,\boldsymbol{\alpha}_s$ 出发，构造与之等价的标准正交向量组 $\boldsymbol{\eta}_1,\boldsymbol{\eta}_2,\cdots,\boldsymbol{\eta}_s$ 呢？可以的话，又该如何构造呢？下面的定理给出了答案.

定理 4.5 **设 $\boldsymbol{\alpha}_1,\boldsymbol{\alpha}_2,\cdots,\boldsymbol{\alpha}_s$ 是线性无关的向量组，令**

$$\boldsymbol{\beta}_1=\boldsymbol{\alpha}_1,$$

$$\boldsymbol{\beta}_2=\boldsymbol{\alpha}_2-\frac{(\boldsymbol{\alpha}_2,\boldsymbol{\beta}_1)}{(\boldsymbol{\beta}_1,\boldsymbol{\beta}_1)}\boldsymbol{\beta}_1,$$

……

$$\boldsymbol{\beta}_s=\boldsymbol{\alpha}_s-\frac{(\boldsymbol{\alpha}_s,\boldsymbol{\beta}_1)}{(\boldsymbol{\beta}_1,\boldsymbol{\beta}_1)}\boldsymbol{\beta}_1-\frac{(\boldsymbol{\alpha}_s,\boldsymbol{\beta}_2)}{(\boldsymbol{\beta}_2,\boldsymbol{\beta}_2)}\boldsymbol{\beta}_2-\cdots-\frac{(\boldsymbol{\alpha}_s,\boldsymbol{\beta}_{s-1})}{(\boldsymbol{\beta}_{s-1},\boldsymbol{\beta}_{s-1})}\boldsymbol{\beta}_{s-1},$$

则 $\boldsymbol{\beta}_1,\boldsymbol{\beta}_2,\cdots,\boldsymbol{\beta}_s$ 是正交向量组，且向量组 $\boldsymbol{\beta}_1,\boldsymbol{\beta}_2,\cdots,\boldsymbol{\beta}_s$ 与向量组 $\boldsymbol{\alpha}_1,\boldsymbol{\alpha}_2,\cdots,\boldsymbol{\alpha}_s$ 等价. 上述正交化过程称为施密特(Schmidt) 正交化方法.

再将 $\boldsymbol{\beta}_1,\boldsymbol{\beta}_2,\cdots,\boldsymbol{\beta}_s$ 单位化，令

$$\boldsymbol{\eta}_j=\frac{\boldsymbol{\beta}_j}{\|\boldsymbol{\beta}_j\|}\quad(j=1,2,\cdots,s),$$

则向量组 $\boldsymbol{\eta}_1,\boldsymbol{\eta}_2,\cdots,\boldsymbol{\eta}_s$ 是标准正交向量组，且向量组 $\boldsymbol{\eta}_1,\boldsymbol{\eta}_2,\cdots,\boldsymbol{\eta}_s$ 与向量组 $\boldsymbol{\alpha}_1,\boldsymbol{\alpha}_2,\cdots,\boldsymbol{\alpha}_s$ 等价.

***证** 令 $\boldsymbol{\beta}_1=\boldsymbol{\alpha}_1$，显然 $\boldsymbol{\alpha}_1$ 与 $\boldsymbol{\beta}_1$ 等价.

再令

$$\boldsymbol{\beta}_2=\boldsymbol{\alpha}_2+k_{12}\boldsymbol{\beta}_1,$$

现确定系数 k_{12}. 要使 $\boldsymbol{\beta}_1,\boldsymbol{\beta}_2$ 正交，则应有

$$(\boldsymbol{\beta}_2,\boldsymbol{\beta}_1)=(\boldsymbol{\alpha}_2,\boldsymbol{\beta}_1)+k_{12}(\boldsymbol{\beta}_1,\boldsymbol{\beta}_1)=0,$$

得 $k_{12}=-\dfrac{(\boldsymbol{\alpha}_2,\boldsymbol{\beta}_1)}{(\boldsymbol{\beta}_1,\boldsymbol{\beta}_1)}$，即取

$$\boldsymbol{\beta}_2=\boldsymbol{\alpha}_2-\frac{(\boldsymbol{\alpha}_2,\boldsymbol{\beta}_1)}{(\boldsymbol{\beta}_1,\boldsymbol{\beta}_1)}\boldsymbol{\beta}_1.$$

显然，向量组 $\boldsymbol{\alpha}_1,\boldsymbol{\alpha}_2$ 与 $\boldsymbol{\beta}_1,\boldsymbol{\beta}_2$ 也等价.

……

假定已经找到两两正交的非零向量 $\boldsymbol{\beta}_1,\boldsymbol{\beta}_2,\cdots,\boldsymbol{\beta}_{s-1}$ 满足条件，令

$$\boldsymbol{\beta}_s=\boldsymbol{\alpha}_s+k_{1s}\boldsymbol{\beta}_1+k_{2s}\boldsymbol{\beta}_2+\cdots+k_{s-1,s}\boldsymbol{\beta}_{s-1}.$$

要使 $\boldsymbol{\beta}_s$ 与 $\boldsymbol{\beta}_1,\boldsymbol{\beta}_2,\cdots,\boldsymbol{\beta}_{s-1}$ 均正交，则应有

$$(\boldsymbol{\beta}_s,\boldsymbol{\beta}_j)=(\boldsymbol{\alpha}_s,\boldsymbol{\beta}_j)+k_{js}(\boldsymbol{\beta}_j,\boldsymbol{\beta}_j)=0,$$

得

$$k_{js}=-\frac{(\boldsymbol{\alpha}_s,\boldsymbol{\beta}_j)}{(\boldsymbol{\beta}_j,\boldsymbol{\beta}_j)}\quad(j=1,2,\cdots,s-1),$$

故

$$\boldsymbol{\beta}_s=\boldsymbol{\alpha}_s-\frac{(\boldsymbol{\alpha}_s,\boldsymbol{\beta}_1)}{(\boldsymbol{\beta}_1,\boldsymbol{\beta}_1)}\boldsymbol{\beta}_1-\frac{(\boldsymbol{\alpha}_s,\boldsymbol{\beta}_2)}{(\boldsymbol{\beta}_2,\boldsymbol{\beta}_2)}\boldsymbol{\beta}_2-\cdots-\frac{(\boldsymbol{\alpha}_s,\boldsymbol{\beta}_{s-1})}{(\boldsymbol{\beta}_{s-1},\boldsymbol{\beta}_{s-1})}\boldsymbol{\beta}_{s-1}.$$

这就得到了正交向量组 $\boldsymbol{\beta}_1,\boldsymbol{\beta}_2,\cdots,\boldsymbol{\beta}_s$，且向量组 $\boldsymbol{\alpha}_1,\boldsymbol{\alpha}_2,\cdots,\boldsymbol{\alpha}_s$ 与向量组 $\boldsymbol{\beta}_1,\boldsymbol{\beta}_2,\cdots,\boldsymbol{\beta}_s$ 等价.

再将 $\boldsymbol{\beta}_1,\boldsymbol{\beta}_2,\cdots,\boldsymbol{\beta}_s$ 单位化，令

$$\boldsymbol{\eta}_j=\frac{\boldsymbol{\beta}_j}{\|\boldsymbol{\beta}_j\|}\quad(j=1,2,\cdots,s),$$

得到与向量组 $\boldsymbol{\alpha}_1,\boldsymbol{\alpha}_2,\cdots,\boldsymbol{\alpha}_s$ 等价的标准正交向量组 $\boldsymbol{\eta}_1,\boldsymbol{\eta}_2,\cdots,\boldsymbol{\eta}_s$.

例 4.10　设有向量组 $\boldsymbol{\alpha}_1=\begin{pmatrix}1\\1\\1\end{pmatrix},\boldsymbol{\alpha}_2=\begin{pmatrix}1\\2\\1\end{pmatrix},\boldsymbol{\alpha}_3=\begin{pmatrix}0\\1\\1\end{pmatrix}$，试用施密特正交化方法将该向量组正交化，再单位化.

解　取

$$\boldsymbol{\beta}_1=\boldsymbol{\alpha}_1=\begin{pmatrix}1\\1\\1\end{pmatrix},$$

$$\boldsymbol{\beta}_2=\boldsymbol{\alpha}_2-\frac{(\boldsymbol{\alpha}_2,\boldsymbol{\beta}_1)}{(\boldsymbol{\beta}_1,\boldsymbol{\beta}_1)}\boldsymbol{\beta}_1=\begin{pmatrix}1\\2\\1\end{pmatrix}-\frac{4}{3}\begin{pmatrix}1\\1\\1\end{pmatrix}=\frac{1}{3}\begin{pmatrix}-1\\2\\-1\end{pmatrix},$$

$$\boldsymbol{\beta}_3=\boldsymbol{\alpha}_3-\frac{(\boldsymbol{\alpha}_3,\boldsymbol{\beta}_1)}{(\boldsymbol{\beta}_1,\boldsymbol{\beta}_1)}\boldsymbol{\beta}_1-\frac{(\boldsymbol{\alpha}_3,\boldsymbol{\beta}_2)}{(\boldsymbol{\beta}_2,\boldsymbol{\beta}_2)}\boldsymbol{\beta}_2=\begin{pmatrix}0\\1\\1\end{pmatrix}-\frac{2}{3}\begin{pmatrix}1\\1\\1\end{pmatrix}-\frac{1}{6}\begin{pmatrix}-1\\2\\-1\end{pmatrix}=\frac{1}{2}\begin{pmatrix}-1\\0\\1\end{pmatrix}.$$

再把 $\boldsymbol{\beta}_1,\boldsymbol{\beta}_2,\boldsymbol{\beta}_3$ 单位化. 因为 $\|\boldsymbol{\beta}_1\|=\sqrt{3}$，$\|\boldsymbol{\beta}_2\|=\frac{\sqrt{6}}{3}$，$\|\boldsymbol{\beta}_3\|=\frac{\sqrt{2}}{2}$，所以令

$$\boldsymbol{\eta}_1=\frac{\boldsymbol{\beta}_1}{\|\boldsymbol{\beta}_1\|}=\frac{\sqrt{3}}{3}\begin{pmatrix}1\\1\\1\end{pmatrix},\quad\boldsymbol{\eta}_2=\frac{\boldsymbol{\beta}_2}{\|\boldsymbol{\beta}_2\|}=\frac{\sqrt{6}}{6}\begin{pmatrix}-1\\2\\-1\end{pmatrix},\quad\boldsymbol{\eta}_3=\frac{\boldsymbol{\beta}_3}{\|\boldsymbol{\beta}_3\|}=\frac{\sqrt{2}}{2}\begin{pmatrix}-1\\0\\1\end{pmatrix},$$

则向量组 $\boldsymbol{\eta}_1,\boldsymbol{\eta}_2,\boldsymbol{\eta}_3$ 是与向量组 $\boldsymbol{\alpha}_1,\boldsymbol{\alpha}_2,\boldsymbol{\alpha}_3$ 等价的标准正交向量组.

4.3.3　正交矩阵

定义 4.8　设 $\boldsymbol{A}$ 是一个 n 阶实矩阵. 如果 $\boldsymbol{A}$ 满足 $\boldsymbol{A}^{\mathrm{T}}\boldsymbol{A}=\boldsymbol{A}\boldsymbol{A}^{\mathrm{T}}=\boldsymbol{E}$，则称 $\boldsymbol{A}$ 为**正交矩阵**.

由定义 4.8 可知，单位矩阵 $\boldsymbol{E}$ 是正交矩阵，在平面解析几何中两直角坐标系间的坐标变换矩阵 $\begin{pmatrix}\cos\theta & -\sin\theta\\ \sin\theta & \cos\theta\end{pmatrix}$ 也是正交矩阵.

微课视频

正交矩阵

正交矩阵具有如下性质.

定理 4.6　设 $\boldsymbol{A},\boldsymbol{B}$ 都是 n 阶正交矩阵，则

(1) $\boldsymbol{A}^{-1}=\boldsymbol{A}^{\mathrm{T}}$；

(2) $|\boldsymbol{A}|=1$ 或 -1；

(3) $\boldsymbol{A}^{\mathrm{T}}$（即 $\boldsymbol{A}^{-1}$）是正交矩阵；

(4) $\boldsymbol{AB}$ 是正交矩阵.

证 (1) 因为 $\boldsymbol{A}$ 是 n 阶正交矩阵，则有 $\boldsymbol{A}^{\mathrm{T}}\boldsymbol{A}=\boldsymbol{A}\boldsymbol{A}^{\mathrm{T}}=\boldsymbol{E}$，所以 $\boldsymbol{A}^{-1}=\boldsymbol{A}^{\mathrm{T}}$. 结合第 2 章 2.3 节的推论 1，今后在证明 $\boldsymbol{A}$ 为正交矩阵时，只要验证 $\boldsymbol{A}^{\mathrm{T}}\boldsymbol{A}=\boldsymbol{E}$ 或 $\boldsymbol{A}\boldsymbol{A}^{\mathrm{T}}=\boldsymbol{E}$ 即可.

(2) 因为 $\boldsymbol{A}^{\mathrm{T}}\boldsymbol{A}=\boldsymbol{E}$，两边取行列式，得

$$|\boldsymbol{A}^{\mathrm{T}}\boldsymbol{A}|=|\boldsymbol{A}^{\mathrm{T}}|\,|\boldsymbol{A}|=|\boldsymbol{A}|^2=|\boldsymbol{E}|=1,$$

所以 $|\boldsymbol{A}|=\pm 1$.

(3) 因为 $\boldsymbol{A}^{\mathrm{T}}(\boldsymbol{A}^{\mathrm{T}})^{\mathrm{T}}=\boldsymbol{A}^{\mathrm{T}}\boldsymbol{A}=\boldsymbol{E}$，且 $\boldsymbol{A}^{\mathrm{T}}$ 为实矩阵，所以 $\boldsymbol{A}^{\mathrm{T}}$（即 $\boldsymbol{A}^{-1}$）也是正交矩阵.

(4) 因为 $\boldsymbol{A}$，$\boldsymbol{B}$ 都是 n 阶正交矩阵，有

$$(\boldsymbol{AB})(\boldsymbol{AB})^{\mathrm{T}}=(\boldsymbol{AB})(\boldsymbol{B}^{\mathrm{T}}\boldsymbol{A}^{\mathrm{T}})=\boldsymbol{A}(\boldsymbol{B}\boldsymbol{B}^{\mathrm{T}})\boldsymbol{A}^{\mathrm{T}}=\boldsymbol{AEA}^{\mathrm{T}}=\boldsymbol{AA}^{\mathrm{T}}=\boldsymbol{E},$$

又 $\boldsymbol{AB}$ 为实矩阵，所以 $\boldsymbol{AB}$ 也是正交矩阵.

定理 4.7 **n 阶方阵 $\boldsymbol{A}$ 为正交矩阵的充要条件是 $\boldsymbol{A}$ 的列（或行）向量组是标准正交向量组.**

证 将方阵 $\boldsymbol{A}$ 按列分块为 $\boldsymbol{A}=(\boldsymbol{\alpha}_1,\boldsymbol{\alpha}_2,\cdots,\boldsymbol{\alpha}_n)$，则有

$$\boldsymbol{A}^{\mathrm{T}}\boldsymbol{A}=\begin{pmatrix}\boldsymbol{\alpha}_1^{\mathrm{T}}\\ \boldsymbol{\alpha}_2^{\mathrm{T}}\\ \vdots\\ \boldsymbol{\alpha}_n^{\mathrm{T}}\end{pmatrix}(\boldsymbol{\alpha}_1,\boldsymbol{\alpha}_2,\cdots,\boldsymbol{\alpha}_n)=\begin{pmatrix}\boldsymbol{\alpha}_1^{\mathrm{T}}\boldsymbol{\alpha}_1 & \boldsymbol{\alpha}_1^{\mathrm{T}}\boldsymbol{\alpha}_2 & \cdots & \boldsymbol{\alpha}_1^{\mathrm{T}}\boldsymbol{\alpha}_n\\ \boldsymbol{\alpha}_2^{\mathrm{T}}\boldsymbol{\alpha}_1 & \boldsymbol{\alpha}_2^{\mathrm{T}}\boldsymbol{\alpha}_2 & \cdots & \boldsymbol{\alpha}_2^{\mathrm{T}}\boldsymbol{\alpha}_n\\ \vdots & \vdots & & \vdots\\ \boldsymbol{\alpha}_n^{\mathrm{T}}\boldsymbol{\alpha}_1 & \boldsymbol{\alpha}_n^{\mathrm{T}}\boldsymbol{\alpha}_2 & \cdots & \boldsymbol{\alpha}_n^{\mathrm{T}}\boldsymbol{\alpha}_n\end{pmatrix}.$$

易得 $\boldsymbol{A}^{\mathrm{T}}\boldsymbol{A}=\boldsymbol{E}$ 的充要条件是

$$\begin{cases}\boldsymbol{\alpha}_i^{\mathrm{T}}\boldsymbol{\alpha}_i=1,\\ \boldsymbol{\alpha}_i^{\mathrm{T}}\boldsymbol{\alpha}_j=0\end{cases}\quad (i,j=1,2,\cdots,n;i\neq j),$$

即 $\boldsymbol{A}$ 的列向量组 $\boldsymbol{\alpha}_1,\boldsymbol{\alpha}_2,\cdots,\boldsymbol{\alpha}_n$ 是标准正交向量组.

因为 $\boldsymbol{A}$ 是正交矩阵，则 $\boldsymbol{A}^{\mathrm{T}}$ 也是正交矩阵，且 $\boldsymbol{A}^{\mathrm{T}}$ 的列向量组即为 $\boldsymbol{A}$ 的行向量组，所以 n 阶方阵 $\boldsymbol{A}$ 为正交矩阵的充要条件为其行向量组是标准正交向量组.

例如，设矩阵 $\boldsymbol{A}=\begin{pmatrix}-\frac{\sqrt{2}}{2} & \frac{\sqrt{3}}{3} & \frac{\sqrt{6}}{6}\\ \frac{\sqrt{2}}{2} & \frac{\sqrt{3}}{3} & \frac{\sqrt{6}}{6}\\ 0 & \frac{\sqrt{3}}{3} & -\frac{\sqrt{6}}{3}\end{pmatrix}$，$\boldsymbol{B}=\begin{pmatrix}2 & -2 & 1\\ 1 & 2 & 2\\ 2 & 1 & -2\end{pmatrix}$，利用定理 4.7 容易验证，$\boldsymbol{A}$ 是正交矩阵，而 $\boldsymbol{B}$ 不是正交矩阵，因为 $\boldsymbol{B}$ 的行（或列）向量组虽然两两正交，但不是单位向量组.

习 题 4.3

1. 选择题：

(1) 若向量 $\boldsymbol{\alpha}=(1,2,-2)^{\mathrm{T}}$，则 $\|\boldsymbol{\alpha}\|=$（　　）；

A. 1　　B. 2　　C. 3　　D. 9

(2) 设向量 $\boldsymbol{\alpha}=(1,2,-1)^{\mathrm{T}}$，$\boldsymbol{\beta}=(3,-2,k)^{\mathrm{T}}$，则当 $\boldsymbol{\alpha}$，$\boldsymbol{\beta}$ 正交时，$k=$（　　）.

A. 0　　B. -1　　C. 1　　D. 7

2. 试用施密特正交化方法把下列向量组正交化，再单位化：

(1) $\boldsymbol{\alpha}_1=(2,0)^{\mathrm{T}},\boldsymbol{\alpha}_2=(1,1)^{\mathrm{T}}$;

(2) $\boldsymbol{\alpha}_1=(2,0,0)^{\mathrm{T}},\boldsymbol{\alpha}_2=(0,1,-1)^{\mathrm{T}},\boldsymbol{\alpha}_3=(5,6,0)^{\mathrm{T}}$;

(3) $\boldsymbol{\alpha}_1=(1,1,0,0)^{\mathrm{T}},\boldsymbol{\alpha}_2=(0,0,1,1)^{\mathrm{T}},\boldsymbol{\alpha}_3=(1,0,0,-1)^{\mathrm{T}},\boldsymbol{\alpha}_4=(1,-1,-1,1)^{\mathrm{T}}$.

3. 判别下列矩阵是否为正交矩阵：

(1) $\begin{pmatrix} \frac{1}{2} & \frac{2}{3} \\ -\frac{2}{3} & \frac{1}{2} \end{pmatrix}$;　　(2) $\begin{pmatrix} \frac{1}{9} & -\frac{8}{9} & -\frac{4}{9} \\ -\frac{8}{9} & \frac{1}{9} & -\frac{4}{9} \\ -\frac{4}{9} & -\frac{4}{9} & \frac{7}{9} \end{pmatrix}$;

(3) $\begin{pmatrix} 1 & -\frac{1}{2} & \frac{1}{3} \\ -\frac{1}{2} & 1 & \frac{1}{2} \\ \frac{1}{3} & \frac{1}{2} & -1 \end{pmatrix}$;　　(4) $\begin{pmatrix} \frac{\sqrt{2}}{2} & \frac{\sqrt{2}}{2} & 0 & 0 \\ 0 & 0 & \frac{\sqrt{2}}{2} & \frac{\sqrt{2}}{2} \\ \frac{1}{2} & -\frac{1}{2} & -\frac{1}{2} & \frac{1}{2} \\ \frac{1}{2} & -\frac{1}{2} & \frac{1}{2} & -\frac{1}{2} \end{pmatrix}$.

4.4 实对称矩阵

在4.2节中我们已经知道，不是所有的 n 阶方阵都可相似对角化. 然而，由于实对称矩阵的特征值与特征向量具有很多特殊的性质，因此可确保任意实对称矩阵一定可相似对角化. 下面先介绍实对称矩阵的特征值与特征向量的性质.

4.4.1 实对称矩阵的特征值与特征向量的性质

定理 4.8 **实对称矩阵 $\boldsymbol{A}$ 的特征值必为实数.**

***证** 设 λ 是 n 阶实对称矩阵 $\boldsymbol{A}=(a_{ij})$ 的特征值，$\boldsymbol{\xi}=(a_1,a_2,\cdots,a_n)^{\mathrm{T}}$ 是 $\boldsymbol{A}$ 的对应于特征值 λ 的特征向量，则

$$\boldsymbol{A\xi}=\lambda\boldsymbol{\xi},\quad \boldsymbol{\xi}\neq\boldsymbol{0}. \tag{4.14}$$

用 $\bar{\lambda}$ 表示 λ 的共轭复数，记 $\overline{\boldsymbol{\xi}}=(\bar{a}_1,\bar{a}_2,\cdots,\bar{a}_n)^{\mathrm{T}},\overline{\boldsymbol{A}}=(\bar{a}_{ij})$. 因为 $\boldsymbol{A}$ 为实对称矩阵，所以 $\boldsymbol{A}=\overline{\boldsymbol{A}},\boldsymbol{A}=\boldsymbol{A}^{\mathrm{T}}$，则

$$\boldsymbol{A}\overline{\boldsymbol{\xi}}=\overline{\boldsymbol{A}}\,\overline{\boldsymbol{\xi}}=\overline{\boldsymbol{A\xi}}=\overline{\lambda\boldsymbol{\xi}}=\bar{\lambda}\,\overline{\boldsymbol{\xi}},$$

即

$$\boldsymbol{A}\overline{\boldsymbol{\xi}}=\bar{\lambda}\,\overline{\boldsymbol{\xi}}. \tag{4.15}$$

将式(4.15)两边转置，得

$$\overline{\boldsymbol{\xi}}^{\mathrm{T}}\boldsymbol{A}=\bar{\lambda}\,\overline{\boldsymbol{\xi}}^{\mathrm{T}}. \tag{4.16}$$

在式(4.16)两边同时右乘 $\boldsymbol{\xi}$，得

$$\overline{\boldsymbol{\xi}}^{\mathrm{T}}\boldsymbol{A\xi}=\bar{\lambda}\,\overline{\boldsymbol{\xi}}^{\mathrm{T}}\boldsymbol{\xi}. \tag{4.17}$$

在式(4.14)两边同时左乘 $\overline{\boldsymbol{\xi}}^{\mathrm{T}}$，得

$$\overline{\boldsymbol{\xi}}^{\mathrm{T}}\boldsymbol{A\xi}=\lambda\overline{\boldsymbol{\xi}}^{\mathrm{T}}\boldsymbol{\xi}. \tag{4.18}$$

将式(4.17)与式(4.18)相减，得

微课视频

实对称矩阵的相似对角化

$$(\bar{\lambda}-\lambda)\bar{\boldsymbol{\xi}}^{\mathrm{T}}\boldsymbol{\xi}=0. \tag{4.19}$$

因为 $\boldsymbol{\xi}\neq\mathbf{0}$,所以

$$\bar{\boldsymbol{\xi}}^{\mathrm{T}}\boldsymbol{\xi}=\sum_{i=1}^{n}\bar{a}_i a_i=\sum_{i=1}^{n}|a_i|^2>0,$$

故 $\bar{\lambda}-\lambda=0$,即 $\bar{\lambda}=\lambda$. 这说明 λ 是一个实数.

推论 1 n 阶实对称矩阵 $\boldsymbol{A}$ 必有 n 个实特征值(重根按重数计算).

定理 4.9 **设 λ_i 是 n 阶实对称矩阵 $\boldsymbol{A}$ 的 n_i 重特征值,则方阵 $\boldsymbol{A}-\lambda_i\boldsymbol{E}$ 的秩必满足 $\mathrm{R}(\boldsymbol{A}-\lambda_i\boldsymbol{E})=n-n_i$,即 $\boldsymbol{A}$ 的对应于特征值 λ_i 的线性无关的特征向量恰好有 n_i 个.**

证明略.

定理 4.10 **实对称矩阵 $\boldsymbol{A}$ 的对应于不同特征值的特征向量必相互正交.**

证 设 λ_1,λ_2 是实对称矩阵 $\boldsymbol{A}$ 的任意两个互不相同的特征值,$\boldsymbol{\xi}_1,\boldsymbol{\xi}_2$ 是 $\boldsymbol{A}$ 的分别对应于特征值 λ_1,λ_2 的特征向量,则

$$\boldsymbol{A}\boldsymbol{\xi}_1=\lambda_1\boldsymbol{\xi}_1,\quad \boldsymbol{\xi}_1\neq\mathbf{0};\quad \boldsymbol{A}\boldsymbol{\xi}_2=\lambda_2\boldsymbol{\xi}_2,\quad \boldsymbol{\xi}_2\neq\mathbf{0}.$$

因为 $\boldsymbol{A}$ 为实对称矩阵,所以

$$\lambda_1\boldsymbol{\xi}_1^{\mathrm{T}}=(\lambda_1\boldsymbol{\xi}_1)^{\mathrm{T}}=(\boldsymbol{A}\boldsymbol{\xi}_1)^{\mathrm{T}}=\boldsymbol{\xi}_1^{\mathrm{T}}\boldsymbol{A}^{\mathrm{T}}=\boldsymbol{\xi}_1^{\mathrm{T}}\boldsymbol{A}.$$

上式两边同时右乘 $\boldsymbol{\xi}_2$,得

$$\lambda_1\boldsymbol{\xi}_1^{\mathrm{T}}\boldsymbol{\xi}_2=\boldsymbol{\xi}_1^{\mathrm{T}}\boldsymbol{A}\boldsymbol{\xi}_2=\boldsymbol{\xi}_1^{\mathrm{T}}(\lambda_2\boldsymbol{\xi}_2)=\lambda_2\boldsymbol{\xi}_1^{\mathrm{T}}\boldsymbol{\xi}_2,$$

即

$$(\lambda_1-\lambda_2)\boldsymbol{\xi}_1^{\mathrm{T}}\boldsymbol{\xi}_2=0.$$

因为 $\lambda_1\neq\lambda_2$,所以 $\lambda_1-\lambda_2\neq0$,则 $\boldsymbol{\xi}_1^{\mathrm{T}}\boldsymbol{\xi}_2=0$,即 $\boldsymbol{\xi}_1$ 与 $\boldsymbol{\xi}_2$ 正交.

4.4.2 实对称矩阵的相似对角化

设 n 阶实对称矩阵 $\boldsymbol{A}$ 有 m 个互不相同的特征值 $\lambda_1,\lambda_2,\cdots,\lambda_m$,其中 λ_i 为 $\boldsymbol{A}$ 的 k_i 重特征值 $(i=1,2,\cdots,m)$,且 $k_1+k_2+\cdots+k_m=n$. 由定理 4.9 知,$\boldsymbol{A}$ 的对应于 k_i 重特征值 λ_i 的线性无关的特征向量恰好有 k_i 个. 利用施密特正交化方法把这 $k_i(i=1,2,\cdots,m)$ 个线性无关的特征向量正交化,再单位化,可求得 $\boldsymbol{A}$ 的 n 个两两正交的单位特征向量. 把所得标准正交向量组组成矩阵 $\boldsymbol{U}$,则 $\boldsymbol{U}$ 是正交矩阵,且 $\boldsymbol{U}^{-1}\boldsymbol{A}\boldsymbol{U}$ 是对角矩阵.

定理 4.11 **对于任意 n 阶实对称矩阵 $\boldsymbol{A}$,一定存在一个 n 阶正交矩阵 $\boldsymbol{U}$,使得 $\boldsymbol{U}^{-1}\boldsymbol{A}\boldsymbol{U}$ 为对角矩阵.**

由前面的讨论可知,对任意实对称矩阵 $\boldsymbol{A}$,求一个正交矩阵 $\boldsymbol{U}$,使得 $\boldsymbol{U}^{-1}\boldsymbol{A}\boldsymbol{U}$ 为对角矩阵的方法的具体步骤如下:

(1) 求出 $\boldsymbol{A}$ 的全部互不相同的特征值 $\lambda_1,\lambda_2,\cdots,\lambda_m$;

(2) 对 $\boldsymbol{A}$ 的每个 k_i 重特征值 $\lambda_i(i=1,2,\cdots,m)$,解特征方程组 $(\boldsymbol{A}-\lambda_i\boldsymbol{E})\boldsymbol{X}=\mathbf{0}$,求出它的一个基础解系 $\boldsymbol{\xi}_{i1},\boldsymbol{\xi}_{i2},\cdots,\boldsymbol{\xi}_{ik_i}$,利用施密特正交化方法将向量组 $\boldsymbol{\xi}_{i1},\boldsymbol{\xi}_{i2},\cdots,\boldsymbol{\xi}_{ik_i}$ 先正交化,再单位化,得到 $\boldsymbol{A}$ 的对应于特征值 λ_i 的 k_i 个两两正交的单位特征向量 $\boldsymbol{\eta}_{i1},\boldsymbol{\eta}_{i2},\cdots,\boldsymbol{\eta}_{ik_i}$;

(3) 将对应于 λ_i 的全部特征向量 $\boldsymbol{\eta}_{i1},\boldsymbol{\eta}_{i2},\cdots,\boldsymbol{\eta}_{ik_i}(i=1,2,\cdots,m)$ 构成矩阵

$$\boldsymbol{U}=(\boldsymbol{\eta}_{11},\boldsymbol{\eta}_{12},\cdots,\boldsymbol{\eta}_{1k_1},\boldsymbol{\eta}_{21},\boldsymbol{\eta}_{22},\cdots,\boldsymbol{\eta}_{2k_2},\cdots,\boldsymbol{\eta}_{m1},\boldsymbol{\eta}_{m2},\cdots,\boldsymbol{\eta}_{mk_m}),$$

即为所求正交矩阵,且

$$U^{-1}AU=\Lambda=\mathrm{diag}(\underbrace{\lambda_1,\cdots,\lambda_1}_{k_1\text{个}},\underbrace{\lambda_2,\cdots,\lambda_2}_{k_2\text{个}},\cdots,\underbrace{\lambda_m,\cdots,\lambda_m}_{k_m\text{个}}).$$

例 4.11 设矩阵 $A=\begin{pmatrix}2&2&-2\\2&5&-4\\-2&-4&5\end{pmatrix}$，求一个正交矩阵 U，使得 $U^{-1}AU=\Lambda$ 为对角矩阵.

解 A 的特征多项式为

$$|A-\lambda E|=\begin{vmatrix}2-\lambda&2&-2\\2&5-\lambda&-4\\-2&-4&5-\lambda\end{vmatrix}=(1-\lambda)^2(10-\lambda),$$

令 $|A-\lambda E|=0$，得 A 的特征值为 $\lambda_1=\lambda_2=1$，$\lambda_3=10$.

当 $\lambda_1=\lambda_2=1$ 时，解特征方程组 $(A-E)X=\mathbf{0}$，由

$$A-E=\begin{pmatrix}1&2&-2\\2&4&-4\\-2&-4&4\end{pmatrix}\xrightarrow{\text{初等行变换}}\begin{pmatrix}1&2&-2\\0&0&0\\0&0&0\end{pmatrix},$$

得基础解系

$$\boldsymbol{\xi}_1=\begin{pmatrix}-2\\1\\0\end{pmatrix},\quad \boldsymbol{\xi}_2=\begin{pmatrix}2\\0\\1\end{pmatrix}.$$

正交化得

$$\boldsymbol{\beta}_1=\boldsymbol{\xi}_1=\begin{pmatrix}-2\\1\\0\end{pmatrix},\quad \boldsymbol{\beta}_2=\boldsymbol{\xi}_2-\frac{(\boldsymbol{\xi}_2,\boldsymbol{\beta}_1)}{(\boldsymbol{\beta}_1,\boldsymbol{\beta}_1)}\boldsymbol{\beta}_1=\begin{pmatrix}2\\0\\1\end{pmatrix}+\frac{4}{5}\begin{pmatrix}-2\\1\\0\end{pmatrix}=\begin{pmatrix}\frac{2}{5}\\\frac{4}{5}\\1\end{pmatrix}.$$

单位化得

$$\boldsymbol{\eta}_1=\frac{\boldsymbol{\beta}_1}{\|\boldsymbol{\beta}_1\|}=\begin{pmatrix}-\frac{2\sqrt{5}}{5}\\\frac{\sqrt{5}}{5}\\0\end{pmatrix},\quad \boldsymbol{\eta}_2=\frac{\boldsymbol{\beta}_2}{\|\boldsymbol{\beta}_2\|}=\begin{pmatrix}\frac{2\sqrt{5}}{15}\\\frac{4\sqrt{5}}{15}\\\frac{\sqrt{5}}{3}\end{pmatrix}.$$

当 $\lambda_3=10$ 时，解特征方程组 $(A-10E)X=\mathbf{0}$，由

$$A-10E=\begin{pmatrix}-8&2&-2\\2&-5&-4\\-2&-4&-5\end{pmatrix}\xrightarrow{\text{初等行变换}}\begin{pmatrix}1&0&\frac{1}{2}\\0&1&1\\0&0&0\end{pmatrix},$$

得基础解系

$$\boldsymbol{\xi}_3=\begin{pmatrix}1\\2\\-2\end{pmatrix}.$$

单位化得

$$\boldsymbol{\eta}_3=\frac{\boldsymbol{\xi}_3}{\|\boldsymbol{\xi}_3\|}=\begin{pmatrix}\frac{1}{3}\\\frac{2}{3}\\-\frac{2}{3}\end{pmatrix}.$$

令矩阵

$$\boldsymbol{U}=(\boldsymbol{\eta}_1,\boldsymbol{\eta}_2,\boldsymbol{\eta}_3)=\begin{pmatrix}-\frac{2\sqrt{5}}{5}&\frac{2\sqrt{5}}{15}&\frac{1}{3}\\\frac{\sqrt{5}}{5}&\frac{4\sqrt{5}}{15}&\frac{2}{3}\\0&\frac{\sqrt{5}}{3}&-\frac{2}{3}\end{pmatrix},$$

则 $\boldsymbol{U}$ 为正交矩阵,且有

$$\boldsymbol{U}^{-1}\boldsymbol{A}\boldsymbol{U}=\boldsymbol{\Lambda}=\begin{pmatrix}1&&\\&1&\\&&10\end{pmatrix}.$$

例 4.12 设三阶实对称矩阵 $\boldsymbol{A}$ 的秩为 2,$\lambda_1=\lambda_2=6$ 是 $\boldsymbol{A}$ 的二重特征值.若

$$\boldsymbol{\xi}_1=(1,1,0)^{\mathrm{T}},\quad \boldsymbol{\xi}_2=(2,1,1)^{\mathrm{T}},\quad \boldsymbol{\xi}_3=(-1,2,-3)^{\mathrm{T}}$$

都是 $\boldsymbol{A}$ 的对应于特征值 $\lambda_1=\lambda_2=6$ 的特征向量,求:

(1) $\boldsymbol{A}$ 的另一个特征值和对应的特征向量;

(2) 矩阵 $\boldsymbol{A}$.

解 (1) 设 $\boldsymbol{A}$ 的另一个特征值是 λ_3,则 $|\boldsymbol{A}|=\lambda_1\lambda_2\lambda_3=36\lambda_3$. 又 $\mathrm{R}(\boldsymbol{A})=2$,故 $|\boldsymbol{A}|=0$. 于是 $36\lambda_3=0$,得 $\lambda_3=0$.

因为 $\lambda_1=\lambda_2=6$ 是 $\boldsymbol{A}$ 的二重特征值,所以 $\boldsymbol{A}$ 的对应于特征值 $\lambda_1=\lambda_2=6$ 的线性无关的特征向量只有 2 个. 由

$$(\boldsymbol{\xi}_1,\boldsymbol{\xi}_2,\boldsymbol{\xi}_3)=\begin{pmatrix}1&2&-1\\1&1&2\\0&1&-3\end{pmatrix}\xrightarrow{\text{初等行变换}}\begin{pmatrix}1&2&-1\\0&-1&3\\0&0&0\end{pmatrix},$$

得 $\boldsymbol{\xi}_1,\boldsymbol{\xi}_2$ 是向量组 $\boldsymbol{\xi}_1,\boldsymbol{\xi}_2,\boldsymbol{\xi}_3$ 的一个极大无关组,即 $\boldsymbol{\xi}_1,\boldsymbol{\xi}_2$ 是 $\boldsymbol{A}$ 的对应于特征值 $\lambda_1=\lambda_2=6$ 的线性无关的特征向量.

设 $\lambda_3=0$ 对应的特征向量为 $\boldsymbol{\xi}=(x_1,x_2,x_3)^{\mathrm{T}}$,根据定理 4.10 可知,$\boldsymbol{\xi}$ 与 $\boldsymbol{\xi}_1,\boldsymbol{\xi}_2$ 均正交,故

$$\begin{cases}x_1+x_2=0,\\2x_1+x_2+x_3=0.\end{cases}$$

解该齐次线性方程组得到一个基础解系 $\boldsymbol{\xi}=(-1,1,1)^{\mathrm{T}}$，从而 $\boldsymbol{A}$ 的对应于特征值 $\lambda_3=0$ 的特征向量可以表示为 $k\boldsymbol{\xi}$，其中 k 为任意非零常数.

(2) **方法一** 令矩阵 $\boldsymbol{P}=(\boldsymbol{\xi}_1,\boldsymbol{\xi}_2,\boldsymbol{\xi})=\begin{pmatrix}1&2&-1\\1&1&1\\0&1&1\end{pmatrix}$，则

$$\boldsymbol{P}^{-1}\boldsymbol{A}\boldsymbol{P}=\boldsymbol{\Lambda}=\begin{pmatrix}6&&\\&6&\\&&0\end{pmatrix},$$

即 $\boldsymbol{A}=\boldsymbol{P}\boldsymbol{\Lambda}\boldsymbol{P}^{-1}$. 又

$$\boldsymbol{P}^{-1}=\frac{1}{3}\begin{pmatrix}0&3&-3\\1&-1&2\\-1&1&1\end{pmatrix},$$

从而

$$\boldsymbol{A}=\boldsymbol{P}\boldsymbol{\Lambda}\boldsymbol{P}^{-1}=\frac{1}{3}\begin{pmatrix}1&2&-1\\1&1&1\\0&1&1\end{pmatrix}\begin{pmatrix}6&&\\&6&\\&&0\end{pmatrix}\begin{pmatrix}0&3&-3\\1&-1&2\\-1&1&1\end{pmatrix}=\begin{pmatrix}4&2&2\\2&4&-2\\2&-2&4\end{pmatrix}.$$

方法二 将 $\boldsymbol{A}$ 的对应于特征值 $\lambda_1=\lambda_2=6$ 的线性无关的特征向量 $\boldsymbol{\xi}_1,\boldsymbol{\xi}_2$ 正交化，得

$$\boldsymbol{\beta}_1=\boldsymbol{\xi}_1=\begin{pmatrix}1\\1\\0\end{pmatrix},\quad \boldsymbol{\beta}_2=\boldsymbol{\xi}_2-\frac{(\boldsymbol{\xi}_2,\boldsymbol{\beta}_1)}{(\boldsymbol{\beta}_1,\boldsymbol{\beta}_1)}\boldsymbol{\beta}_1=\begin{pmatrix}2\\1\\1\end{pmatrix}-\frac{3}{2}\begin{pmatrix}1\\1\\0\end{pmatrix}=\begin{pmatrix}\frac{1}{2}\\-\frac{1}{2}\\1\end{pmatrix},$$

再单位化得

$$\boldsymbol{\eta}_1=\frac{\boldsymbol{\beta}_1}{\|\boldsymbol{\beta}_1\|}=\begin{pmatrix}\frac{\sqrt{2}}{2}\\\frac{\sqrt{2}}{2}\\0\end{pmatrix},\quad \boldsymbol{\eta}_2=\frac{\boldsymbol{\beta}_2}{\|\boldsymbol{\beta}_2\|}=\begin{pmatrix}\frac{\sqrt{6}}{6}\\-\frac{\sqrt{6}}{6}\\\frac{\sqrt{6}}{3}\end{pmatrix}.$$

将 $\boldsymbol{A}$ 的对应于特征值 $\lambda_3=0$ 的特征向量 $\boldsymbol{\xi}$ 单位化，得

$$\boldsymbol{\eta}_3=\frac{\boldsymbol{\xi}}{\|\boldsymbol{\xi}\|}=\begin{pmatrix}-\frac{\sqrt{3}}{3}\\\frac{\sqrt{3}}{3}\\\frac{\sqrt{3}}{3}\end{pmatrix}.$$

令矩阵

$$U=(\eta_1,\eta_2,\eta_3)=\begin{pmatrix}\frac{\sqrt{2}}{2} & \frac{\sqrt{6}}{6} & -\frac{\sqrt{3}}{3}\\ \frac{\sqrt{2}}{2} & -\frac{\sqrt{6}}{6} & \frac{\sqrt{3}}{3}\\ 0 & \frac{\sqrt{6}}{3} & \frac{\sqrt{3}}{3}\end{pmatrix},$$

则 U 为正交矩阵,且

$$U^{-1}AU=\Lambda=\begin{pmatrix}6 & & \\ & 6 & \\ & & 0\end{pmatrix},$$

从而

$$A=U\Lambda U^{-1}=U\Lambda U^{\mathrm{T}}$$

$$=\begin{pmatrix}\frac{\sqrt{2}}{2} & \frac{\sqrt{6}}{6} & -\frac{\sqrt{3}}{3}\\ \frac{\sqrt{2}}{2} & -\frac{\sqrt{6}}{6} & \frac{\sqrt{3}}{3}\\ 0 & \frac{\sqrt{6}}{3} & \frac{\sqrt{3}}{3}\end{pmatrix}\begin{pmatrix}6 & & \\ & 6 & \\ & & 0\end{pmatrix}\begin{pmatrix}\frac{\sqrt{2}}{2} & \frac{\sqrt{2}}{2} & 0\\ \frac{\sqrt{6}}{6} & -\frac{\sqrt{6}}{6} & \frac{\sqrt{6}}{3}\\ -\frac{\sqrt{3}}{3} & \frac{\sqrt{3}}{3} & \frac{\sqrt{3}}{3}\end{pmatrix}=\begin{pmatrix}4 & 2 & 2\\ 2 & 4 & -2\\ 2 & -2 & 4\end{pmatrix}.$$

习 题 4.4

1. 选择题:

(1) 设 A 是五阶实对称矩阵,1 是 A 的二重特征值,则 $R(A-E)=($　　$)$;

A. 5　　B. 1　　C. 2　　D. 3

(2) 已知三阶实对称矩阵 A 的特征值为 1,1,2,若向量 $(1,1,0)^{\mathrm{T}}$,$(1,-1,2)^{\mathrm{T}}$ 是 A 的对应于二重特征值 1 的特征向量,则下列向量中是 A 的对应于特征值 2 的特征向量的是(　　).

A. $(1,1,1)^{\mathrm{T}}$　　B. $(-1,1,1)^{\mathrm{T}}$　　C. $(1,0,1)^{\mathrm{T}}$　　D. $(0,0,1)^{\mathrm{T}}$

2. 求一个正交矩阵 U,使得下列实对称矩阵 A 相似对角化,并写出对角矩阵 Λ:

(1) $A=\begin{pmatrix}1 & -2 & 0\\ -2 & 2 & -2\\ 0 & -2 & 3\end{pmatrix}$;　　(2) $A=\begin{pmatrix}4 & 2 & 2\\ 2 & 4 & 2\\ 2 & 2 & 4\end{pmatrix}$;

(3) $A=\begin{pmatrix}0 & 1 & 1 & -1\\ 1 & 0 & -1 & 1\\ 1 & -1 & 0 & 1\\ -1 & 1 & 1 & 0\end{pmatrix}$.

3. 已知实对称矩阵 $A=\begin{pmatrix}1 & 2 & 2\\ 2 & 1 & 2\\ 2 & 2 & 1\end{pmatrix}$,试求 A^{10}.

4. 设 A 是三阶实对称矩阵,$\lambda_1=1$,$\lambda_2=\lambda_3=-3$ 是 A 的特征值,A 的对应于特征值 $\lambda_1=1$ 的特征向量是 $\xi_1=(1,-1,1)^{\mathrm{T}}$,试求 A 的对应于特征值 $\lambda_2=\lambda_3=-3$ 的特征向量.

*5. 设三阶实对称矩阵 $\boldsymbol{A}$ 的特征值是 1,2,3,$\boldsymbol{A}$ 的对应于特征值 1,2 的特征向量分别为

$$\boldsymbol{\xi}_1=(-1,-1,1)^{\mathrm{T}},\quad \boldsymbol{\xi}_2=(1,-2,-1)^{\mathrm{T}},$$

试求:(1) 矩阵 $\boldsymbol{A}$ 的对应于特征值 3 的特征向量;(2) 矩阵 $\boldsymbol{A}$.

6. 设 $\boldsymbol{A},\boldsymbol{B}$ 都是 n 阶实对称矩阵,证明:存在正交矩阵 $\boldsymbol{U}$,使得 $\boldsymbol{U}^{-1}\boldsymbol{A}\boldsymbol{U}=\boldsymbol{B}$ 的充要条件是矩阵 $\boldsymbol{A}$ 与 $\boldsymbol{B}$ 的特征多项式相同.

思维导图

- 矩阵的特征值与特征向量
  - 特征值与特征向量
    - 特征值与特征向量的概念及性质
    - 特征值与特征向量的求法
  - 相似矩阵
    - 相似矩阵的定义及性质
    - 矩阵的相似对角化
      - 矩阵可相似对角化的条件
        - 充要条件
        - 充分条件
      - 将矩阵相似对角化的方法
  - 向量的内积与正交化
    - 向量的内积、长度与正交的概念和性质 —— 单位向量
    - 正交向量组
      - 正交向量组的概念及性质
      - 施密特正交化方法 —— 标准正交向量组
    - 正交矩阵
      - 正交矩阵的定义及性质
      - 充要条件
  - 实对称矩阵
    - 实对称矩阵的特征值与特征向量的性质
    - 实对称矩阵的相似对角化

拓展阅读

特征值与特征向量的应用

特征值与特征向量是矩阵理论的重要概念,在各个领域都有广泛的应用.

在图像处理中,通过将图像数据转换为一个矩阵,并对其进行奇异值分解,可以得到矩阵的特征值与特征向量,从而实现对图像的压缩、去噪、复原等操作.

著名搜索引擎谷歌拥有强大的网页搜索功能,其最核心的技术称为PageRank.这种技术的思想和原理是根据每一个网页被其他网页链接的次数及网络的拓扑结构,建立度量链接关系的概率矩阵,再通过一个随机过程得到极限矩阵,并计算这个矩阵的特征向量,从而得到网页的重要度指标,以此作为搜索优先级的基本依据.

此外,在通信工程、压缩感知、加密技术和人工智能等领域也经常用到矩阵的特征值与特征向量.数学已经渗透到科学技术和社会生活的方方面面,发挥着不可替代的作用,日益成为"核心技术与竞争力".

复习题四

(A)

一、判断题(正确的在括号里打"√",错误的打"×")

1. 设λ_0是方阵$\boldsymbol{A}$的特征值,则$\boldsymbol{A}$的对应于特征值λ_0的特征向量不一定存在. ( )

2. 设向量$\boldsymbol{\xi}$是方阵$\boldsymbol{A}$的对应于特征值λ的特征向量,则$k\boldsymbol{\xi}$(k为任意常数)也是$\boldsymbol{A}$的对应于特征值λ的特征向量. ( )

3. 若方阵$\boldsymbol{A}$与$\boldsymbol{B}$相似,且$\boldsymbol{A}$与$\boldsymbol{B}$均可逆,则$\boldsymbol{A}^{-1}$与$\boldsymbol{B}^{-1}$也相似. ( )

4. 若方阵$\boldsymbol{A}$与$\boldsymbol{B}$有相同的特征值,则$\boldsymbol{A}$与$\boldsymbol{B}$相似. ( )

5. 若存在可逆矩阵$\boldsymbol{P}$,使得$\boldsymbol{B}=\boldsymbol{P}^{-1}\boldsymbol{AP}$,则$\boldsymbol{A}$与$\boldsymbol{B}$相似,且$\boldsymbol{B}$是唯一的. ( )

6. n阶实对称矩阵必有n个线性无关的特征向量. ( )

7. 实对称矩阵的所有特征向量都是实向量. ( )

8. 设$\boldsymbol{A}$为n阶方阵,且$|\boldsymbol{A}|=1$或-1,则$\boldsymbol{A}$为正交矩阵. ( )

二、填空题

1. 设λ是n阶可逆矩阵$\boldsymbol{A}$的一个特征值,且$|\boldsymbol{A}|=2$,则$\boldsymbol{A}^{-1}$必有一个特征值________,$\boldsymbol{A}^*$必有一个特征值________,$\boldsymbol{A}^m$必有一个特征值________,其中m为正整数.

2. 设向量$\boldsymbol{\alpha}=\begin{pmatrix}1\\k\\1\end{pmatrix}$是方阵$\boldsymbol{A}=\begin{pmatrix}2&1&1\\1&2&1\\1&1&2\end{pmatrix}$的特征向量,则$k=$________.

3. 若方阵$\boldsymbol{A}$满足$\boldsymbol{A}^2=\boldsymbol{E}$,则$\boldsymbol{A}$的特征值为________.

4. 已知向量$\boldsymbol{\alpha}=(1,2,1)^{\mathrm{T}}$与$\boldsymbol{\beta}=(3,-2,a)^{\mathrm{T}}$正交,则$a=$________.

三、选择题

1. 设三阶方阵$\boldsymbol{A}$的特征值为$-3,\dfrac{1}{4},5$,则下列方阵中为可逆矩阵的是( ).

A. $\boldsymbol{E}-4\boldsymbol{A}$　　B. $3\boldsymbol{E}+\boldsymbol{A}$

C. $2\boldsymbol{E}-\boldsymbol{A}$　　D. $\boldsymbol{A}-5\boldsymbol{E}$

2. 方阵$\begin{pmatrix}1&1\\0&2\end{pmatrix}$相似于方阵( ).

A. $\begin{pmatrix}-1&0\\0&-2\end{pmatrix}$　　B. $\begin{pmatrix}1&1\\2&2\end{pmatrix}$

C. $\begin{pmatrix}1&0\\0&2\end{pmatrix}$　　D. $\begin{pmatrix}1&1\\0&1\end{pmatrix}$

3. 已知方阵$\boldsymbol{A}$与$\boldsymbol{B}$相似,则下列结论中不成立的是( ).

A. $|\boldsymbol{A}|=|\boldsymbol{B}|$　　B. $\mathrm{R}(\boldsymbol{A})=\mathrm{R}(\boldsymbol{B})$

C. $\boldsymbol{A},\boldsymbol{B}$有相同的特征值　　D. $\boldsymbol{A},\boldsymbol{B}$有相同的特征向量

4. n阶方阵$\boldsymbol{A}$具有n个不同的特征值是$\boldsymbol{A}$与n阶对角矩阵相似的( ).

A. 充要条件　　B. 充分而非必要条件

C. 必要而非充分条件　　D. 既非充分条件也非必要条件

(B)

一、填空题

1. 设方阵 $\boldsymbol{A}=\begin{pmatrix}2&0&1\\3&1&x\\4&0&5\end{pmatrix}$ 可相似对角化，则 $x=$__________.

2. 设三阶方阵 $\boldsymbol{A}$ 的特征值为 $2,1,-2$，则 $\boldsymbol{A}$ 的伴随矩阵的行列式 $|\boldsymbol{A}^*|=$__________.

3. 已知二阶方阵 $\boldsymbol{A}$ 的主对角线元素之和为 3，且 $|\boldsymbol{A}|=2$，则 $\boldsymbol{A}$ 的特征值为__________.

二、选择题

1. 设 $\boldsymbol{A}$ 为四阶实对称矩阵. 若 $\boldsymbol{A}$ 的 4 个特征值中有 3 个不是 0，则 $\mathrm{R}(\boldsymbol{A})$ 为(　　).

A. 1　　B. 2　　C. 3　　D. 4

2. 设 $\boldsymbol{A},\boldsymbol{B}$ 均为二阶方阵，且满足 $\boldsymbol{AB}=\boldsymbol{BX}$. 若 $\boldsymbol{A}$ 有一个特征值为 3，$\boldsymbol{B}$ 的两个特征值为 2，-2，则矩阵 $\boldsymbol{X}$ 必有一个特征值为(　　).

A. 2　　B. -2　　C. 3　　D. -3

3. 已知方阵 $\boldsymbol{A}=\begin{pmatrix}2&0&0\\0&0&1\\0&1&x\end{pmatrix}$ 与对角矩阵 $\boldsymbol{B}=\begin{pmatrix}2&0&0\\0&y&0\\0&0&-1\end{pmatrix}$ 相似，则(　　).

A. $x=0,y=1$　　B. $x=-1,y=0$

C. $x=y=0$　　D. $x=y=1$

三、计算题

1. 已知实对称矩阵 $\boldsymbol{A}=\begin{pmatrix}1&0&1\\0&2&0\\1&0&1\end{pmatrix}$，求：

(1) 正交矩阵 $\boldsymbol{U}$，使得 $\boldsymbol{U}^{-1}\boldsymbol{AU}$ 为对角矩阵；

(2) $\boldsymbol{A}^{10}$.

2. 设三阶方阵 $\boldsymbol{A}$ 有二重特征值 λ_1，如果

$$\boldsymbol{\xi}_1=(1,0,1)^{\mathrm{T}},\quad \boldsymbol{\xi}_2=(-1,0,-1)^{\mathrm{T}},\quad \boldsymbol{\xi}_3=(1,1,0)^{\mathrm{T}},\quad \boldsymbol{\xi}_4=(0,1,-1)^{\mathrm{T}}$$

都是 $\boldsymbol{A}$ 的对应于特征值 λ_1 的特征向量，问：$\boldsymbol{A}$ 是否可相似对角化？

四、证明题

1. 设 $\boldsymbol{\xi}_1,\boldsymbol{\xi}_2$ 是方阵 $\boldsymbol{A}$ 的两个不同特征值对应的特征向量，证明：$\boldsymbol{\xi}_1+\boldsymbol{\xi}_2$ 不是 $\boldsymbol{A}$ 的特征向量.

2. 设 $\boldsymbol{A}$ 为正交矩阵，证明：$\boldsymbol{A}$ 的伴随矩阵 $\boldsymbol{A}^*$ 也是正交矩阵.

(C)

一、填空题

1. 设 $\boldsymbol{A}$ 为十阶实对称矩阵，2 是 $\boldsymbol{A}$ 的特征方程的三重根，则 $\mathrm{R}(\boldsymbol{A}-2\boldsymbol{E})=$__________，$\boldsymbol{A}$ 的对应于特征值 2 的线性无关的特征向量的个数是__________.

2. 设 $\boldsymbol{A}$ 为 n 阶实对称矩阵，$\boldsymbol{P}$ 为 n 阶可逆矩阵，n 维列向量 $\boldsymbol{\alpha}$ 是 $\boldsymbol{A}$ 的对应于特征值 λ 的特

征向量,则矩阵$(\boldsymbol{P}^{-1}\boldsymbol{AP})^{\mathrm{T}}$的对应于特征值$\lambda$的特征向量是__________.

3. 如果n阶方阵$\boldsymbol{A}$任意一行的n个元素之和都是a,那么$\boldsymbol{A}$有一个特征值是__________.

二、选择题

1. 设$\boldsymbol{A}$是三阶实对称矩阵,0是$\boldsymbol{A}$的二重特征值,则齐次线性方程组$\boldsymbol{AX}=\boldsymbol{0}$的基础解系中含(　　)个解.

A. 0　　B. 1　　C. 2　　D. 3

2. 设$\boldsymbol{A},\boldsymbol{B}$均为$n$阶方阵,且$\boldsymbol{A}$与$\boldsymbol{B}$相似,则(　　).

A. $\lambda\boldsymbol{E}-\boldsymbol{A}=\lambda\boldsymbol{E}-\boldsymbol{B}$　　B. $\boldsymbol{A}$与$\boldsymbol{B}$有相同的特征值与特征向量

C. $\boldsymbol{A}$与$\boldsymbol{B}$都相似于一个对角矩阵　　D. 对于任意常数t,$t\boldsymbol{E}-\boldsymbol{A}$与$t\boldsymbol{E}-\boldsymbol{B}$相似

3. 设$\boldsymbol{A}$为n阶方阵,已知$\boldsymbol{A\xi}=\lambda\boldsymbol{\xi}$($\boldsymbol{\xi}$为非零向量),$\boldsymbol{P}$为可逆矩阵,则(　　).

A. $\boldsymbol{P}^{-1}\boldsymbol{AP}$的特征值为$\lambda$,对应的特征向量为$\boldsymbol{P}^{-1}\boldsymbol{\xi}$

B. $\boldsymbol{P}^{-1}\boldsymbol{AP}$的特征值为$\lambda$,对应的特征向量为$\boldsymbol{P\xi}$

C. $\boldsymbol{P}^{-1}\boldsymbol{AP}$的特征值为$\dfrac{1}{\lambda}$,对应的特征向量为$\boldsymbol{P}^{-1}\boldsymbol{\xi}$

D. $\boldsymbol{P}^{-1}\boldsymbol{AP}$的特征值为$\dfrac{1}{\lambda}$,对应的特征向量为$\boldsymbol{P\xi}$

三、计算题

1. 已知方阵$\boldsymbol{A}=\begin{pmatrix}2&-1&2\\5&a&3\\-1&b&-2\end{pmatrix}$的一个特征向量为$\boldsymbol{\xi}=(1,1,-1)^{\mathrm{T}}$,

(1) 求常数a,b的值及$\boldsymbol{\xi}$对应的特征值λ;

(2) 问$\boldsymbol{A}$能否相似于一个对角矩阵?并说明理由.

*2. 设方阵$\boldsymbol{A}=\begin{pmatrix}1&-1&1\\x&4&y\\-3&-3&5\end{pmatrix}$,已知$\boldsymbol{A}$有3个线性无关的特征向量,且$\lambda_1=2$是二重特征值,试求满足$\boldsymbol{P}^{-1}\boldsymbol{AP}=\boldsymbol{\Lambda}$的矩阵$\boldsymbol{P}$,其中$\boldsymbol{\Lambda}$为对角矩阵.

四、证明题

1. 设$\boldsymbol{A}$为正交矩阵,且$|\boldsymbol{A}|=-1$,证明:$\boldsymbol{A}$一定有特征值-1.

2. 设$\boldsymbol{A},\boldsymbol{B}$均为正交矩阵,证明:$\begin{pmatrix}\boldsymbol{A}&\boldsymbol{O}\\\boldsymbol{O}&\boldsymbol{B}\end{pmatrix}$也为正交矩阵.

第5章 二 次 型

在解析几何中，二次曲线的一般方程是

$$Ax^2+2Bxy+Cy^2+2Dx+2Ey+F=0,$$

其中 A,B,C 不全为 0，它的二次项

$$f(x,y)=Ax^2+2Bxy+Cy^2$$

是一个二元二次齐次多项式. 为便于研究这个二次曲线的几何特性，常通过线性变换把一般方程化为不含 x,y 的混合项且只含平方项的标准方程 $ax'^2+by'^2=1$.

本章我们研究的中心问题是将一个 n 元二次齐次多项式经过可逆线性变换化为只含平方项的标准形，并介绍正定二次型(正定矩阵)的性质与判定.

5.1 二次型的基本概念

5.1.1 二次型及其矩阵

定义 5.1 含有 n 个变量 $x_1,x_2,\cdots,x_n$ 的 n 元二次齐次多项式

$$\begin{aligned}f(x_1,x_2,\cdots,x_n)=&a_{11}x_1^2+2a_{12}x_1x_2+\cdots+2a_{1n}x_1x_n\\&+a_{22}x_2^2+2a_{23}x_2x_3+\cdots+2a_{2n}x_2x_n+\cdots+a_{nn}x_n^2\end{aligned} \tag{5.1}$$

称为 n **元二次型**，简称**二次型**，记作 f.

当 $a_{ij}(i,j=1,2,\cdots,n)$ 为实数时，f 称为**实二次型**；当 a_{ij} 为复数时，f 称为**复二次型**. 本章仅讨论实二次型.

令 $a_{ij}=a_{ji}(i,j=1,2,\cdots,n)$，则式(5.1)又可写成

$$\begin{aligned}f(x_1,x_2,\cdots,x_n)&=a_{11}x_1^2+a_{12}x_1x_2+\cdots+a_{1n}x_1x_n\\&\quad+a_{21}x_2x_1+a_{22}x_2^2+\cdots+a_{2n}x_2x_n\\&\quad+\cdots+a_{n1}x_nx_1+a_{n2}x_nx_2+\cdots+a_{nn}x_n^2\\&=\sum_{i=1}^{n}\sum_{j=1}^{n}a_{ij}x_ix_j.\end{aligned} \tag{5.2}$$

微课视频

二次型的基本概念

进一步，有

$$\begin{aligned}f(x_1,x_2,\cdots,x_n)=&x_1(a_{11}x_1+a_{12}x_2+\cdots+a_{1n}x_n)\\&+x_2(a_{21}x_1+a_{22}x_2+\cdots+a_{2n}x_n)\\&+\cdots+x_n(a_{n1}x_1+a_{n2}x_2+\cdots+a_{nn}x_n).\end{aligned}$$

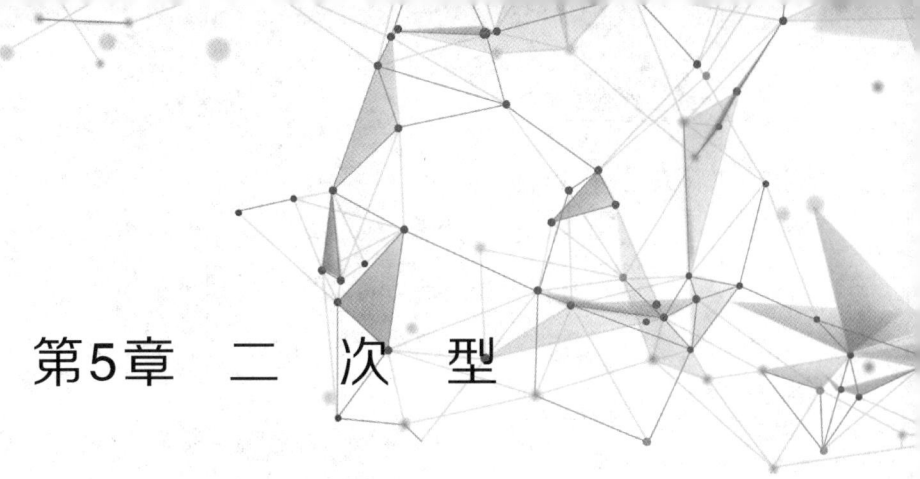

利用矩阵的乘法，上式可化为

$$f(x_1,x_2,\cdots,x_n)=(x_1,x_2,\cdots,x_n)\begin{pmatrix}a_{11}&a_{12}&\cdots&a_{1n}\\a_{21}&a_{22}&\cdots&a_{2n}\\\vdots&\vdots&&\vdots\\a_{n1}&a_{n2}&\cdots&a_{nn}\end{pmatrix}\begin{pmatrix}x_1\\x_2\\\vdots\\x_n\end{pmatrix}. \tag{5.3}$$

若记矩阵

$$\boldsymbol{A}=\begin{pmatrix}a_{11}&a_{12}&\cdots&a_{1n}\\a_{21}&a_{22}&\cdots&a_{2n}\\\vdots&\vdots&&\vdots\\a_{n1}&a_{n2}&\cdots&a_{nn}\end{pmatrix},\quad \boldsymbol{X}=\begin{pmatrix}x_1\\x_2\\\vdots\\x_n\end{pmatrix},$$

其中 $a_{ij}=a_{ji}(i,j=1,2,\cdots,n)$，则式(5.3)可以简洁地表示为

$$f(x_1,x_2,\cdots,x_n)=\boldsymbol{X}^{\mathrm{T}}\boldsymbol{A}\boldsymbol{X},$$

其中 $\boldsymbol{A}^{\mathrm{T}}=\boldsymbol{A}$. 称上式为二次型 f 的**矩阵表示式**，称 n 阶实对称矩阵 $\boldsymbol{A}$ 为**二次型 f 的矩阵**，称二次型 f 为 **n 阶实对称矩阵 $\boldsymbol{A}$ 的二次型**，并称矩阵 $\boldsymbol{A}$ 的秩为**二次型 f 的秩**.

通过上述分析可得，n 元实二次型与 n 阶实对称矩阵之间是一一对应的.

例 5.1 求二次型 $f(x_1,x_2,x_3)=x_1^2+5x_2^2-6x_3^2-2x_1x_2+4x_1x_3+6x_2x_3$ 的矩阵、矩阵表示式和秩.

解 二次型 f 的矩阵为

$$\boldsymbol{A}=\begin{pmatrix}1&-1&2\\-1&5&3\\2&3&-6\end{pmatrix}.$$

若记矩阵 $\boldsymbol{X}=(x_1,x_2,x_3)^{\mathrm{T}}$，则二次型 f 的矩阵表示式为

$$f(x_1,x_2,x_3)=\boldsymbol{X}^{\mathrm{T}}\boldsymbol{A}\boldsymbol{X}=(x_1,x_2,x_3)\begin{pmatrix}1&-1&2\\-1&5&3\\2&3&-6\end{pmatrix}\begin{pmatrix}x_1\\x_2\\x_3\end{pmatrix}.$$

因为 $|\boldsymbol{A}|=\begin{vmatrix}1&-1&2\\-1&5&3\\2&3&-6\end{vmatrix}=-65\neq 0$，则 $\boldsymbol{A}$ 为可逆矩阵，所以 $\mathrm{R}(\boldsymbol{A})=3$，即二次型 f 的秩等于 3.

例 5.2 二次型 f 的矩阵为 $\boldsymbol{A}=\begin{pmatrix}-2&\sqrt{3}&5\\\sqrt{3}&1&0\\5&0&-1\end{pmatrix}$，试写出矩阵 $\boldsymbol{A}$ 的二次型 f.

解 因为 $\boldsymbol{A}$ 为三阶实对称矩阵，所以 f 是三元二次型，于是

$$\begin{aligned}f(x_1,x_2,x_3)&=(x_1,x_2,x_3)\begin{pmatrix}-2&\sqrt{3}&5\\\sqrt{3}&1&0\\5&0&-1\end{pmatrix}\begin{pmatrix}x_1\\x_2\\x_3\end{pmatrix}\\&=-2x_1^2+x_2^2-x_3^2+2\sqrt{3}x_1x_2+10x_1x_3.\end{aligned}$$

5.1.2 矩阵的合同

在解析几何中，为了研究二次齐次方程

$$Ax^2+2Bxy+Cy^2=D \quad (A,B,C\text{ 不全为 }0)$$

所表示的曲线性态，通常利用坐标旋转变换

微课视频

线性变换与矩阵的合同

$$\begin{cases} x=x'\cos\theta-y'\sin\theta, \\ y=x'\sin\theta+y'\cos\theta, \end{cases} \tag{5.4}$$

并选择适当的 θ，使上面的方程化为

$$ax'^2+by'^2=1.$$

坐标旋转变换是一种线性变换. 类似地，我们利用线性变换来研究二次型.

设从变量 $x_1,x_2,\cdots,x_n$ 到变量 $y_1,y_2,\cdots,y_n$ 的线性变换为

$$\begin{cases} x_1=c_{11}y_1+c_{12}y_2+\cdots+c_{1n}y_n, \\ x_2=c_{21}y_1+c_{22}y_2+\cdots+c_{2n}y_n, \\ \cdots\cdots \\ x_n=c_{n1}y_1+c_{n2}y_2+\cdots+c_{nn}y_n, \end{cases} \tag{5.5}$$

其中 $c_{ij}\in\mathbf{R}, i,j=1,2,\cdots,n$.

若令矩阵

$$\boldsymbol{C}=\begin{pmatrix} c_{11} & c_{12} & \cdots & c_{1n} \\ c_{21} & c_{22} & \cdots & c_{2n} \\ \vdots & \vdots & & \vdots \\ c_{n1} & c_{n2} & \cdots & c_{nn} \end{pmatrix},\quad \boldsymbol{X}=\begin{pmatrix} x_1 \\ x_2 \\ \vdots \\ x_n \end{pmatrix},\quad \boldsymbol{Y}=\begin{pmatrix} y_1 \\ y_2 \\ \vdots \\ y_n \end{pmatrix},$$

则线性变换(5.5)可以表示为

$$\boldsymbol{X}=\boldsymbol{C}\boldsymbol{Y}. \tag{5.6}$$

如果矩阵 $\boldsymbol{C}$ 可逆，则称线性变换(5.5)[或(5.6)]为**可逆线性变换**(或**非退化线性变换**)；如果 $\boldsymbol{C}$ 为正交矩阵，则称线性变换(5.5)[或(5.6)]为**正交变换**.

对坐标旋转变换

$$\begin{cases} x=x'\cos\theta-y'\sin\theta, \\ y=x'\sin\theta+y'\cos\theta, \end{cases}$$

由于线性变换的系数矩阵

$$\boldsymbol{C}=\begin{pmatrix} \cos\theta & -\sin\theta \\ \sin\theta & \cos\theta \end{pmatrix}$$

为正交矩阵，因此这一线性变换是从变量 x,y 到变量 x',y' 的一个正交变换.

如果对二次型 $f(x_1,x_2,\cdots,x_n)=\boldsymbol{X}^{\mathrm{T}}\boldsymbol{A}\boldsymbol{X}$ 进行可逆线性变换 $\boldsymbol{X}=\boldsymbol{C}\boldsymbol{Y}$，则

$$\begin{aligned} f(x_1,x_2,\cdots,x_n)&=\boldsymbol{X}^{\mathrm{T}}\boldsymbol{A}\boldsymbol{X}=(\boldsymbol{C}\boldsymbol{Y})^{\mathrm{T}}\boldsymbol{A}(\boldsymbol{C}\boldsymbol{Y})=\boldsymbol{Y}^{\mathrm{T}}(\boldsymbol{C}^{\mathrm{T}}\boldsymbol{A}\boldsymbol{C})\boldsymbol{Y} \\ &=\boldsymbol{Y}^{\mathrm{T}}\boldsymbol{B}\boldsymbol{Y}=g(y_1,y_2,\cdots,y_n), \end{aligned}$$

其中 $\boldsymbol{B}=\boldsymbol{C}^{\mathrm{T}}\boldsymbol{A}\boldsymbol{C}$，且 $\boldsymbol{B}^{\mathrm{T}}=(\boldsymbol{C}^{\mathrm{T}}\boldsymbol{A}\boldsymbol{C})^{\mathrm{T}}=\boldsymbol{C}^{\mathrm{T}}\boldsymbol{A}\boldsymbol{C}=\boldsymbol{B}$，从而可知 $\boldsymbol{Y}^{\mathrm{T}}\boldsymbol{B}\boldsymbol{Y}$ 是以 $y_1,y_2,\cdots,y_n$ 为变量的一个新的 n 元二次型.

定义 5.2 设 $\boldsymbol{A},\boldsymbol{B}$ 均为 n 阶方阵. 若存在 n 阶可逆矩阵 $\boldsymbol{C}$，使得

$$C^{T}AC=B,$$

则称方阵 A 与 B **合同**,且称 B 为 A 的**合同矩阵**.

由定义 5.2 可知,二次型 $X^{T}AX$ 的矩阵 A 与经过可逆线性变换 $X=CY$ 得到的新二次型 $Y^{T}BY$ 的矩阵 B 是合同关系.

合同作为矩阵间的一种关系,具有如下性质.

(1) 反身性:矩阵 A 与 A 合同;

(2) 对称性:如果矩阵 A 与 B 合同,则矩阵 B 与 A 合同;

(3) 传递性:如果矩阵 A 与 B 合同,矩阵 B 与 C 合同,则矩阵 A 与 C 合同.

对于合同矩阵,还有如下性质.

定理 5.1 **若矩阵 A 与 B 合同,则 $R(A)=R(B)$.**

习 题 5.1

1. 选择题:

(1) 实二次型 $f(x,y,z)=3x^2+z^2-6xy+4yz$ 的矩阵 A 为( );

A. $\begin{pmatrix}3&-6\\4&1\end{pmatrix}$ B. $\begin{pmatrix}3&-3&0\\-3&1&2\\0&2&0\end{pmatrix}$

C. $\begin{pmatrix}3&-3&0\\-3&0&2\\0&2&1\end{pmatrix}$ D. $\begin{pmatrix}3&-3&2\\-3&0&0\\2&0&1\end{pmatrix}$

(2) 实二次型 $f(x_1,x_2,x_3)=(x_1,x_2,x_3)\begin{pmatrix}2&1&7\\9&4&-4\\5&-2&1\end{pmatrix}\begin{pmatrix}x_1\\x_2\\x_3\end{pmatrix}$ 的矩阵 A 为( );

A. $\begin{pmatrix}2&1&7\\9&4&-4\\5&-2&1\end{pmatrix}$ B. $\begin{pmatrix}2&5&6\\5&4&-3\\6&-3&1\end{pmatrix}$

C. $\begin{pmatrix}1&5&6\\5&2&-3\\6&-3&4\end{pmatrix}$ D. $\begin{pmatrix}2&9&5\\1&4&-2\\7&-4&1\end{pmatrix}$

(3) 若两个 n 阶方阵 A 与 B 合同,则( ).

A. A 与 B 相似 B. $|A|=|B|$

C. A 与 B 有相同的特征值 D. $R(A)=R(B)$

2. 写出下列实对称矩阵的二次型:

(1) $A=\begin{pmatrix}0&-1&4\\-1&1&2\\4&2&3\end{pmatrix}$; (2) $A=\begin{pmatrix}1&2&3&4\\2&3&4&-1\\3&4&-1&-2\\4&-1&-2&-3\end{pmatrix}$.

3. 已知二次型 $f(x_1,x_2,x_3)=x_1^2+5x_2^2-4x_3^2+2x_1x_2-4x_1x_3$,求该二次型的秩.

5.2 二次型的标准形

本节要讨论的问题是如何通过可逆线性变换 $\boldsymbol{X}=\boldsymbol{CY}$，把 n 元二次型 $f=\boldsymbol{X}^{\mathrm{T}}\boldsymbol{AX}$ 化为变量为 $y_1,y_2,\cdots,y_n$ 的只含平方项的二次型 $d_1y_1^2+d_2y_2^2+\cdots+d_ny_n^2$. 这样的二次型称为二次型的**标准形**. 显然，二次型的标准形的矩阵为对角矩阵

$$\boldsymbol{\Lambda}=\begin{pmatrix} d_1 & & & \\ & d_2 & & \\ & & \ddots & \\ & & & d_n \end{pmatrix}.$$

将一个 n 元二次型 $f=\boldsymbol{X}^{\mathrm{T}}\boldsymbol{AX}$ 通过可逆线性变换 $\boldsymbol{X}=\boldsymbol{CY}$ 化为标准形 $d_1y_1^2+d_2y_2^2+\cdots+d_ny_n^2$ 的过程，称为化二次型为标准形.

下面介绍三种化二次型为标准形的方法，它们分别是正交变换法、配方法和初等变换法.

5.2.1　正交变换法

微课视频

二次型的标准形——正交变换法

由定理 4.11 知，对于任一 n 阶实对称矩阵 $\boldsymbol{A}$，存在正交矩阵 $\boldsymbol{U}$，使得

$$\boldsymbol{U}^{-1}\boldsymbol{AU}=\boldsymbol{U}^{\mathrm{T}}\boldsymbol{AU}=\boldsymbol{\Lambda},$$

其中 $\boldsymbol{\Lambda}$ 为对角矩阵. 因此，对于二次型 $f(x_1,x_2,\cdots,x_n)=\boldsymbol{X}^{\mathrm{T}}\boldsymbol{AX}$，易得如下定理.

定理 5.2　**对于任意 n 元二次型 $f=\boldsymbol{X}^{\mathrm{T}}\boldsymbol{AX}$，必存在正交变换 $\boldsymbol{X}=\boldsymbol{UY}$，使得**

$$f=\boldsymbol{X}^{\mathrm{T}}\boldsymbol{AX}=\boldsymbol{Y}^{\mathrm{T}}\boldsymbol{\Lambda Y}=\lambda_1y_1^2+\lambda_2y_2^2+\cdots+\lambda_ny_n^2,$$

其中 $\lambda_1,\lambda_2,\cdots,\lambda_n$ 是矩阵 $\boldsymbol{A}$ 的 n 个特征值，$\boldsymbol{\Lambda}=\mathrm{diag}(\lambda_1,\lambda_2,\cdots,\lambda_n)$ 为对角矩阵，$\boldsymbol{U}$ 的 n 个列向量 $\boldsymbol{\eta}_1,\boldsymbol{\eta}_2,\cdots,\boldsymbol{\eta}_n$ 是 $\boldsymbol{A}$ 的对应于特征值 $\lambda_1,\lambda_2,\cdots,\lambda_n$ 的两两正交的单位特征向量.

由定理 5.2 可得，用正交变换 $\boldsymbol{X}=\boldsymbol{UY}$ 化二次型 $f=\boldsymbol{X}^{\mathrm{T}}\boldsymbol{AX}$ 为标准形的步骤如下：

(1) 写出二次型 f 的矩阵 $\boldsymbol{A}$；

(2) 求出 $\boldsymbol{A}$ 的特征值 $\lambda_1,\lambda_2,\cdots,\lambda_n$；

(3) 对于 $\boldsymbol{A}$ 的每个特征值 $\lambda_i\,(i=1,2,\cdots,n)$，求出 $\boldsymbol{A}$ 的对应于特征值 λ_i 的线性无关的特征向量，并分别将它们正交化、单位化，得到 $\boldsymbol{A}$ 的 n 个两两正交的单位特征向量；

(4) 将 $\boldsymbol{A}$ 的 n 个两两正交的单位特征向量作为列向量构成正交矩阵 $\boldsymbol{U}$，得到正交变换 $\boldsymbol{X}=\boldsymbol{UY}$；

(5) 写出二次型 $f=\boldsymbol{X}^{\mathrm{T}}\boldsymbol{AX}$ 经过正交变换 $\boldsymbol{X}=\boldsymbol{UY}$ 化为的标准形

$$f=\lambda_1y_1^2+\lambda_2y_2^2+\cdots+\lambda_ny_n^2.$$

例 5.3　设二次型 $f(x_1,x_2,x_3)=x_1^2+2x_1x_3+2x_2^2+x_3^2$，求一个正交变换 $\boldsymbol{X}=\boldsymbol{UY}$，将二次型化为标准形.

解　二次型的矩阵为

$$\boldsymbol{A}=\begin{pmatrix} 1 & 0 & 1 \\ 0 & 2 & 0 \\ 1 & 0 & 1 \end{pmatrix},$$

$\boldsymbol{A}$ 的特征多项式为

$$|\boldsymbol{A}-\lambda\boldsymbol{E}|=\begin{vmatrix}1-\lambda & 0 & 1\\ 0 & 2-\lambda & 0\\ 1 & 0 & 1-\lambda\end{vmatrix}=-(2-\lambda)^2\lambda.$$

令$|\boldsymbol{A}-\lambda\boldsymbol{E}|=0$,得$\boldsymbol{A}$ 的特征值为$\lambda_1=\lambda_2=2,\lambda_3=0$.

对于$\lambda_1=\lambda_2=2$,解特征方程组$(\boldsymbol{A}-2\boldsymbol{E})\boldsymbol{X}=\boldsymbol{0}$,由

$$\boldsymbol{A}-2\boldsymbol{E}=\begin{pmatrix}-1 & 0 & 1\\ 0 & 0 & 0\\ 1 & 0 & -1\end{pmatrix}\xrightarrow{\text{初等行变换}}\begin{pmatrix}1 & 0 & -1\\ 0 & 0 & 0\\ 0 & 0 & 0\end{pmatrix},$$

得基础解系

$$\boldsymbol{\xi}_1=(0,1,0)^{\mathrm{T}},\quad \boldsymbol{\xi}_2=(1,0,1)^{\mathrm{T}}.$$

由于$\boldsymbol{\xi}_1,\boldsymbol{\xi}_2$ 正交,因此只须将它们单位化,有

$$\boldsymbol{\eta}_1=\frac{\boldsymbol{\xi}_1}{\|\boldsymbol{\xi}_1\|}=(0,1,0)^{\mathrm{T}},\quad \boldsymbol{\eta}_2=\frac{\boldsymbol{\xi}_2}{\|\boldsymbol{\xi}_2\|}=\left(\frac{\sqrt{2}}{2},0,\frac{\sqrt{2}}{2}\right)^{\mathrm{T}}.$$

对于$\lambda_3=0$,解特征方程组$(\boldsymbol{A}-0\boldsymbol{E})\boldsymbol{X}=\boldsymbol{0}$,由

$$\boldsymbol{A}-0\boldsymbol{E}=\begin{pmatrix}1 & 0 & 1\\ 0 & 2 & 0\\ 1 & 0 & 1\end{pmatrix}\xrightarrow{\text{初等行变换}}\begin{pmatrix}1 & 0 & 1\\ 0 & 1 & 0\\ 0 & 0 & 0\end{pmatrix},$$

得基础解系

$$\boldsymbol{\xi}_3=(-1,0,1)^{\mathrm{T}}.$$

将$\boldsymbol{\xi}_3$ 单位化,得

$$\boldsymbol{\eta}_3=\frac{\boldsymbol{\xi}_3}{\|\boldsymbol{\xi}_3\|}=\left(-\frac{\sqrt{2}}{2},0,\frac{\sqrt{2}}{2}\right)^{\mathrm{T}}.$$

此时$\boldsymbol{\eta}_1,\boldsymbol{\eta}_2,\boldsymbol{\eta}_3$ 已是一个标准正交向量组.记正交矩阵

$$\boldsymbol{U}=(\boldsymbol{\eta}_1,\boldsymbol{\eta}_2,\boldsymbol{\eta}_3)=\begin{pmatrix}0 & \frac{\sqrt{2}}{2} & -\frac{\sqrt{2}}{2}\\ 1 & 0 & 0\\ 0 & \frac{\sqrt{2}}{2} & \frac{\sqrt{2}}{2}\end{pmatrix},$$

得所求正交变换$\boldsymbol{X}=\boldsymbol{U}\boldsymbol{Y}$,即

$$\begin{pmatrix}x_1\\ x_2\\ x_3\end{pmatrix}=\begin{pmatrix}0 & \frac{\sqrt{2}}{2} & -\frac{\sqrt{2}}{2}\\ 1 & 0 & 0\\ 0 & \frac{\sqrt{2}}{2} & \frac{\sqrt{2}}{2}\end{pmatrix}\begin{pmatrix}y_1\\ y_2\\ y_3\end{pmatrix}.$$

通过此变换可将二次型化为标准形

$$f=2y_1^2+2y_2^2+0y_3^2=2y_1^2+2y_2^2.$$

5.2.2　配方法

下面我们用两个实例来说明如何利用配方法将二次型化为标准形.

1. 含平方项的二次型的配方法

例 5.4　利用配方法将二次型

$$f(x_1,x_2,x_3)=x_1^2+2x_2^2+3x_3^2+4x_1x_2-4x_1x_3-4x_2x_3$$

化为标准形,并求出所做的可逆线性变换.

解　由于 x_1^2 的系数不为 0,因此可先将所有含有 x_1 的项配成一个完全平方,得

$$\begin{aligned}f(x_1,x_2,x_3)&=(x_1^2+4x_1x_2-4x_1x_3)+2x_2^2+3x_3^2-4x_2x_3\\&=(x_1+2x_2-2x_3)^2-2x_2^2+4x_2x_3-x_3^2.\end{aligned}$$

再将余下的所有含有 x_2 的项配成一个完全平方,得

$$\begin{aligned}f(x_1,x_2,x_3)&=(x_1+2x_2-2x_3)^2-2(x_2^2-2x_2x_3)-x_3^2\\&=(x_1+2x_2-2x_3)^2-2(x_2-x_3)^2+x_3^2.\end{aligned}$$

令

$$\begin{cases}y_1=x_1+2x_2-2x_3,\\y_2=x_2-x_3,\\y_3=x_3,\end{cases}$$

微课视频

二次型的标准形——配方法

即

$$\begin{cases}x_1=y_1-2y_2,\\x_2=y_2+y_3,\\x_3=y_3,\end{cases}$$

由于 $\begin{vmatrix}1&-2&0\\0&1&1\\0&0&1\end{vmatrix}=1\neq0$,因此由 x_1,x_2,x_3 到 y_1,y_2,y_3 的可逆线性变换为

$$\begin{pmatrix}x_1\\x_2\\x_3\end{pmatrix}=\begin{pmatrix}1&-2&0\\0&1&1\\0&0&1\end{pmatrix}\begin{pmatrix}y_1\\y_2\\y_3\end{pmatrix},$$

通过此变换可将二次型化为标准形

$$f=y_1^2-2y_2^2+y_3^2.$$

对于 n 元二次型 $f(x_1,x_2,\cdots,x_n)$,如果 $x_i^2(i=1,2,\cdots,n)$ 的系数不全为 0,参照例 5.4 的方法可将其化为标准形;如果 $x_i^2(i=1,2,\cdots,n)$ 的系数全为 0,可按下面例 5.5 的方法将其化为标准形.

2. 不含平方项的二次型的配方法

例 5.5 设二次型 $f(x_1,x_2,x_3)=x_1x_2+x_1x_3-3x_2x_3$，试用配方法将其化为标准形，并求出所做的可逆线性变换.

解 由于二次型中没有平方项，又 x_1x_2 的系数不为 0，因此先做一个可逆线性变换，将二次型化为含有平方项的形式，再用例 5.4 的方法解决.

令

$$\begin{cases}x_1=y_1+y_2,\\x_2=y_1-y_2,\\x_3=y_3,\end{cases}$$

简记为 $\boldsymbol{X}=\boldsymbol{C}_1\boldsymbol{Y}$，其中 $\boldsymbol{C}_1=\begin{pmatrix}1&1&0\\1&-1&0\\0&0&1\end{pmatrix}$ 为可逆矩阵，代入原二次型，有

$$f=y_1^2-2y_1y_3-y_2^2+4y_2y_3.$$

再参照例 5.4 中的配方法，先对含有 y_1 的项配成一个完全平方，然后对余下的含有 y_2 的项配成一个完全平方，得

$$f=(y_1-y_3)^2-(y_2^2-4y_2y_3)-y_3^2=(y_1-y_3)^2-(y_2-2y_3)^2+3y_3^2.$$

令

$$\begin{cases}z_1=y_1-y_3,\\z_2=y_2-2y_3,\\z_3=y_3,\end{cases}$$

即

$$\begin{cases}y_1=z_1+z_3,\\y_2=z_2+2z_3,\\y_3=z_3,\end{cases}$$

简记为 $\boldsymbol{Y}=\boldsymbol{C}_2\boldsymbol{Z}$，其中 $\boldsymbol{C}_2=\begin{pmatrix}1&0&1\\0&1&2\\0&0&1\end{pmatrix}$ 为可逆矩阵.

由 $\boldsymbol{X}=\boldsymbol{C}_1\boldsymbol{Y},\boldsymbol{Y}=\boldsymbol{C}_2\boldsymbol{Z}$，得 $\boldsymbol{X}=(\boldsymbol{C}_1\boldsymbol{C}_2)\boldsymbol{Z}$. 记矩阵

$$\boldsymbol{C}=\boldsymbol{C}_1\boldsymbol{C}_2=\begin{pmatrix}1&1&0\\1&-1&0\\0&0&1\end{pmatrix}\begin{pmatrix}1&0&1\\0&1&2\\0&0&1\end{pmatrix}=\begin{pmatrix}1&1&3\\1&-1&-1\\0&0&1\end{pmatrix},$$

从而有可逆线性变换 $\boldsymbol{X}=\boldsymbol{C}\boldsymbol{Z}$，即

$$\begin{pmatrix}x_1\\x_2\\x_3\end{pmatrix}=\begin{pmatrix}1&1&3\\1&-1&-1\\0&0&1\end{pmatrix}\begin{pmatrix}z_1\\z_2\\z_3\end{pmatrix},$$

通过此变换可将二次型化为标准形

$$f=z_1^2-z_2^2+3z_3^2.$$

*5.2.3 初等变换法

因为二次型 $\boldsymbol{X}^{\mathrm{T}}\boldsymbol{A}\boldsymbol{X}$ 的矩阵 $\boldsymbol{A}$ 是实对称矩阵，所以必存在可逆矩阵 $\boldsymbol{C}$，使得 $\boldsymbol{C}^{\mathrm{T}}\boldsymbol{A}\boldsymbol{C}$ 为对角矩阵. 由第 2 章 2.5 节定理 2.6 的推论 4，可设 $\boldsymbol{C}=\boldsymbol{P}_1\boldsymbol{P}_2\cdots\boldsymbol{P}_s$，其中 $\boldsymbol{P}_i\,(i=1,2,\cdots,s)$ 是初等矩阵，使得

$$\boldsymbol{C}^{\mathrm{T}}\boldsymbol{A}\boldsymbol{C}=\boldsymbol{P}_s^{\mathrm{T}}\cdots\boldsymbol{P}_2^{\mathrm{T}}\boldsymbol{P}_1^{\mathrm{T}}\boldsymbol{A}\boldsymbol{P}_1\boldsymbol{P}_2\cdots\boldsymbol{P}_s$$

为对角矩阵. 可见，对矩阵 $\boldsymbol{A}$ 施行相应于右乘 $\boldsymbol{P}_1,\boldsymbol{P}_2,\cdots,\boldsymbol{P}_s$ 的初等列变换，再对 $\boldsymbol{A}$ 施行相应于左乘 $\boldsymbol{P}_1^{\mathrm{T}},\boldsymbol{P}_2^{\mathrm{T}},\cdots,\boldsymbol{P}_s^{\mathrm{T}}$ 的初等行变换，$\boldsymbol{A}$ 可化为对角矩阵. 又 $\boldsymbol{C}=\boldsymbol{E}\boldsymbol{P}_1\boldsymbol{P}_2\cdots\boldsymbol{P}_s$，即对单位矩阵 $\boldsymbol{E}$ 施行相应于右乘 $\boldsymbol{P}_1,\boldsymbol{P}_2,\cdots,\boldsymbol{P}_s$ 的初等列变换就得到可逆矩阵 $\boldsymbol{C}$. 下面用具体的例子介绍利用初等变换法将二次型化为标准形.

例 5.6 利用初等变换法将二次型

$$f(x_1,x_2,x_3)=x_1^2+2x_2^2+3x_3^2+4x_1x_2-4x_1x_3+4x_2x_3$$

化为标准形，并求出所做的可逆线性变换.

解 二次型的矩阵为

$$\boldsymbol{A}=\begin{pmatrix}1&2&-2\\2&2&2\\-2&2&3\end{pmatrix}.$$

对矩阵 $\begin{pmatrix}\boldsymbol{A}\\\boldsymbol{E}\end{pmatrix}$ 施行初等变换：

$$\begin{pmatrix}\boldsymbol{A}\\\boldsymbol{E}\end{pmatrix}=\begin{pmatrix}1&2&-2\\2&2&2\\-2&2&3\\\hdashline 1&0&0\\0&1&0\\0&0&1\end{pmatrix}\xrightarrow[c_3+2c_1]{c_2-2c_1}\begin{pmatrix}1&0&0\\2&-2&6\\-2&6&-1\\\hdashline 1&-2&2\\0&1&0\\0&0&1\end{pmatrix}\xrightarrow[r_3+2r_1]{r_2-2r_1}\begin{pmatrix}1&0&0\\0&-2&6\\0&6&-1\\\hdashline 1&-2&2\\0&1&0\\0&0&1\end{pmatrix}$$

$$\xrightarrow{c_3+3c_2}\begin{pmatrix}1&0&0\\0&-2&0\\0&6&17\\\hdashline 1&-2&-4\\0&1&3\\0&0&1\end{pmatrix}\xrightarrow{r_3+3r_2}\begin{pmatrix}1&0&0\\0&-2&0\\0&0&17\\\hdashline 1&-2&-4\\0&1&3\\0&0&1\end{pmatrix}=\begin{pmatrix}\boldsymbol{\Lambda}\\\boldsymbol{C}\end{pmatrix},$$

则

$$\boldsymbol{C}=\begin{pmatrix}1&-2&-4\\0&1&3\\0&0&1\end{pmatrix},\quad 且\quad |\boldsymbol{C}|=1\neq 0.$$

所以，存在可逆线性变换 $\boldsymbol{X}=\boldsymbol{C}\boldsymbol{Y}$，即

$$\begin{pmatrix}x_1\\x_2\\x_3\end{pmatrix}=\begin{pmatrix}1&-2&-4\\0&1&3\\0&0&1\end{pmatrix}\begin{pmatrix}y_1\\y_2\\y_3\end{pmatrix},$$

通过此变换可将二次型化为标准形

$$f=y_1^2-2y_2^2+17y_3^2.$$

例 5.7 设二次型 $f(x_1,x_2,x_3)=2x_1x_2+2x_1x_3-4x_2x_3$，试将其化为标准形，并求出所做的可逆线性变换.

解 二次型的矩阵为

$$\boldsymbol{A}=\begin{pmatrix}0 & 1 & 1\\ 1 & 0 & -2\\ 1 & -2 & 0\end{pmatrix}.$$

对矩阵 $\begin{pmatrix}\boldsymbol{A}\\ \boldsymbol{E}\end{pmatrix}$ 施行初等变换：

$$\begin{pmatrix}\boldsymbol{A}\\ \boldsymbol{E}\end{pmatrix}=\left(\begin{array}{ccc}0 & 1 & 1\\ 1 & 0 & -2\\ 1 & -2 & 0\\ \hdashline 1 & 0 & 0\\ 0 & 1 & 0\\ 0 & 0 & 1\end{array}\right)\xrightarrow{c_1+c_2}\left(\begin{array}{ccc}1 & 1 & 1\\ 1 & 0 & -2\\ -1 & -2 & 0\\ \hdashline 1 & 0 & 0\\ 1 & 1 & 0\\ 0 & 0 & 1\end{array}\right)\xrightarrow{r_1+r_2}\left(\begin{array}{ccc}2 & 1 & -1\\ 1 & 0 & -2\\ -1 & -2 & 0\\ \hdashline 1 & 0 & 0\\ 1 & 1 & 0\\ 0 & 0 & 1\end{array}\right)$$

$$\xrightarrow[c_3+\frac{1}{2}c_1]{c_2-\frac{1}{2}c_1}\left(\begin{array}{ccc}2 & 0 & 0\\ 1 & -\frac{1}{2} & -\frac{3}{2}\\ -1 & -\frac{3}{2} & -\frac{1}{2}\\ \hdashline 1 & -\frac{1}{2} & \frac{1}{2}\\ 1 & \frac{1}{2} & \frac{1}{2}\\ 0 & 0 & 1\end{array}\right)\xrightarrow[r_3+\frac{1}{2}r_1]{r_2-\frac{1}{2}r_1}\left(\begin{array}{ccc}2 & 0 & 0\\ 0 & -\frac{1}{2} & -\frac{3}{2}\\ 0 & -\frac{3}{2} & -\frac{1}{2}\\ \hdashline 1 & -\frac{1}{2} & \frac{1}{2}\\ 1 & \frac{1}{2} & \frac{1}{2}\\ 0 & 0 & 1\end{array}\right)$$

$$\xrightarrow{c_3-3c_2}\left(\begin{array}{ccc}2 & 0 & 0\\ 0 & -\frac{1}{2} & 0\\ 0 & -\frac{3}{2} & 4\\ \hdashline 1 & -\frac{1}{2} & 2\\ 1 & \frac{1}{2} & -1\\ 0 & 0 & 1\end{array}\right)\xrightarrow{r_3-3r_2}\left(\begin{array}{ccc}2 & 0 & 0\\ 0 & -\frac{1}{2} & 0\\ 0 & 0 & 4\\ \hdashline 1 & -\frac{1}{2} & 2\\ 1 & \frac{1}{2} & -1\\ 0 & 0 & 1\end{array}\right)=\begin{pmatrix}\boldsymbol{\Lambda}\\ \boldsymbol{C}\end{pmatrix},$$

则

$$\boldsymbol{C}=\begin{pmatrix}1 & -\frac{1}{2} & 2\\ 1 & \frac{1}{2} & -1\\ 0 & 0 & 1\end{pmatrix},\quad 且\quad |\boldsymbol{C}|=1\neq 0.$$

因此，存在可逆线性变换 $\boldsymbol{X}=\boldsymbol{C}\boldsymbol{Y}$，即

$$\begin{pmatrix} x_1 \\ x_2 \\ x_3 \end{pmatrix} = \begin{pmatrix} 1 & -\frac{1}{2} & 2 \\ 1 & \frac{1}{2} & -1 \\ 0 & 0 & 1 \end{pmatrix} \begin{pmatrix} y_1 \\ y_2 \\ y_3 \end{pmatrix},$$

通过此变换可将二次型化为标准形

$$f = 2y_1^2 - \frac{1}{2}y_2^2 + 4y_3^2.$$

习　题　5.2

1. 选择题:

(1) 设三阶实对称矩阵 $\boldsymbol{A}$ 的特征值为 1,2,−1,则二次型 $f = \boldsymbol{X}^{\mathrm{T}}\boldsymbol{A}\boldsymbol{X}$ 的标准形是(　　);

A. $f = y_1^2 + 2y_2^2 - y_3^2$　　　　B. $f = y_1^2 + 2y_2^2 + y_3^2$

C. $f = y_1^2 + 2y_2^2$　　　　D. $f = y_1^2 - y_2^2 - y_3^2$

(2) 设二次型 $f = \boldsymbol{X}^{\mathrm{T}}\boldsymbol{A}\boldsymbol{X}$ 经可逆线性变换 $\boldsymbol{X} = \boldsymbol{C}\boldsymbol{Y}$ 化为标准形 $f = d_1y_1^2 + d_2y_2^2 + \cdots + d_ny_n^2$,则下列说法中正确的是(　　).

A. $d_1, d_2, \cdots, d_n$ 一定是 $\boldsymbol{A}$ 的特征值　　　　B. 可逆矩阵 $\boldsymbol{C}$ 是唯一的

C. f 的标准形是唯一的　　　　D. f 的标准形不唯一

2. 用正交变换法化下列二次型为标准形,并求所做的正交变换:

(1) $f(x_1,x_2,x_3) = 2x_1^2 + 3x_2^2 + x_3^2 + 4x_1x_2 - 4x_1x_3$;

(2) $f(x_1,x_2,x_3) = 2x_1x_2 + 2x_1x_3 + 2x_2x_3$.

3. 用配方法化下列二次型为标准形,并求所做的可逆线性变换:

(1) $f(x_1,x_2,x_3) = x_1^2 + 5x_2^2 + 6x_3^2 - 10x_2x_3 - 6x_1x_3 - 4x_1x_2$;

(2) $f(x_1,x_2,x_3) = 2x_1x_2 + 4x_1x_3$.

*4. 用初等变换法化下列二次型为标准形,并求所做的可逆线性变换:

(1) $f(x_1,x_2,x_3) = (x_1,x_2,x_3)\begin{pmatrix} 2 & 2 & -2 \\ 2 & 5 & -4 \\ -2 & -4 & 5 \end{pmatrix}\begin{pmatrix} x_1 \\ x_2 \\ x_3 \end{pmatrix}$;

(2) $f(x_1,x_2,x_3) = 2x_1x_2 + 4x_1x_3$.

5.3　惯性定理与二次型的规范形

在上一节的讨论中,我们介绍了三种化二次型为标准形的方法,可以发现三种不同方法得到的标准形不一定相同,即使用同一种方法,也可以得到不同的标准形,这说明二次型的标准形不唯一. 但也发现同一个二次型的标准形中,所含的平方项项数却一定是相同的. 进一步研究,有如下定理.

定理 5.3　**(惯性定理)设二次型 $f = \boldsymbol{X}^{\mathrm{T}}\boldsymbol{A}\boldsymbol{X}$ 的秩为 r. 若存在两个可逆线性变换 $\boldsymbol{X} = \boldsymbol{C}\boldsymbol{Y}$ 和 $\boldsymbol{X} = \boldsymbol{U}\boldsymbol{Z}$,将二次型分别化为不同的标准形**

微课视频

惯性定理与二次型的规范形

$$f=d_1y_1^2+d_2y_2^2+\cdots+d_ry_r^2\quad(d_i\neq0,i=1,2,\cdots,r)$$

和

$$f=\mu_1z_1^2+\mu_2z_2^2+\cdots+\mu_rz_r^2\quad(\mu_i\neq0,i=1,2,\cdots,r),$$

则 $d_1,d_2,\cdots,d_r$ 与 $\mu_1,\mu_2,\cdots,\mu_r$ 中正数的个数相等，从而负数的个数也相等.

由定理 5.3，不妨设二次型的标准形中有 p 个正项，q 个负项，则显然 $p+q=r$，这样标准形可以表示为

$$f(y_1,y_2,\cdots,y_n)=d_1y_1^2+d_2y_2^2+\cdots+d_py_p^2-d_{p+1}y_{p+1}^2-\cdots-d_ry_r^2,$$

其中，$0\leqslant p\leqslant r\leqslant n$，$d_i(i=1,2,\cdots,r)$ 全大于 0. 若令

$$\begin{cases}y_1=\dfrac{1}{\sqrt{d_1}}z_1,\\ y_2=\dfrac{1}{\sqrt{d_2}}z_2,\\ \quad\cdots\cdots\\ y_r=\dfrac{1}{\sqrt{d_r}}z_r,\\ y_{r+1}=z_{r+1},\\ \quad\cdots\cdots\\ y_n=z_n,\end{cases}$$

即做可逆线性变换

$$\begin{pmatrix}y_1\\y_2\\\vdots\\y_r\\y_{r+1}\\\vdots\\y_n\end{pmatrix}=\begin{pmatrix}\frac{1}{\sqrt{d_1}}&&&&&&\\&\frac{1}{\sqrt{d_2}}&&&&&\\&&\ddots&&&&\\&&&\frac{1}{\sqrt{d_r}}&&&\\&&&&1&&\\&&&&&\ddots&\\&&&&&&1\end{pmatrix}\begin{pmatrix}z_1\\z_2\\\vdots\\z_r\\z_{r+1}\\\vdots\\z_n\end{pmatrix},$$

则

$$f(z_1,z_2,\cdots,z_n)=z_1^2+z_2^2+\cdots+z_p^2-z_{p+1}^2-\cdots-z_r^2\quad(0\leqslant p\leqslant r\leqslant n).$$

定义 5.3 形如

$$f(z_1,z_2,\cdots,z_n)=z_1^2+z_2^2+\cdots+z_p^2-z_{p+1}^2-\cdots-z_r^2\quad(0\leqslant p\leqslant r\leqslant n)$$

的 n 元二次型称为二次型的**规范形**.

由上面的分析可得下述定理.

定理 5.4 **二次型的规范形是唯一的.**

定义 5.4 在二次型的标准形中，系数为正的平方项的个数称为二次型的**正惯性指**

数，记作 p；系数为负的平方项的个数称为二次型的**负惯性指数**，记作 q；它们的差 $p-q$ 称为二次型的**符号差**.

习　题　5.3

1. 选择题：

(1) 设三阶实对称矩阵 $\boldsymbol{A}$ 的特征值为 $1,2,-1$，则二次型 $f=\boldsymbol{X}^{\mathrm{T}}\boldsymbol{A}\boldsymbol{X}$ 的规范形是(　　)；

A. $f=y_1^2+2y_2^2-y_3^2$　　B. $f=y_1^2+y_2^2-y_3^2$

C. $f=y_1^2+2y_2^2$　　D. $f=y_1^2-y_2^2-y_3^2$

(2) 对于二次型 $f=\boldsymbol{X}^{\mathrm{T}}\boldsymbol{A}\boldsymbol{X}$，下列说法中错误的是(　　).

A. f 的标准形不唯一　　B. f 的正惯性指数和秩不变

C. f 的规范形是唯一的　　D. 化 f 为规范形的可逆线性变换是唯一的

2. 求下列二次型的正、负惯性指数和秩：

(1) $f(x_1,x_2,x_3)=x_1^2-x_2^2-4x_1x_3-4x_2x_3$；

(2) $f(x_1,x_2,x_3)=x_1^2+x_2^2+x_3^2+2x_1x_3$；

(3) $f(x_1,x_2,x_3)=x_1^2-2x_2^2-2x_3^2-4x_1x_2+4x_1x_3+8x_2x_3$.

3. 设二次型 $f(x_1,x_2,x_3)=x_1^2+ax_2^2+x_3^2+2x_1x_2-2x_2x_3-2ax_1x_3$ 的正、负惯性指数都是1，求常数 a 的值.

5.4 正定二次型与正定矩阵

定义 5.5　给定二次型 $f=\boldsymbol{X}^{\mathrm{T}}\boldsymbol{A}\boldsymbol{X}$，如果对任意的向量 $\boldsymbol{X}=(x_1,x_2,\cdots,x_n)^{\mathrm{T}}\neq\boldsymbol{0}$，有

(1) $f=\boldsymbol{X}^{\mathrm{T}}\boldsymbol{A}\boldsymbol{X}>0$，则称该二次型为**正定二次型**，其矩阵 $\boldsymbol{A}$ 称为**正定矩阵**；

(2) $f=\boldsymbol{X}^{\mathrm{T}}\boldsymbol{A}\boldsymbol{X}<0$，则称该二次型为**负定二次型**，其矩阵 $\boldsymbol{A}$ 称为**负定矩阵**.

显然，当 $\boldsymbol{X}=\boldsymbol{0}$ 时，有 $f=0$. 如果二次型 f 为正(或负)定二次型，则二次型 f 的最小(或大)值为 0.

如果 $\boldsymbol{A}$ 为负定矩阵，则 $-\boldsymbol{A}$ 必为正定矩阵，因此我们只须讨论正定矩阵.

对于二次型 $f(x,y,z)=x^2+4y^2+16z^2$，不难发现对任意的 $(x,y,z)^{\mathrm{T}}\neq\boldsymbol{0}$，有

$$f(x,y,z)=x^2+4y^2+16z^2>0,$$

所以 $f(x,y,z)=x^2+4y^2+16z^2$ 为正定二次型.

微课视频

正定二次型与正定矩阵(一)

利用二次型的标准形或规范形很容易判断它是否为正定二次型. 由于我们已能将任意二次型经过可逆线性变换化为标准形或规范形，因此得到下述定理.

定理 5.5　**若 n 元二次型 $f=\boldsymbol{X}^{\mathrm{T}}\boldsymbol{A}\boldsymbol{X}$ 经过可逆线性变换 $\boldsymbol{X}=\boldsymbol{C}\boldsymbol{Y}$ 化为标准形**

$$f=d_1y_1^2+d_2y_2^2+\cdots+d_ny_n^2,$$

则该二次型为正定二次型的充要条件是 $d_i>0(i=1,2,\cdots,n)$.

证　先证充分性. 若 $d_i>0(i=1,2,\cdots,n)$，任给 $\boldsymbol{X}\neq\boldsymbol{0}$，必有 $\boldsymbol{Y}\neq\boldsymbol{0}$，则

$$f=d_1y_1^2+d_2y_2^2+\cdots+d_ny_n^2>0,$$

即二次型 $f=\boldsymbol{X}^{\mathrm{T}}\boldsymbol{A}\boldsymbol{X}$ 为正定二次型.

微课视频

正定二次型与正定矩阵(二)

再证必要性. 设二次型 $f=\boldsymbol{X}^{\mathrm{T}}\boldsymbol{A}\boldsymbol{X}$ 为正定二次型,下面用反证法证明所有的 d_i 均大于 0. 假设 $d_1,d_2,\cdots,d_n$ 不全大于 0,不妨设存在某个正整数 $j(1\leqslant j\leqslant n)$,有 $d_j\leqslant 0$. 取

$$y_1=0,\quad y_2=0,\quad \cdots,\quad y_{j-1}=0,\quad y_j=1,\quad y_{j+1}=0,\quad \cdots,\quad y_n=0,$$

则 $\boldsymbol{Y}\neq\boldsymbol{0}$,且有

$$f=d_1y_1^2+d_2y_2^2+\cdots+d_ny_n^2=d_j\leqslant 0,$$

这与二次型 $f=\boldsymbol{X}^{\mathrm{T}}\boldsymbol{A}\boldsymbol{X}$ 为正定二次型矛盾,所以 $d_1,d_2,\cdots,d_n$ 均大于 0.

推论 1 n 元二次型 $f=\boldsymbol{X}^{\mathrm{T}}\boldsymbol{A}\boldsymbol{X}$ 为正定二次型的充要条件是其正惯性指数为 n.

推论 2 实对称矩阵 $\boldsymbol{A}$ 为正定矩阵的充要条件是 $\boldsymbol{A}$ 的特征值均大于 0.

例 5.8 设 $\boldsymbol{A}$ 为正定矩阵,证明:$|\boldsymbol{E}+\boldsymbol{A}|>1$.

证 因 $\boldsymbol{A}$ 为正定矩阵,故 $\boldsymbol{A}$ 的特征值 $\lambda_1,\lambda_2,\cdots,\lambda_n$ 全大于 0,从而 $\boldsymbol{E}+\boldsymbol{A}$ 的特征值分别为 $\lambda_1+1,\lambda_2+1,\cdots,\lambda_n+1$,且 $\lambda_1+1>1,\lambda_2+1>1,\cdots,\lambda_n+1>1$,所以

$$|\boldsymbol{E}+\boldsymbol{A}|=(\lambda_1+1)(\lambda_2+1)\cdots(\lambda_n+1)>1.$$

推论 3 n 元二次型 $f=\boldsymbol{X}^{\mathrm{T}}\boldsymbol{A}\boldsymbol{X}$ 为正定二次型的充要条件是其规范形为

$$f=z_1^2+z_2^2+\cdots+z_n^2.$$

推论 4 n 元二次型 $f=\boldsymbol{X}^{\mathrm{T}}\boldsymbol{A}\boldsymbol{X}$ 为正定二次型的充要条件是存在 n 阶可逆矩阵 $\boldsymbol{C}$,使得 $\boldsymbol{A}=\boldsymbol{C}^{\mathrm{T}}\boldsymbol{C}$,即 $\boldsymbol{A}$ 与单位矩阵 $\boldsymbol{E}$ 合同.

由于计算二次型的矩阵的特征值和化二次型为标准形比较麻烦,下面介绍一个由给定的二次型直接去判断它是否为正定二次型的充要条件. 在此之前,先介绍如下概念.

定义 5.6 设 $\boldsymbol{A}$ 为 n 阶方阵,取其第 $1,2,\cdots,k$ 行和第 $1,2,\cdots,k$ 列元素所构成的 $k(k\leqslant n)$ 阶行列式,称为 $\boldsymbol{A}$ 的 k **阶顺序主子式**,记作 Δ_k.

例如,设矩阵 $\boldsymbol{A}=\begin{pmatrix}1&3&2\\2&-1&3\\1&2&2\end{pmatrix}$,则 $\boldsymbol{A}$ 的 3 个顺序主子式分别为

$$\Delta_1=1,\quad \Delta_2=\begin{vmatrix}1&3\\2&-1\end{vmatrix},\quad \Delta_3=\begin{vmatrix}1&3&2\\2&-1&3\\1&2&2\end{vmatrix}=|\boldsymbol{A}|.$$

定理 5.6 [**赫尔维茨(Hurwitz)定理**](1) **n 阶实对称矩阵 $\boldsymbol{A}=(a_{ij})$ 为正定矩阵的充要条件是 $\boldsymbol{A}$ 的各阶顺序主子式全大于 0,即**

$$\Delta_1=a_{11}>0,\quad \Delta_2=\begin{vmatrix}a_{11}&a_{12}\\a_{21}&a_{22}\end{vmatrix}>0,\quad \cdots,\quad \Delta_n=\begin{vmatrix}a_{11}&a_{12}&\cdots&a_{1n}\\a_{21}&a_{22}&\cdots&a_{2n}\\\vdots&\vdots&&\vdots\\a_{n1}&a_{n2}&\cdots&a_{nn}\end{vmatrix}=|\boldsymbol{A}|>0.$$

(2) n 阶实对称矩阵$\boldsymbol{A}=(a_{ij})$为负定矩阵的充要条件是$\boldsymbol{A}$的奇数阶顺序主子式小于0,偶数阶顺序主子式大于0,即

$$(-1)^k\Delta_k=(-1)^k\begin{vmatrix} a_{11} & a_{12} & \cdots & a_{1k} \\ a_{21} & a_{22} & \cdots & a_{2k} \\ \vdots & \vdots & & \vdots \\ a_{k1} & a_{k2} & \cdots & a_{kk} \end{vmatrix}>0 \quad (k=1,2,\cdots,n).$$

证明略.

例 5.9 判定二次型 $f(x,y,z)=5x^2+y^2+5z^2+4xy-8xz-4yz$ 是否正定.

解 二次型的矩阵为

$$\boldsymbol{A}=\begin{pmatrix} 5 & 2 & -4 \\ 2 & 1 & -2 \\ -4 & -2 & 5 \end{pmatrix},$$

$\boldsymbol{A}$ 的各阶顺序主子式分别为

$$\Delta_1=5>0,\quad \Delta_2=\begin{vmatrix} 5 & 2 \\ 2 & 1 \end{vmatrix}=1>0,\quad \Delta_3=\begin{vmatrix} 5 & 2 & -4 \\ 2 & 1 & -2 \\ -4 & -2 & 5 \end{vmatrix}=1>0,$$

所以原二次型是正定二次型.

例 5.10 问:λ 取何值时,二次型 $f(x_1,x_2,x_3)=2x_1^2+x_2^2+x_3^2+2x_1x_2+\lambda x_2x_3$ 是正定的?

解 二次型的矩阵为

$$\boldsymbol{A}=\begin{pmatrix} 2 & 1 & 0 \\ 1 & 1 & \frac{\lambda}{2} \\ 0 & \frac{\lambda}{2} & 1 \end{pmatrix}.$$

因二次型 f 是正定的,故有

$$\Delta_1=2>0,\quad \Delta_2=\begin{vmatrix} 2 & 1 \\ 1 & 1 \end{vmatrix}=1>0,\quad \Delta_3=|\boldsymbol{A}|=1-\frac{\lambda^2}{2}>0,$$

解得$-\sqrt{2}<\lambda<\sqrt{2}$.

例 5.11 设$\boldsymbol{A},\boldsymbol{B}$为同阶正定矩阵,证明:$\boldsymbol{A}+\boldsymbol{B}$也为正定矩阵.

证 因为$(\boldsymbol{A}+\boldsymbol{B})^{\mathrm{T}}=\boldsymbol{A}^{\mathrm{T}}+\boldsymbol{B}^{\mathrm{T}}=\boldsymbol{A}+\boldsymbol{B}$,所以$\boldsymbol{A}+\boldsymbol{B}$为对称矩阵.对于任意的$\boldsymbol{X}\neq\boldsymbol{0}$,有

$$\boldsymbol{X}^{\mathrm{T}}(\boldsymbol{A}+\boldsymbol{B})\boldsymbol{X}=\boldsymbol{X}^{\mathrm{T}}\boldsymbol{A}\boldsymbol{X}+\boldsymbol{X}^{\mathrm{T}}\boldsymbol{B}\boldsymbol{X}.$$

因为$\boldsymbol{A},\boldsymbol{B}$均为正定矩阵,所以有$\boldsymbol{X}^{\mathrm{T}}\boldsymbol{A}\boldsymbol{X}>0,\boldsymbol{X}^{\mathrm{T}}\boldsymbol{B}\boldsymbol{X}>0$,则$\boldsymbol{X}^{\mathrm{T}}(\boldsymbol{A}+\boldsymbol{B})\boldsymbol{X}>0$,从而$\boldsymbol{A}+\boldsymbol{B}$为正定矩阵.

习 题 5.4

1. 选择题：

(1) 若二次型 $f(x_1,x_2,x_3)=(2-\lambda)x_1^2+\lambda x_2^2+(\lambda+1)x_3^2$ 是正定二次型，则 λ 的取值范围为(　　)；

A. $\lambda>2$　　B. $\lambda>-1$　　C. $0\leqslant\lambda\leqslant 2$　　D. $0<\lambda<2$

(2) 设有 n 元二次型 $f=\boldsymbol{X}^{\mathrm{T}}\boldsymbol{AX}$，则下列选项中不是该二次型正定的充要条件的是(　　).

A. $\boldsymbol{A}$ 的特征值均大于 0　　B. f 的负惯性指数为 0

C. 对任意的 $\boldsymbol{X}\neq\boldsymbol{0}$，都有 $f>0$　　D. $\boldsymbol{A}$ 的各阶顺序主子式均为正数

2. 判断下列二次型是否正定：

(1) $f(x_1,x_2,x_3)=3x_1^2+4x_2^2+5x_3^2+4x_1x_2-4x_2x_3$；

(2) $f(x_1,x_2,x_3)=-2x_1^2-3x_2^2-x_3^2+x_1x_2-x_1x_3+x_2x_3$；

(3) $f(x_1,x_2,x_3)=x_1^2+2x_2^2+x_3^2$.

3. k 为何值时，下列二次型为正定二次型？

(1) $f(x_1,x_2,x_3)=x_1^2+x_2^2+x_3^2+kx_1x_2+kx_1x_3+kx_2x_3$；

(2) $f(x_1,x_2,x_3)=5x_1^2+x_2^2+kx_3^2+4x_1x_2-2x_1x_3-2x_2x_3$.

4. 证明：若 $\boldsymbol{A}$ 为正定矩阵，则 $\boldsymbol{A}^{-1}$，$\boldsymbol{A}^{*}$ 也为正定矩阵.

5. 设 $\boldsymbol{A}$ 为 $m\times n$ 矩阵，$t>0$，$\boldsymbol{B}=t\boldsymbol{E}+\boldsymbol{A}^{\mathrm{T}}\boldsymbol{A}$. 证明：$\boldsymbol{B}$ 为正定矩阵.

思 维 导 图

- 二次型
  - 二次型的基本概念
    - 二次型、二次型的矩阵及秩的定义
    - 矩阵合同的概念及性质
  - 二次型的标准化
    - 标准形
      - 标准形的定义
      - 化标准形的方法
        - 正交变换法
        - 配方法
        - *初等变换法
    - 规范形
      - 正惯性指数
      - 负惯性指数
      - 符号差
  - 正定二次型
    - 正定二次型、正定矩阵的概念
    - 正定二次型的判定方法
    - 正定矩阵的判定方法 —— 顺序主子式

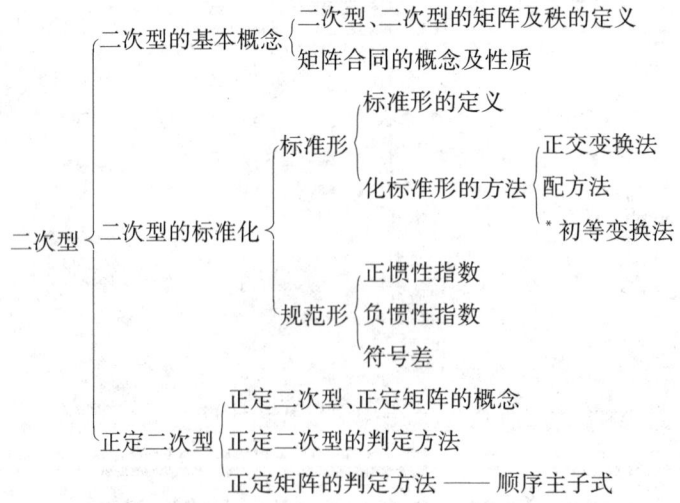

拓展阅读

数学家——陈省身

图 5.1

陈省身(1911—2004,见图5.1),出生于浙江嘉兴,20世纪最伟大的数学家之一.他给出了高维“高斯-博内”公式的内蕴证明,首次提出“陈氏示性类”,发展了纤维丛理论,开创了大范围微分几何研究的先河,对现代数学和物理学的发展产生了深远影响,被誉为“整体微分几何之父”.

拓展阅读

陈省身

复习题五

(A)

一、判断题(正确的在括号里打“√”,错误的打“×”)

1. 已知二次型 $f(x_1,x_2)=(x_1,x_2)\begin{pmatrix}1 & 2\\ 4 & 3\end{pmatrix}\begin{pmatrix}x_1\\ x_2\end{pmatrix}=x_1^2+6x_1x_2+3x_2^2$,则 $\begin{pmatrix}1 & 2\\ 4 & 3\end{pmatrix}$ 是该二次型 $f(x_1,x_2)$ 的矩阵. ( )

2. 若方阵 $\boldsymbol{A}$ 与 $\boldsymbol{B}$ 相似,则 $\boldsymbol{A}$ 与 $\boldsymbol{B}$ 必合同. ( )

3. 设 $\boldsymbol{A},\boldsymbol{B}$ 为实对称矩阵,且 $\boldsymbol{A}$ 与 $\boldsymbol{B}$ 相似,则 $\boldsymbol{A}$ 与 $\boldsymbol{B}$ 必合同. ( )

4. 若 n 阶实对称矩阵 $\boldsymbol{A}$ 与 $\boldsymbol{B}$ 合同,则它们的特征值相同. ( )

5. 任一二次型 $\boldsymbol{X}^{\mathrm{T}}\boldsymbol{A}\boldsymbol{X}$ 都可经可逆线性变换 $\boldsymbol{X}=\boldsymbol{C}\boldsymbol{Y}$ 化为它的标准形. ( )

6. 设 $\boldsymbol{A}$ 为 n 阶正定矩阵,k 为正实数,则 $k\boldsymbol{A}$ 也为正定矩阵. ( )

7. 设两个 n 元二次型 $f_1=\boldsymbol{X}^{\mathrm{T}}\boldsymbol{A}\boldsymbol{X}$,$f_2=\boldsymbol{X}^{\mathrm{T}}\boldsymbol{B}\boldsymbol{X}$ 的秩相同,且负惯性指数相同,则矩阵 $\boldsymbol{A}$ 与 $\boldsymbol{B}$ 合同. ( )

8. 实对称矩阵 $\boldsymbol{A}$ 为负定矩阵的充要条件是 $-\boldsymbol{A}$ 为正定矩阵. ( )

二、填空题

1. 二次型 $f(x,y,z)=2x^2+3y^2-4xy+2xz$ 的矩阵表示式为________.

2. 设二次型 f 的矩阵 $\boldsymbol{A}$ 的特征值为 $3,-2,-1$,则该二次型的符号差为________.

3. 二次型 $f(x_1,x_2,x_3)=a(x_1^2+x_3^2)+4x_1x_3+4x_2x_3$ 的矩阵为__________.

4. 设 $\boldsymbol{A}$ 为三阶实对称矩阵,$\boldsymbol{A}$ 的特征值为 $-1,-2,-3$,则二次型 $f=\boldsymbol{X}^{\mathrm{T}}\boldsymbol{A}\boldsymbol{X}$ 为__________二次型.(选填"正定"或"负定")

三、选择题

1. 设二次型 $f(x_1,x_2)=(x_1,x_2)\begin{pmatrix}2&1\\5&3\end{pmatrix}\begin{pmatrix}x_1\\x_2\end{pmatrix}$,则该二次型的矩阵为(　　).

A. $\begin{pmatrix}2&1\\5&3\end{pmatrix}$　　B. $\begin{pmatrix}2&5\\1&3\end{pmatrix}$　　C. $\begin{pmatrix}2&3\\3&3\end{pmatrix}$　　D. $\begin{pmatrix}2&2\\2&3\end{pmatrix}$

2. 下列矩阵中,(　　)为正定矩阵.

A. $\begin{pmatrix}1&2&3\\2&1&2\\3&2&1\end{pmatrix}$　　B. $\begin{pmatrix}1&5&6\\5&0&7\\6&7&2\end{pmatrix}$　　C. $\begin{pmatrix}3&2&1\\2&3&2\\1&2&3\end{pmatrix}$　　D. $\begin{pmatrix}1&1&1\\1&2&1\\1&1&-1\end{pmatrix}$

3. 设二次型 $f(x_1,x_2,x_3)=\boldsymbol{X}^{\mathrm{T}}\boldsymbol{A}\boldsymbol{X}$ 的矩阵 $\boldsymbol{A}$ 的特征值为 $3,-3,1$,则其规范形为(　　).

A. $y_1^2+y_2^2+y_3^2$　　B. $y_1^2+y_2^2-y_3^2$

C. $y_1^2-y_2^2-y_3^2$　　D. $-y_1^2-y_2^2-y_3^2$

4. 二次型 $f=\boldsymbol{X}^{\mathrm{T}}\boldsymbol{A}\boldsymbol{X}$ 为正定二次型的充要条件是(　　).

A. $\boldsymbol{A}$ 的特征值全大于0　　B. $\boldsymbol{A}$ 的特征值全小于0

C. $\boldsymbol{A}$ 的特征值中至少有一个大于0　　D. $\boldsymbol{A}$ 的特征值中至少有一个小于0

(B)

一、填空题

1. 设 $f(x_1,x_2,x_3)=x_1^2+4x_2^2+4x_3^2+2\lambda x_1x_2-2x_1x_3+4x_2x_3$ 为正定二次型,则 λ 的取值范围是__________.

2. 设三阶实对称矩阵 $\boldsymbol{A}$ 的特征值为 $5,2,-3$,则二次型 $f(x_1,x_2,x_3)=\boldsymbol{X}^{\mathrm{T}}\boldsymbol{A}\boldsymbol{X}$ 的标准形为__________.

3. 已知二次型 $f(x_1,x_2,x_3)=a(x_1^2+x_2^2+x_3^2)+4x_1x_2+4x_1x_3+4x_2x_3$ 经正交变换 $\boldsymbol{X}=\boldsymbol{C}\boldsymbol{Y}$ 可化为标准形 $f=6y_1^2$,则 $a=$__________.

4. 设方阵 $\boldsymbol{A}=\begin{pmatrix}1&1&1\\1&1&1\\1&1&1\end{pmatrix}$,$\boldsymbol{B}=\begin{pmatrix}2&&\\&0&\\&&0\end{pmatrix}$,则方阵 $\boldsymbol{A}$ 与 $\boldsymbol{B}$__________.(选填"合同"或"不合同")

二、选择题

1. 二次型 $f(x_1,x_2,x_3)=5x_1^2+5x_2^2+tx_3^2-2x_1x_2+6x_1x_3-6x_2x_3$ 的秩为2,则 $t=$(　　).

A. 4　　B. 3　　C. 2　　D. 1

2. 二次型 $f=\boldsymbol{X}^{\mathrm{T}}\boldsymbol{A}\boldsymbol{X}$ 为正定二次型的充要条件是(　　).

A. 负惯性指数为 0　　B. $|\boldsymbol{A}|>0$

C. 对任意的 $\boldsymbol{X}\neq\boldsymbol{0}$,都有 $f>0$　　D. 存在 n 阶方阵 $\boldsymbol{U}$,使得 $\boldsymbol{A}=\boldsymbol{U}^{\mathrm{T}}\boldsymbol{U}$

3. 对于二次型 $f=\boldsymbol{X}^{\mathrm{T}}\boldsymbol{A}\boldsymbol{X}$,下述结论中正确的是(　　).

A. 化 f 为标准形的可逆线性变换是唯一的　　B. f 的标准形是唯一的

C. 化 f 为规范形的可逆线性变换是唯一的　　D. f 的规范形是唯一的

三、计算题

1. 化二次型 $f(x_1,x_2,x_3)=x_1^2+5x_2^2-x_3^2+4x_1x_2+2x_1x_3$ 为标准形,写出相应的可逆线性变换,并指出二次型的秩、正惯性指数、负惯性指数及符号差.

2. 当 t 为何值时,二次型 $f(x_1,x_2,x_3)=x_1^2+2x_2^2+tx_3^2+2x_1x_2+4x_1x_3+6x_2x_3$ 为正定二次型?

四、证明题

1. 设 n 阶方阵 $\boldsymbol{A}$ 同时满足条件:(1) $\boldsymbol{A}$ 为正定矩阵;(2) $\boldsymbol{A}$ 为正交矩阵. 证明:$\boldsymbol{A}$ 为单位矩阵.

2. 设 $\boldsymbol{A}$ 为 m 阶正定矩阵,$\boldsymbol{B}$ 为 n 阶正定矩阵. 证明:分块矩阵 $\boldsymbol{C}=\begin{pmatrix}\boldsymbol{A} & \boldsymbol{O}\\ \boldsymbol{O} & \boldsymbol{B}\end{pmatrix}$ 为 $m+n$ 阶正定矩阵.

习题参考答案

第 1 章

习 题 1.1

1. (1) A；　(2) C.
2. (1) 1；　(2) 1；　(3) -18；　(4) -1；　(5) 21.
3. (1) $k=1$ 或 $k=3$；　(2) $x=2$ 或 $x=3$.

习 题 1.2

1. (1) C；　(2) D；　(3) A.
2. (1) 5；　(2) n^2；　(3) n^2.
3. (1) 负号；　(2) 负号.
4. (1) $i=8, j=3$；　(2) $i=3, j=6$.
5. (1) -24；　(2) $ahcf-ahed-bgcf+bged$.
6. -1.

习 题 1.3

1. (1) D；　(2) A；　(3) B.
2. (1) 40；　(2) $4abcdef$；　(3) a^2b^2；　(4) $-3\,645$；

   (5) 264；　(6) $(-1)^{n-1}(n-1)$；　(7) $\prod_{k=1}^{n-2}(k-x)$.
3. (1) $x=0$(四重)；　(2) $x=-3$ 或 $x=1$(三重).
4. 略.

习 题 1.4

1. (1) C；　(2) A.
2. (1) -136；　(2) -142；　(3) $abcd+ab+cd+ad+1$；　(4) x^4-y^4；

   (5) a^4；　(6) 12；　(7) $\prod_{i=1}^{n}(x-a_i)$；　(8) $\frac{1}{2}(-1)^{n-1}(n+1)!$.
3. (1) $x=4$ 或 $x=-5$；　(2) $x=1, x=-1$ 或 $x=2$.
4. 略.
5. (1) 4；　(2) 0.

习 题 1.5

1.(1) A；　(2) C.

2.(1) $x_1=3,x_2=0,x_3=-1,x_4=1$；　(2) $x_1=1,x_2=-2,x_3=0,x_4=\frac{1}{2}$；

(3) $x_1=1,x_2=-1,x_3=-1,x_4=1$；　(4) $x_1=x_2=\cdots=x_{n-1}=0,x_n=2$.

3. $\begin{cases}100x_1+200x_2+200x_3=61,\\ \qquad\quad 100x_2+\ 30x_3=18,\\ 500x_1+400x_2+100x_3=125,\end{cases}$ 其中 x_1,x_2,x_3 分别表示三种食物的量(单位:kg),解得

$x_1=0.11,x_2=0.15,x_3=0.1$.

4.$\lambda\neq 0,\lambda\neq 2$ 且 $\lambda\neq 3$.

5.$\mu=0$ 或 $\lambda=1$.

复 习 题 一

(A)

一、判断题

1. ×.　2. √.　3. ×.　4. ×.　5. √.　6. √.

二、填空题

1. 0.

2. 8.

3. 2.

4. $2D$.

5. $-a_{11}a_{22}a_{34}a_{43}$.

三、选择题

1. B.　2. B.　3. B.　4. C.　5. B.

四、计算题

1. 1.

2. 512.

(B)

一、填空题

1. 8,6.

2. 3 或 1.

3. $a_{11}a_{23}a_{34}a_{42}$ 与 $-a_{11}a_{23}a_{32}a_{44}$.

4. $\lambda\neq 1$.

5. 8.

二、选择题

1. C.　2. A.　3. C.　4. C.　5. D.

三、计算题

1. 0.

2. $(a+b+c+d)(a-b)(a-c)(a-d)(b-c)(b-d)(c-d)$.

3. $-2(n-2)!$.

四、证明题

1. ～2. 略.

(C)

一、填空题

1. 0.

2. $(x-a)^{n-1}$.

3. 2.

二、选择题

1. B.　2. A.　3. A.　4. A.　5. B.

三、计算题

1. $3^{n+1}-2^{n+1}$.

2. $\left(1+\sum_{j=1}^{n}\frac{a_j}{b_j}\right)b_1b_2\cdots b_n$.

3. $-9,18$.

4. $(-1)^{\frac{n(n-1)}{2}}n^{n-1}\frac{n+1}{2}$.

四、证明题

1. ～3. 略.

第　2　章

习　题　2.1

1. (1) C;　(2) D.

2. $\begin{pmatrix}2 & 2 & 3 & 1\\1 & -3 & 2 & -2\\1 & 0 & -1 & 5\end{pmatrix}$.

3. $x=6,y=8,a=5$.

4. $\begin{pmatrix}8 & 0 & 5\\3 & 7 & 0\end{pmatrix},\begin{pmatrix}1 & 7 & 2\\2 & 0 & 8\end{pmatrix}$.

习　题　2.2

1. (1) D;　(2) B;　(3) B.

2. $\begin{pmatrix}2 & 0 & 1\\1 & 4 & 0\end{pmatrix},\begin{pmatrix}8 & -4 & 1\\5 & 4 & -2\end{pmatrix},\begin{pmatrix}19 & -10 & 2\\12 & 8 & -5\end{pmatrix}$.

3. $\begin{cases} x_1 = -6z_1 + z_2 + 3z_3, \\ x_2 = 12z_1 - 4z_2 + 9z_3, \\ x_3 = -10z_1 - z_2 + 16z_3. \end{cases}$

4. (1) $\begin{pmatrix} 3 \\ 8 \end{pmatrix}$; (2) $\begin{pmatrix} 2 & 0 \\ 3 & 2 \\ 1 & 4 \end{pmatrix}$; (3) $\begin{pmatrix} 8 & -2 & 1 \\ -1 & 9 & 0 \\ -9 & -3 & 1 \\ -1 & 2 & 1 \end{pmatrix}$; (4) 0; (5) $\begin{pmatrix} 2 & 3 & -1 \\ -2 & -3 & 1 \\ -2 & -3 & 1 \end{pmatrix}$;

(6) $(9,2,-1)$; (7) $a_{11}x^2+(a_{12}+a_{21})xy+a_{22}y^2$; (8) $\begin{pmatrix} 0 & 4 & 0 \\ 0 & 4 & 0 \\ 0 & 0 & 1 \end{pmatrix}$.

5. $\begin{pmatrix} 1 & 5 & 8 \\ -1 & -5 & 6 \\ 3 & 9 & 0 \end{pmatrix}$, $\begin{pmatrix} 6 & 0 & 2 \\ 1 & -7 & 5 \\ 7 & 5 & -3 \end{pmatrix}$, $\begin{pmatrix} -5 & 5 & 6 \\ -2 & 2 & 1 \\ -4 & 4 & 3 \end{pmatrix}$, $\begin{pmatrix} 1 & 5 & 8 \\ -1 & -5 & 6 \\ 3 & 9 & 0 \end{pmatrix}$.

6. 略.

7. (1) $\begin{pmatrix} 1 & k\lambda \\ 0 & 1 \end{pmatrix}$; (2) $\begin{pmatrix} \lambda_1^k & 0 & 0 \\ 0 & \lambda_2^k & 0 \\ 0 & 0 & \lambda_3^k \end{pmatrix}$;

(3) $\begin{pmatrix} \cos k\theta & \sin k\theta \\ -\sin k\theta & \cos k\theta \end{pmatrix}$; (4) $\begin{pmatrix} \lambda^k & k\lambda^{k-1} & \frac{k(k-1)}{2}\lambda^{k-2} \\ 0 & \lambda^k & k\lambda^{k-1} \\ 0 & 0 & \lambda^k \end{pmatrix}$.

8. 27.

9. $3^{n-1}\begin{pmatrix} 1 & \frac{1}{2} & \frac{1}{3} \\ 2 & 1 & \frac{2}{3} \\ 3 & \frac{3}{2} & 1 \end{pmatrix}$, $\begin{pmatrix} 2 & \frac{3}{2} & 1 \\ 6 & 2 & 2 \\ 9 & \frac{9}{2} & 2 \end{pmatrix}$.

10. ～11. 略.

习 题 2.3

1. (1) B; (2) B; (3) D.

2. (1) $\begin{pmatrix} \frac{5}{17} & \frac{1}{17} \\ \frac{2}{17} & -\frac{3}{17} \end{pmatrix}$; (2) $\begin{pmatrix} \cos\theta & \sin\theta \\ -\sin\theta & \cos\theta \end{pmatrix}$;

(3) $\begin{pmatrix} 1 & -4 & -3 \\ 1 & -5 & -3 \\ -1 & 6 & 4 \end{pmatrix}$; (4) $\begin{pmatrix} 1 & 3 & -2 \\ -\frac{3}{2} & -3 & \frac{5}{2} \\ 1 & 1 & -1 \end{pmatrix}$.

3. (1) $\begin{pmatrix} 2 & -23 \\ 0 & 8 \end{pmatrix}$；　　(2) $\begin{pmatrix} 2 & -1 & 0 \\ 1 & 3 & -4 \\ 1 & 0 & -2 \end{pmatrix}$.

4. $-\dfrac{16}{27}$.

5. 证明略，$\boldsymbol{A}^{-1}=\dfrac{1}{10}(\boldsymbol{A}-3\boldsymbol{E})$，$(\boldsymbol{A}-4\boldsymbol{E})^{-1}=\dfrac{1}{6}(\boldsymbol{A}+\boldsymbol{E})$.

6. ～7. 略.

习　题　2.4

1. (1) D；　(2) B.

2. (1) $\begin{pmatrix} 1 & 2 & 5 & 2 \\ 0 & 1 & 2 & -4 \\ 0 & 0 & -4 & 3 \\ 0 & 0 & 0 & -9 \end{pmatrix}$；　　(2) $\begin{pmatrix} d & ac \\ ac & d \\ bd & c \\ c & bd \end{pmatrix}$.

3. (1) $\begin{pmatrix} \boldsymbol{O} & \boldsymbol{B}^{-1} \\ \boldsymbol{A}^{-1} & \boldsymbol{O} \end{pmatrix}$；　　(2) $\begin{pmatrix} \boldsymbol{A}^{-1} & \boldsymbol{O} \\ -\boldsymbol{B}^{-1}\boldsymbol{C}\boldsymbol{A}^{-1} & \boldsymbol{B}^{-1} \end{pmatrix}$.

4. (1) $\begin{pmatrix} 1 & -2 & 0 & 0 \\ -2 & 5 & 0 & 0 \\ 0 & 0 & \frac{1}{3} & \frac{2}{3} \\ 0 & 0 & -\frac{1}{3} & \frac{1}{3} \end{pmatrix}$；　　(2) $\begin{pmatrix} 1 & 0 & 0 & 0 \\ -\frac{1}{2} & \frac{1}{2} & 0 & 0 \\ -\frac{1}{2} & -\frac{1}{6} & \frac{1}{3} & 0 \\ \frac{1}{8} & -\frac{5}{24} & -\frac{1}{12} & \frac{1}{4} \end{pmatrix}$；

(3) $\begin{pmatrix} 0 & \cdots & 0 & a_n^{-1} \\ a_1^{-1} & \cdots & 0 & 0 \\ \vdots & & \vdots & \vdots \\ 0 & \cdots & a_{n-1}^{-1} & 0 \end{pmatrix}$.

5. 10^{16}，$\begin{pmatrix} 5^4 & 0 & 0 & 0 \\ 0 & 5^4 & 0 & 0 \\ 0 & 0 & 2^4 & 0 \\ 0 & 0 & 2^6 & 2^4 \end{pmatrix}$.

习　题　2.5

1. (1) A；　(2) A.

2. (1) $\begin{pmatrix} 1 & 0 & 0 & 0 \\ 0 & 1 & 0 & 0 \\ 0 & 0 & 0 & 0 \end{pmatrix}$；　　(2) $\begin{pmatrix} 1 & 0 & 0 \\ 0 & 1 & 0 \\ 0 & 0 & 1 \end{pmatrix}$；

(3) $\begin{pmatrix}1&0&0\\0&1&0\\0&0&0\end{pmatrix}$；　　(4) $\begin{pmatrix}1&0\\0&1\\0&0\end{pmatrix}$.

3. (1) $\begin{pmatrix}-\frac{3}{2}&\frac{1}{2}&1\\ \frac{7}{2}&-\frac{5}{2}&-2\\ -\frac{3}{2}&\frac{3}{2}&1\end{pmatrix}$；　　(2) $\begin{pmatrix}-1&-3&2\\2&5&-3\\-1&-1&1\end{pmatrix}$；

(3) $\begin{pmatrix}1&0&0&0\\-\frac{1}{2}&\frac{1}{2}&0&0\\0&-\frac{1}{3}&\frac{1}{3}&0\\0&0&-\frac{1}{4}&\frac{1}{4}\end{pmatrix}$；　　(4) $\begin{pmatrix}\frac{1}{4}&\frac{1}{4}&\frac{1}{4}&\frac{1}{4}\\ \frac{1}{4}&\frac{1}{4}&-\frac{1}{4}&-\frac{1}{4}\\ \frac{1}{4}&-\frac{1}{4}&\frac{1}{4}&-\frac{1}{4}\\ \frac{1}{4}&-\frac{1}{4}&-\frac{1}{4}&\frac{1}{4}\end{pmatrix}$.

4. $\begin{pmatrix}-1&-\frac{1}{2}&0\\-3&-\frac{7}{4}&-\frac{1}{2}\\-1&0&-1\end{pmatrix}$.

习　题　2.6

1. (1) C；　(2) C.

2. (1) 2；　(2) 4；　(3) 2；　(4) 2.

3. 当 $\lambda=1$ 时，$R(\boldsymbol{A})=2$；当 $\lambda\neq1$ 时，$R(\boldsymbol{A})=3$.

4. 2.

5. $a=-1, b=-2$.

复 习 题 二

(A)

一、判断题

1. ×.　2. ×.　3. √.　4. ×.

二、填空题

1. $\frac{1}{3}\begin{pmatrix}7&-2\\-2&1\end{pmatrix}$.

2. $\boldsymbol{A}$.

3. 3.

4. 2.

5. -4.

三、选择题

1. D.　2. C.　3. A.　4. B.　5. D.

四、计算题

1. $\begin{pmatrix} 1 & -4 & -3 \\ 1 & -5 & -3 \\ -1 & 6 & 4 \end{pmatrix}$.

2. $\begin{pmatrix} 0 & 0 & 1 \\ 0 & 1 & 0 \\ 1 & 0 & 0 \end{pmatrix}$.

(B)

一、判断题

1. ×.　2. √.　3. √.　4. ×.

二、填空题

1. $\begin{pmatrix} 0 & 1 & 0 & 0 \\ 1 & 0 & 0 & 0 \\ 0 & 0 & 2 & -1 \\ 0 & 0 & -1 & 1 \end{pmatrix}$.

2. $|\boldsymbol{A}|^{2n-1}$.

3. $|\boldsymbol{A}|^{1-n}$.

4. 1.

5. 4.

三、选择题

1. B.　2. D.　3. B.　4. A.　5. C.

四、计算题

1. $\dfrac{1}{20}\begin{pmatrix} 1 & -1 & 0 \\ 2 & 2 & 0 \\ 3 & 4 & 5 \end{pmatrix}$.

2. $\begin{pmatrix} \dfrac{1}{2} & \dfrac{\sqrt{3}}{2} \\ -\dfrac{\sqrt{3}}{2} & \dfrac{1}{2} \end{pmatrix}$.

3. $\begin{pmatrix} 0 & 3 & 3 \\ -1 & 2 & 3 \\ 1 & 1 & 0 \end{pmatrix}$.

五、证明题

1. ～3. 略.

(C)

一、填空题

1. $\frac{1}{2}$.

2. $\frac{1}{2}\begin{pmatrix} 0 & 1 \\ -1 & 0 \end{pmatrix}$.

3. 5.

二、选择题

1. A.　　2. B.　　3. A.　　4. D.

三、计算题

1. $\begin{pmatrix} 2 & 0 & 1 \\ 0 & 3 & 0 \\ 1 & 0 & 2 \end{pmatrix}$.

2. $\begin{pmatrix} 2 & 0 & 0 \\ 0 & -4 & 0 \\ 0 & 0 & 2 \end{pmatrix}$.

3. $\begin{pmatrix} 1 & 1 & 1 \\ -1 & -1 & -1 \\ 1 & 1 & 1 \end{pmatrix}$.

4. (1) 当 $k=1$ 时，$R(\boldsymbol{A})=1$；

 (2) 当 $k=-2$ 时，$R(\boldsymbol{A})=2$；

 (3) 当 $k\neq 1$ 且 $k\neq -2$ 时，$R(\boldsymbol{A})=3$.

5. 0.

四、证明题

1. 证明略，$\boldsymbol{A}^{-1}=\frac{1}{2}(2\boldsymbol{E}-\boldsymbol{B})$.

2. 略.

第 3 章

习 题 3.1

1. (1) ×；　(2) ×；　(3) ×；　(4) ×；　(5) √.

2. (1) A；　(2) A.

3. (1) $\begin{cases} x_1=0, \\ x_2=0, \\ x_3=0; \end{cases}$　(2) $\begin{cases} x_1=3, \\ x_2=-4, \\ x_3=-1, \\ x_4=1; \end{cases}$　(3) $\begin{cases} x_1=2k_1-k_2, \\ x_2=k_1, \\ x_3=k_2, \\ x_4=1, \end{cases}$ 其中 k_1,k_2 为任意常数；

(4) 无解； (5) $\begin{cases} x_1 = -3k_1 - k_2, \\ x_2 = 7k_1 - 2k_2, \\ x_3 = 2k_1, \\ x_4 = k_2, \end{cases}$ 其中 k_1, k_2 为任意常数；

(6) $\begin{cases} x_1 = 3 - 3k_1 - 6k_2, \\ x_2 = -2 + 6k_1 + 7k_2, \\ x_3 = k_1, \\ x_4 = k_2, \end{cases}$ 其中 k_1, k_2 为任意常数.

4. (1) $a = 1, b = 3$； (2) $\begin{cases} x_1 = -2 + k_1 + k_2 + 5k_3, \\ x_2 = 3 - 2k_1 - 2k_2 - 6k_3, \\ x_3 = k_1, \\ x_4 = k_2, \\ x_5 = k_3, \end{cases}$ 其中 k_1, k_2, k_3 为任意常数.

5. (1) $k \neq 1$ 且 $k \neq -2$； (2) $k = -2$；

(3) $k = 1$，$\begin{cases} x_1 = 1 - k_1 - k_2, \\ x_2 = k_1, \\ x_3 = k_2, \end{cases}$ 其中 k_1, k_2 为任意常数.

6. (1) $a \neq 1$ 或 $b \neq -1$； (2) $a = 1$ 且 $b = -1$，$\begin{cases} x_1 = -4k_2, \\ x_2 = 1 + k_1 + k_2, \\ x_3 = k_1, \\ x_4 = k_2, \end{cases}$ 其中 k_1, k_2 为任意常数.

7. 当 $a \neq 1$ 时，有唯一解 $\begin{cases} x_1 = -1, \\ x_2 = a + 2, \\ x_3 = -1; \end{cases}$ 当 $a = 1$ 时，有无穷多解 $\begin{cases} x_1 = 1 - k_1 - k_2, \\ x_2 = k_1, \\ x_3 = k_2, \end{cases}$ 其中 k_1, k_2 为任意常数.

习　题　3.2

1. (1) 正确，因为 $\boldsymbol{\alpha}_1 - \boldsymbol{\alpha}_2 = -(\boldsymbol{\alpha}_2 - \boldsymbol{\alpha}_3) - (\boldsymbol{\alpha}_3 - \boldsymbol{\alpha}_1)$；

(2) 错误，因为 $\boldsymbol{\alpha}_1 - \boldsymbol{\alpha}_2 = -(\boldsymbol{\alpha}_2 - \boldsymbol{\alpha}_3) - (\boldsymbol{\alpha}_3 - \boldsymbol{\alpha}_1)$；

(3) 错误，应该为向量组 $\boldsymbol{\alpha}_1, \boldsymbol{\alpha}_2, \cdots, \boldsymbol{\alpha}_n$ 中至少有一个向量可由其余向量线性表示，并非是向量 $\boldsymbol{\alpha}_1$ 一定可由向量组 $\boldsymbol{\alpha}_2, \boldsymbol{\alpha}_3, \cdots, \boldsymbol{\alpha}_n$ 线性表示；

(4) 错误，如向量组 $\boldsymbol{\alpha}_1 = \begin{pmatrix} 1 \\ 0 \end{pmatrix}, \boldsymbol{\alpha}_2 = \begin{pmatrix} 0 \\ 1 \end{pmatrix}$ 线性无关，向量组 $\boldsymbol{\beta}_1 = \begin{pmatrix} -1 \\ 0 \end{pmatrix}, \boldsymbol{\beta}_2 = \begin{pmatrix} 0 \\ 1 \end{pmatrix}$ 也线性无关，但向量组 $\boldsymbol{\alpha}_1 + \boldsymbol{\beta}_1 = \begin{pmatrix} 0 \\ 0 \end{pmatrix}, \boldsymbol{\alpha}_2 + \boldsymbol{\beta}_2 = \begin{pmatrix} 0 \\ 2 \end{pmatrix}$ 线性相关.

2. (1) B； (2) D； (3) D.

3. (1) $(-4, -3, 15)^{\mathrm{T}}$； (2) $(22, -11, 5)^{\mathrm{T}}$；

(3) $(-4, -3, 15)^{\mathrm{T}}$； (4) $(22, -11, 5)^{\mathrm{T}}$.

4. (1) $\boldsymbol{\beta}=-11\boldsymbol{\alpha}_1+14\boldsymbol{\alpha}_2+9\boldsymbol{\alpha}_3$； (2) $\boldsymbol{\beta}=3\boldsymbol{\alpha}_1+\boldsymbol{\alpha}_2+\boldsymbol{\alpha}_3$；
(3) $\boldsymbol{\beta}=2\boldsymbol{\alpha}_1-\boldsymbol{\alpha}_2$.
5. (1) 线性无关； (2) 线性相关； (3) 线性相关； (4) 线性无关.
6. ～7. 略.
8. 当 $k=3$ 或 $k=-2$ 时，向量组 $\boldsymbol{\alpha}_1,\boldsymbol{\alpha}_2,\boldsymbol{\alpha}_3$ 线性相关；当 $k\neq 3$ 且 $k\neq -2$ 时，向量组 $\boldsymbol{\alpha}_1,\boldsymbol{\alpha}_2,\boldsymbol{\alpha}_3$ 线性无关.
9. 略.
10. (1) 当 $m\neq 2n-n^2$ 时，向量组 $\boldsymbol{\beta}_1,\boldsymbol{\beta}_2,\boldsymbol{\beta}_3$ 线性无关；
(2) 当 $m=2n-n^2$ 时，向量组 $\boldsymbol{\beta}_1,\boldsymbol{\beta}_2,\boldsymbol{\beta}_3$ 线性相关.

习 题 3.3

1. (1) A； (2) C.
2. (1) 矩阵的第 1 列和第 3 列组成的向量组是一个极大无关组；
(2) 矩阵的第 1 列、第 2 列和第 3 列组成的向量组是一个极大无关组.
3. (1) 2，极大无关组为 $\boldsymbol{\alpha}_1,\boldsymbol{\alpha}_2,\boldsymbol{\alpha}_3=\boldsymbol{\alpha}_1+2\boldsymbol{\alpha}_2$；
(2) 3，极大无关组为 $\boldsymbol{\alpha}_1,\boldsymbol{\alpha}_2,\boldsymbol{\alpha}_3,\boldsymbol{\alpha}_4=\boldsymbol{\alpha}_1+2\boldsymbol{\alpha}_2+\boldsymbol{\alpha}_3$；
(3) 3，极大无关组为 $\boldsymbol{\alpha}_1,\boldsymbol{\alpha}_2,\boldsymbol{\alpha}_3$；
(4) 2，极大无关组为 $\boldsymbol{\alpha}_1,\boldsymbol{\alpha}_2,\boldsymbol{\alpha}_3=2\boldsymbol{\alpha}_1-\boldsymbol{\alpha}_2,\boldsymbol{\alpha}_4=\boldsymbol{\alpha}_1+\boldsymbol{\alpha}_2,\boldsymbol{\alpha}_5=\boldsymbol{\alpha}_1-3\boldsymbol{\alpha}_2$.
4. $t=3$.
5. $a=2,b=5$.
6. ～7. 略.

习 题 3.4

1. (1) D； (2) C.
2. (1) 基础解系为 $\boldsymbol{\xi}=(5,7,-3,4)^{\mathrm{T}}$，通解为 $k\boldsymbol{\xi}$，其中 k 为任意常数；
(2) 基础解系为 $\boldsymbol{\xi}_1=(-3,7,2,0)^{\mathrm{T}},\boldsymbol{\xi}_2=(-1,-2,0,1)^{\mathrm{T}}$，通解为 $k_1\boldsymbol{\xi}_1+k_2\boldsymbol{\xi}_2$，其中 k_1,k_2 为任意常数；
(3) 基础解系为 $\boldsymbol{\xi}_1=(2,1,0,0)^{\mathrm{T}},\boldsymbol{\xi}_2=(2,0,-5,7)^{\mathrm{T}}$，通解为 $k_1\boldsymbol{\xi}_1+k_2\boldsymbol{\xi}_2$，其中 k_1,k_2 为任意常数.
3. (1) $(0,0,0,1)^{\mathrm{T}}+k_1(2,1,0,0)^{\mathrm{T}}+k_2(-1,0,1,0)^{\mathrm{T}}$，其中 k_1,k_2 为任意常数；
(2) $(-8,3,6,0)^{\mathrm{T}}+k(0,1,2,1)^{\mathrm{T}}$，其中 k 为任意常数；
(3) $(-2,3,0,0,0)^{\mathrm{T}}+k_1(1,-2,1,0,0)^{\mathrm{T}}+k_2(1,-2,0,1,0)^{\mathrm{T}}+k_3(5,-6,0,0,1)^{\mathrm{T}}$，其中 k_1,k_2,k_3 为任意常数.
4. 略.
5. $\left(\frac{3}{2},0,1,2\right)^{\mathrm{T}}+k(1,0,1,2)^{\mathrm{T}}$，其中 k 为任意常数.
6. ～7. 略.

复 习 题 三

(A)

一、判断题

1. ×.　2. ×.　3. √.　4. √.　5. ×.

6. √.　7. ×.　8. √.　9. ×.　10. ×.

二、填空题

1. $R(\boldsymbol{A} \vdots \boldsymbol{b})=R(\boldsymbol{A}), R(\boldsymbol{A})=n, R(\boldsymbol{A})<n$.

2. $R(\boldsymbol{A})=n, R(\boldsymbol{A})<n$.

3. $n-r$.

4. $t \neq 5$.

5. 2.

三、选择题

1. A.　2. D.　3. B.　4. D.　5. A.

四、计算题

1. $(-2,1,1,0,0)^{T},(-1,-3,0,1,0)^{T},(2,1,0,0,1)^{T}$.

2. $(3,-8,0,6)^{T}+k(-1,2,1,0)^{T}$,其中 k 为任意常数.

3. 当 $\lambda \neq 0$ 且 $\lambda \neq 2$ 时,有唯一解 $\begin{cases} x_1=-\dfrac{1}{\lambda}, \\ x_2=\dfrac{1}{\lambda}, \\ x_3=0; \end{cases}$ 当 $\lambda=2$ 时,有无穷多解,通解为 $\begin{pmatrix} -\dfrac{1}{2} \\ \dfrac{1}{2} \\ 0 \end{pmatrix}+k\begin{pmatrix} -\dfrac{21}{8} \\ \dfrac{1}{8} \\ 1 \end{pmatrix}$,其中 k 为任意常数.

4. 线性无关.

5. $k=2$.

(B)

一、填空题

1. 非零,相关.

2. $k(1,1,\cdots,1)^{T}$,其中 k 为任意常数.

3. 无关.

4. -1.

5. -3.

二、选择题

1. A.　2. D.　3. A.　4. A.　5. B.

三、计算题

1. 当 $\lambda=-3$ 时，方程组无解；当 $\lambda\neq 0$ 且 $\lambda\neq -3$ 时，方程组有唯一解；当 $\lambda=0$ 时，方程组有无穷多解.

2. 极大无关组为 $\boldsymbol{\alpha}_1,\boldsymbol{\alpha}_2,\boldsymbol{\alpha}_3=-\frac{1}{2}\boldsymbol{\alpha}_1-\frac{5}{2}\boldsymbol{\alpha}_2,\boldsymbol{\alpha}_4=2\boldsymbol{\alpha}_1-\boldsymbol{\alpha}_2$.

3. (1) 当 $a\neq 1$ 时，$\boldsymbol{\beta}$ 能由向量组 $\boldsymbol{\alpha}_1,\boldsymbol{\alpha}_2,\boldsymbol{\alpha}_3,\boldsymbol{\alpha}_4$ 线性表示且表示式唯一；
   (2) 当 $a=1,b\neq -1$ 时，$\boldsymbol{\beta}$ 不能由向量组 $\boldsymbol{\alpha}_1,\boldsymbol{\alpha}_2,\boldsymbol{\alpha}_3,\boldsymbol{\alpha}_4$ 线性表示；
   (3) 当 $a=1,b=-1$ 时，$\boldsymbol{\beta}$ 能由向量组 $\boldsymbol{\alpha}_1,\boldsymbol{\alpha}_2,\boldsymbol{\alpha}_3,\boldsymbol{\alpha}_4$ 线性表示且表示式不唯一，其一般的表示式为 $\boldsymbol{\beta}=(-1+c_1+c_2)\boldsymbol{\alpha}_1+(1-2c_1-2c_2)\boldsymbol{\alpha}_2+c_1\boldsymbol{\alpha}_3+c_2\boldsymbol{\alpha}_4$，其中 c_1,c_2 为任意常数.

四、证明题

1. ～4. 略.

(C)

一、填空题

1. 0.
2. $\boldsymbol{O}$.
3. -1.
4. 3.

二、选择题

1. C.　2. D.　3. C.　4. C.　5. D.　6. B.

三、计算题

1. $(0,1,0)^{\mathrm{T}}+k(1,-1,1)^{\mathrm{T}}$，其中 k 为任意常数.
2. 当 s 是奇数时，向量组 $\boldsymbol{\beta}_1,\boldsymbol{\beta}_2,\cdots,\boldsymbol{\beta}_s$ 线性相关；当 s 是偶数时，向量组 $\boldsymbol{\beta}_1,\boldsymbol{\beta}_2,\cdots,\boldsymbol{\beta}_s$ 线性无关.
3. (1) $(0,0,1,0)^{\mathrm{T}},(-1,1,0,1)^{\mathrm{T}}$；
   (2) 有公共解 $k(-1,1,1,1)^{\mathrm{T}}$，其中 k 为任意非零常数.

四、证明题

1. ～6. 略.

第 4 章

习 题 4.1

1. (1) A；　(2) D.

2. (1) 6；　(2) -1；　(3) $-\frac{3}{2}$；　(4) 4.

3. (1) 特征值为 $\lambda_1=1,\lambda_2=-2$. 对应于特征值 $\lambda_1=1$ 的特征向量为 $k_1\begin{pmatrix}4\\1\end{pmatrix}$（$k_1$ 为任意非零常数）；对应于特征值 $\lambda_2=-2$ 的特征向量为 $k_2\begin{pmatrix}1\\1\end{pmatrix}$（$k_2$ 为任意非零常数）.

   (2) 特征值为 $\lambda_1=0,\lambda_2=-2,\lambda_3=-3$. 对应于特征值 $\lambda_1=0$ 的特征向量为 $k_1\begin{pmatrix}0\\-1\\1\end{pmatrix}$（$k_1$ 为

任意非零常数)；对应于特征值 $\lambda_2=-2$ 的特征向量为 $k_2\begin{pmatrix}-2\\1\\0\end{pmatrix}$($k_2$ 为任意非零常数)；对应于特征值 $\lambda_3=-3$ 的特征向量为 $k_3\begin{pmatrix}-1\\0\\1\end{pmatrix}$($k_3$ 为任意非零常数).

(3) 特征值为 $\lambda_1=\lambda_2=1,\lambda_3=2$. 对应于特征值 $\lambda_1=\lambda_2=1$ 的特征向量为 $k_1\begin{pmatrix}-1\\-2\\1\end{pmatrix}$($k_1$ 为任意非零常数)；对应于特征值 $\lambda_3=2$ 的特征向量为 $k_2\begin{pmatrix}0\\0\\1\end{pmatrix}$($k_2$ 为任意非零常数).

(4) 特征值为 $\lambda_1=\lambda_2=1,\lambda_3=-2$. 对应于特征值 $\lambda_1=\lambda_2=1$ 的特征向量为 $k_1\begin{pmatrix}-2\\1\\0\end{pmatrix}+k_2\begin{pmatrix}0\\0\\1\end{pmatrix}$($k_1,k_2$ 为不全为 0 的任意常数)；对应于特征值 $\lambda_3=-2$ 的特征向量为 $k_3\begin{pmatrix}-1\\1\\1\end{pmatrix}$($k_3$ 为任意非零常数).

(5) 特征值为 $\lambda_1=\lambda_2=2,\lambda_3=-1,\lambda_4=1$. 对应于特征值 $\lambda_1=\lambda_2=2$ 的特征向量为 $k_1\begin{pmatrix}2\\\frac{1}{3}\\1\\0\end{pmatrix}$($k_1$ 为任意非零常数)；对应于特征值 $\lambda_3=-1$ 的特征向量为 $k_2\begin{pmatrix}-\frac{3}{2}\\1\\0\\0\end{pmatrix}$($k_2$ 为任意非零常数)；对应于特征值 $\lambda_4=1$ 的特征向量为 $k_3\begin{pmatrix}1\\0\\0\\0\end{pmatrix}$($k_3$ 为任意非零常数).

4. $\lambda_1=-1,\lambda_2=1,\lambda_3=11,|\boldsymbol{B}|=-11$.

5. $a=-2,b=6,\lambda_1=-4$.

6. (1) $x=4$；

(2) 对应于特征值 $\lambda_1=\lambda_2=3$ 的特征向量为 $k_1\begin{pmatrix}-1\\1\\0\end{pmatrix}+k_2\begin{pmatrix}1\\0\\4\end{pmatrix}$($k_1,k_2$ 为不全为 0 的任意常

数);对应于特征值$\lambda_3=12$的特征向量为$k_3\begin{pmatrix}-1\\-1\\1\end{pmatrix}$($k_3$为任意非零常数).

7. 略.

习　题　4.2

1. (1) C;　(2) D.

2. (1) 可以,$\boldsymbol{P}=\begin{pmatrix}1&-1\\3&1\end{pmatrix}$,$\boldsymbol{\Lambda}=\begin{pmatrix}5&\\&1\end{pmatrix}$;

(2) 可以,$\boldsymbol{P}=\begin{pmatrix}1&0&0\\1&0&1\\0&1&0\end{pmatrix}$,$\boldsymbol{\Lambda}=\begin{pmatrix}1&&\\&1&\\&&3\end{pmatrix}$;

(3) 不可以;

(4) 可以,$\boldsymbol{P}=\begin{pmatrix}-1&5&-1\\-1&7&-2\\1&1&1\end{pmatrix}$,$\boldsymbol{\Lambda}=\begin{pmatrix}-1&&\\&1&\\&&-2\end{pmatrix}$;

(5) 可以,$\boldsymbol{P}=\begin{pmatrix}2&-1&3\\1&0&5\\0&1&6\end{pmatrix}$,$\boldsymbol{\Lambda}=\begin{pmatrix}1&&\\&1&\\&&-1\end{pmatrix}$.

3. $x=-1$.

4. $x=0,y=1$.

5. ～7. 略.

习　题　4.3

1. (1) C;　(2) B.

2. (1) $\boldsymbol{\eta}_1=(1,0)^{\mathrm{T}},\boldsymbol{\eta}_2=(0,1)^{\mathrm{T}}$;

(2) $\boldsymbol{\eta}_1=(1,0,0)^{\mathrm{T}},\boldsymbol{\eta}_2=\left(0,\frac{\sqrt{2}}{2},-\frac{\sqrt{2}}{2}\right)^{\mathrm{T}},\boldsymbol{\eta}_3=\left(0,\frac{\sqrt{2}}{2},\frac{\sqrt{2}}{2}\right)^{\mathrm{T}}$;

(3) $\boldsymbol{\eta}_1=\left(\frac{\sqrt{2}}{2},\frac{\sqrt{2}}{2},0,0\right)^{\mathrm{T}},\boldsymbol{\eta}_2=\left(0,0,\frac{\sqrt{2}}{2},\frac{\sqrt{2}}{2}\right)^{\mathrm{T}}$,

$\boldsymbol{\eta}_3=\left(\frac{1}{2},-\frac{1}{2},\frac{1}{2},-\frac{1}{2}\right)^{\mathrm{T}},\boldsymbol{\eta}_4=\left(\frac{1}{2},-\frac{1}{2},-\frac{1}{2},\frac{1}{2}\right)^{\mathrm{T}}$.

3. (1) 否;　(2) 是;　(3) 否;　(4) 是.

习　题　4.4

1. (1) D;　(2) B.

2.(1) $\boldsymbol{U}=\begin{pmatrix}\frac{2}{3} & -\frac{2}{3} & \frac{1}{3}\\ \frac{2}{3} & \frac{1}{3} & -\frac{2}{3}\\ \frac{1}{3} & \frac{2}{3} & \frac{2}{3}\end{pmatrix}$, $\boldsymbol{\Lambda}=\begin{pmatrix}-1 & & \\ & 2 & \\ & & 5\end{pmatrix}$;

(2) $\boldsymbol{U}=\begin{pmatrix}-\frac{\sqrt{2}}{2} & -\frac{\sqrt{6}}{6} & \frac{\sqrt{3}}{3}\\ \frac{\sqrt{2}}{2} & -\frac{\sqrt{6}}{6} & \frac{\sqrt{3}}{3}\\ 0 & \frac{\sqrt{6}}{3} & \frac{\sqrt{3}}{3}\end{pmatrix}$, $\boldsymbol{\Lambda}=\begin{pmatrix}2 & & \\ & 2 & \\ & & 8\end{pmatrix}$;

(3) $\boldsymbol{U}=\begin{pmatrix}\frac{\sqrt{2}}{2} & \frac{\sqrt{6}}{6} & -\frac{\sqrt{3}}{6} & \frac{1}{2}\\ \frac{\sqrt{2}}{2} & -\frac{\sqrt{6}}{6} & \frac{\sqrt{3}}{6} & -\frac{1}{2}\\ 0 & \frac{\sqrt{6}}{3} & \frac{\sqrt{3}}{6} & -\frac{1}{2}\\ 0 & 0 & \frac{\sqrt{3}}{2} & \frac{1}{2}\end{pmatrix}$, $\boldsymbol{\Lambda}=\begin{pmatrix}1 & & & \\ & 1 & & \\ & & 1 & \\ & & & -3\end{pmatrix}$.

3. $\boldsymbol{A}^{10}=\frac{1}{3}\begin{pmatrix}2+5^{10} & -1+5^{10} & -1+5^{10}\\ -1+5^{10} & 2+5^{10} & -1+5^{10}\\ -1+5^{10} & -1+5^{10} & 2+5^{10}\end{pmatrix}$.

4. $k_1(1,1,0)^{\mathrm{T}}+k_2(-1,0,1)^{\mathrm{T}}$,其中 k_1,k_2 为不全为 0 的任意常数.

*5.(1) $\boldsymbol{\xi}_3=k(1,0,1)^{\mathrm{T}}$,其中 k 为任意非零常数; (2) $\boldsymbol{A}=\frac{1}{6}\begin{pmatrix}13 & -2 & 5\\ -2 & 10 & 2\\ 5 & 2 & 13\end{pmatrix}$.

6.略.

复 习 题 四

(A)

一、判断题

1. ×. 2. ×. 3. √. 4. ×. 5. ×. 6. √. 7. √. 8. ×.

二、填空题

1. $\frac{1}{\lambda},\frac{2}{\lambda},\lambda^m$.

2. -2 或 1.

3. ± 1.

4. 1.

三、选择题

1. C.　2. C.　3. D.　4. B.

(B)

一、填空题

1. 3.

2. 16.

3. 1,2.

二、选择题

1. C.　2. C.　3. A.

三、计算题

1. (1) $\boldsymbol{U}=\begin{pmatrix} -\frac{\sqrt{2}}{2} & \frac{\sqrt{2}}{2} & 0 \\ 0 & 0 & 1 \\ \frac{\sqrt{2}}{2} & \frac{\sqrt{2}}{2} & 0 \end{pmatrix}$, $\boldsymbol{U}^{-1}\boldsymbol{A}\boldsymbol{U}=\begin{pmatrix} 0 & & \\ & 2 & \\ & & 2 \end{pmatrix}$;　(2) $\boldsymbol{A}^{10}=\begin{pmatrix} 2^9 & 0 & 2^9 \\ 0 & 2^{10} & 0 \\ 2^9 & 0 & 2^9 \end{pmatrix}$.

2. 可相似对角化.

四、证明题

1. ～2. 略.

(C)

一、填空题

1. 7,3.

2. $\boldsymbol{P}^{\mathrm{T}}\boldsymbol{\alpha}$.

3. a.

二、选择题

1. C.　2. D.　3. A.

三、计算题

1. (1) $a=-3, b=0, \lambda=-1$;　(2) $\boldsymbol{A}$ 不能与一个对角矩阵相似.

*2. $\boldsymbol{P}=\begin{pmatrix} -1 & 1 & 1 \\ 1 & 0 & -2 \\ 0 & 1 & 3 \end{pmatrix}$.

四、证明题

1. ～2. 略.

第 5 章

习　题　5.1

1. (1) C;　(2) B;　(3) D.

2. (1) $f(x_1,x_2,x_3)=x_2^2+3x_3^2-2x_1x_2+8x_1x_3+4x_2x_3$;

(2) $f(x_1,x_2,x_3,x_4)=x_1^2+3x_2^2-x_3^2-3x_4^2+4x_1x_2+6x_1x_3+8x_1x_4+8x_2x_3-2x_2x_4-4x_3x_4$.

3. 3.

习 题 5.2

1. (1) A; (2) D.

2. (1) 标准形为 $-y_1^2+2y_2^2+5y_3^2$,正交变换为 $\begin{pmatrix}x_1\\x_2\\x_3\end{pmatrix}=\begin{pmatrix}\frac{2}{3}&-\frac{1}{3}&-\frac{2}{3}\\-\frac{1}{3}&\frac{2}{3}&-\frac{2}{3}\\\frac{2}{3}&\frac{2}{3}&\frac{1}{3}\end{pmatrix}\begin{pmatrix}y_1\\y_2\\y_3\end{pmatrix}$;

(2) 标准形为 $2y_1^2-y_2^2-y_3^2$,正交变换为 $\begin{pmatrix}x_1\\x_2\\x_3\end{pmatrix}=\begin{pmatrix}\frac{\sqrt{3}}{3}&-\frac{\sqrt{2}}{2}&-\frac{\sqrt{6}}{6}\\\frac{\sqrt{3}}{3}&\frac{\sqrt{2}}{2}&-\frac{\sqrt{6}}{6}\\\frac{\sqrt{3}}{3}&0&\frac{\sqrt{6}}{3}\end{pmatrix}\begin{pmatrix}y_1\\y_2\\y_3\end{pmatrix}$.

3. (1) 标准形为 $y_1^2+y_2^2-124y_3^2$,可逆线性变换为 $\begin{cases}x_1=y_1+2y_2+25y_3,\\x_2=y_2+11y_3,\\x_3=y_3;\end{cases}$

(2) 标准形为 $2z_1^2-2z_2^2$,可逆线性变换为 $\begin{cases}x_1=z_1+z_2,\\x_2=z_1-z_2-2z_3,\\x_3=z_3.\end{cases}$

*4. (1) 标准形为 $2y_1^2+3y_2^2+\frac{5}{3}y_3^2$,可逆线性变换为 $\begin{cases}x_1=y_1-y_2+\frac{1}{3}y_3,\\x_2=y_2+\frac{2}{3}y_3,\\x_3=y_3;\end{cases}$

(2) 标准形为 $2y_1^2-\frac{1}{2}y_2^2$,可逆线性变换为 $\begin{cases}x_1=y_1-\frac{1}{2}y_2,\\x_2=y_1+\frac{1}{2}y_2-2y_3,\\x_3=y_3.\end{cases}$

习 题 5.3

1. (1) B; (2) D.

2. (1) $p=1,q=1,r=2$; (2) $p=2,q=0,r=2$; (3) $p=2,q=1,r=3$.

3. $a=-2$.

习　题　5.4

1. (1) D;　(2) B.

2. (1) 正定;　(2) 负定;　(3) 正定.

3. (1) $-1<k<2$;　(2) $k>2$.

4. ～5. 略.

复习题五

(A)

一、判断题

1. ×.　2. ×.　3. √.　4. ×.　5. √.　6. √.　7. √.　8. √.

二、填空题

1. $f(x,y,z)=(x,y,z)\begin{pmatrix} 2 & -2 & 1 \\ -2 & 3 & 0 \\ 1 & 0 & 0 \end{pmatrix}\begin{pmatrix} x \\ y \\ z \end{pmatrix}$.

2. -1.

3. $\begin{pmatrix} a & 0 & 2 \\ 0 & 0 & 2 \\ 2 & 2 & a \end{pmatrix}$.

4. 负定.

三、选择题

1. C.　2. C.　3. B.　4. A.

(B)

一、填空题

1. $-2<\lambda<1$.

2. $f=5y_1^2+2y_2^2-3y_3^2$.

3. 2.

4. 合同.

二、选择题

1. B.　2. C.　3. D.

三、计算题

1. 标准形为 $y_1^2+y_2^2-6y_3^2$,可逆线性变换为$\begin{cases} x_1=y_1-2y_2-5y_3, \\ x_2=y_2+2y_3, \\ x_3=y_3, \end{cases}$　$r=3,p=2,q=1$,符号差为 1.

2. $t>5$.

四、证明题

1. ～2. 略.

参 考 文 献

[1] 苏德矿,裘哲勇.线性代数[M].北京:高等教育出版社,2005.
[2] 张天德,王玮.线性代数:慕课版[M].北京:人民邮电出版社,2020.
[3] 濮燕敏,殷俊锋.线性代数:微课版[M].2版.北京:人民邮电出版社,2022.
[4] 黄廷祝.线性代数[M].北京:高等教育出版社,2021.
[5] 赵树嫄.线性代数[M].6版.北京:中国人民大学出版社,2021.
[6] 居余马,胡金德,林翠琴,等.线性代数[M].2版.北京:清华大学出版社,2002.
[7] 陈治中.线性代数[M].2版.北京:科学出版社,2009.
[8] 卢刚,冯翠莲.线性代数[M].北京:北京大学出版社,2006.
[9] 蔡光兴,李逢高.线性代数[M].5版.北京:科学出版社,2018.
[10] 吴赣昌.线性代数:经管类:简明版[M].5版.北京:中国人民大学出版社,2017.
[11] 同济大学应用数学系.工程数学:线性代数[M].6版.北京:高等教育出版社,2014.
[12] 上海交通大学数学系.线性代数[M].3版.北京:科学出版社,2014.
[13] 陈建龙,周建华,孙小向,等.线性代数[M].2版.北京:科学出版社,2016.
[14] LEON S J,DE PILLIS L G.线性代数:原书第10版[M].张文博,张丽静,译.北京:机械工业出版社,2023.
[15] 陈维新.线性代数简明教程[M].2版.北京:科学出版社,2008.
[16] 刘剑平,施劲松,钱夕元,等.线性代数及其应用[M].2版.上海:华东理工大学出版社.2008.
[17] 张顺燕.数学的思想、方法和应用[M].3版.北京:北京大学出版社,2009.
[18] 柴惠文,宗云南.线性代数[M].北京:高等教育出版社,2011.
[19] 陈水林.线性代数同步练习册[M].武汉:湖北科学技术出版社,2007.